材料科学与工程学科教材系列

材料加工原理

（上册）

王浩伟
顾剑锋　主编
董湘怀

上海交通大学出版社
SHANGHAI JIAO TONG UNIVERSITY PRESS

内容提要

本书阐述了材料加工的主要工艺方法及加工过程的基本原理。全书共分三篇 18 章,第一篇为液态金属成形原理,第二篇为金属材料塑性成形原理,第三篇为材料固态相变原理。

本书的特点是将材料加工的基本原理、工艺方法与材料科学的前沿理论有机地结合在一起,并将材料科学应用中的最新技术融入其中。

本书可作为材料类专业及相关专业的本科生教材,也可供相关行业的从业人员参考使用。

图书在版编目(CIP)数据

材料加工原理. 上/王浩伟,顾剑锋,董湘怀主编.
—上海:上海交通大学出版社,2019(2024.8 重印)
ISBN 978-7-313-19049-9

Ⅰ.①材…　Ⅱ.①王…②顾…③董…　Ⅲ.①工程材料-加工　Ⅳ.①TB3

中国版本图书馆 CIP 数据核字(2019)第 070505 号

材料加工原理(上册)

CAILIAO JIAGONG YUANLI (SHANG CE)

主　　编:	王浩伟　顾剑锋　董湘怀		
出版发行:	上海交通大学出版社	地　　址:	上海市番禺路 951 号
邮政编码:	200030	电　　话:	64071208
印　　制:	上海新华印刷有限公司	经　　销:	全国新华书店
开　　本:	787mm×1092mm 1/16	印　　张:	13.25
字　　数:	317 千字		
版　　次:	2019 年 5 月第 1 版	印　　次:	2024 年 8 月第 2 次印刷
书　　号:	ISBN 978-7-313-19049-9/TB		
定　　价:	36.00 元		

编委会名单

总　序

　　材料是当今社会物质文明进步的根本性支柱之一,是国民经济、国防及其他高新技术产业发展不可或缺的物质基础。材料科学与工程是关于材料成分、制备与加工、组织结构与性能,以及材料使用性能诸要素和他们之间相互关系的科学,是一门多学科交叉的综合性学科。材料科学的三大分支学科是材料物理与化学、材料学和材料加工工程。

　　材料科学与工程专业酝酿于 20 世纪 50 年代末,创建于 60 年代初,已历经半个世纪。半个世纪以来,材料的品种日益增多,不同效能的新材料不断涌现,原有材料的性能也更为改善与提高,力求满足多种使用要求。在材料科学发展过程中,为了改善材料的质量,提高其性能,扩大品种,研究开发新材料,必须加深对材料的认识,从理论上阐明其本质及规律,以物理、化学、力学、工程等领域学科为基础,应用现代材料科学理论和实验手段,从宏观现象到微观结构测试分析,从而使材料科学理论和实验手段迅速发展。

　　目前,我国从事材料科学研究的队伍规模占世界首位,论文数目居世界第一,专利数目居世界第一。虽然我国的材料科学发展迅速,但与发达国家相比,差距还较大:论文原创性成果不多,国际影响处于中等水平;对国家高技术和国民经济关键科学问题关注不够;对传统科学问题关注不够,对新的科学问题研究不深入,等等。

　　在这一背景下,上海交通大学出版社组织召开了"材料学科学及工程学科研讨暨教材编写大会",历时两年组建编写队伍和评审委员会,希冀以"材料科学及工程学科"系列教材的出版带动专业教育紧跟科学发展和技术进步的形势。为保证此次编写能够体现我国科学发展水平及发展趋势,丛书编写、审阅人员汇集了全国重点高校众多知名专家、学者,其中不乏德高望重的院士、长江学者等。丛书不仅涵盖传统的材料科学与工程基础、材料热力学等基础课程教材,也包括材料强化、材料设计、材料结构表征等专业方向的教材,还包括适应现代材料科学研究需要的材料动力学、合金设计的电子理论和计算材料学等。

　　在参与本套教材编写的上海交通大学材料科学与工程学院教师和其他兄弟院校教师的共同努力下,本套教材的出版,必将促进材料专业的教学改革和教材建设事业的发展,对中青年教师的成长有所助益。

　　　　　　　　　　　　　　　　　　　　　　　　　　　林栋樑

前　言

"材料加工原理"是材料科学与工程专业的一门主干课程,也是该专业的主要技术基础课。本课程以"加工原理"为主线,分为"液态金属成形原理""金属材料塑性成形原理"和"材料固态相变原理"3大组成部分,力图融合主要工程材料加工过程中共性的基本的原理,并突出各类材料加工过程中的特性。通过授课、讨论、实验和课外实践等各个教学环节,运用现代教学手段和方法,使学生掌握各类材料在各种加工过程中的物理冶金、化学冶金和力学冶金,以及各种组织转变、传热、传质现象等的基本概念、基本原理和基本计算方法。并结合材料加工的各种综合实验,了解材料加工制备的基本过程,加深理论认识,掌握实验技能,提高分析问题和解决问题的能力,为学生学习后续课程,以及从事工程技术工作和科学研究工作打下坚实的基础。

在本书的编写过程中,主要突出了以下几方面的特色:

(1) 根据科学技术发展的最新动态和我国高等学校专业学科归并的现实需求,坚持面向一级学科、加强基础、拓宽专业面、更新教材内容的基本原则。

(2) 结合现今国防军工、航空航天等国家战略领域对新材料的巨大需求,通过对实际案例的讲解、分析和讨论,培养学生的"学科认同感"。

(3) 遵循由浅入深的认识规律,加强了对一些基本概念的叙述,注重阐述的系统性,以便于学生理解和自学。

(4) 在保留学科经典内容的同时,增加了材料加工领域创新技术等相关内容,反映当代科学技术的新概念、新知识、新理论、新技术、新工艺,充分体现教材内容的现代化。

(5) 在教材编写过程中,对国内外同类教材进行了对比分析和研究,吸取了国内外同类教材的精华,反映出新教材体系结构特色,把握教材的科学性、系统性和适用性。

参与本教材编写的都是工作在材料学科教学、研究第一线的、既具有丰富教学经验又具有深厚科研功底的老师。我们希望通过本教材,解答学生对于"为什么要学习材料科学""学好材料科学能做什么"和"怎么样才能学好材料科学"等核心问题的疑惑。

本教材由上海交通大学王浩伟教授、董湘怀教授和顾剑锋教授主编。第一篇"液态金属成形原理"由王浩伟教授和吴一副教授编写,第二篇"金属材料塑性成形原理"由董湘怀教授、申昱副教授和董杰副教授编写,第三篇"材料固态相变原理"由顾剑锋教授和李传维副教授编写。厉松春研究员对本教材进行了认真的审阅,在此表示由衷感谢。

本教材的编写是材料专业基础课程教材创新的初步尝试,由于水平有限,必然存在缺点和错误,恳切希望读者提出宝贵意见。

目　录

第一篇　液态金属成形原理

第1章 绪 论

材料科学与工程是一门综合利用现代的先进科学技术成就、多学科交叉、知识密集、投资量大的一门科学。根据其基本组分,材料科学可归纳为金属材料(metallic materials)、无机非金属材料(inorganic non-metallic Materials)、高分子材料(polymer materials)、先进复合材料(advanced composite materials)四大类。而材料加工是实现材料在工程中应用的主要工艺过程。《材料加工原理》阐述了材料加工的主要工艺方法及加工过程的基本原理。

1.1 材料应用是人类文明进步的里程碑

材料是人类社会用于制造有用物件的物质。

人类的文明史是以材料划分的,它经历了石器时代、青铜器时代(包括红铜和青铜时代)和铁器时代,现在进入了人工合成材料的新时代。

石器时代经历了 200 万年至 300 万年,由红铜时代到青铜时代经历了大约 1 600 年,由青铜器时代进入到铁器时代又经历了 1 000 年。由铁器时代开始,至今已经历了约 5 000 年。这也就是说,随着金属冶炼被人类应用的发展,人类由石器应用的几百万年缩短至金属材料(青铜器与铁器时代)应用的几千年。人类进入文明社会是以使用金属材料(铜与铁)开始的。早在公元前 4500 年,古埃及人便掌握了炼铜技术,我国用矿石炼铜始于公元前 2000年(夏代早期),晚商和西周是我国青铜时代的鼎盛时期,重达 875kg 的"司母戊"大方鼎迄今仍珍藏在我国的博物馆里。铜是人类最先使用的金属,在青铜器时代,铁比铜要宝贵,这是因为当时炼铜比炼铁更容易,并且在地球表层中往往有呈自然金属状态存在的自然铜,以"露头"形式存在,因而容易被发现与开采。

人类最早使用的铁是陨石铁(又称自然铁,也叫陨铁)。古埃及在 5 000 年以前的前王朝时期,曾用含镍 7.5% 的陨石铁做成铁珠。从美索不达米亚出土的文物证明,在公元前3000 年就有了铁器,在公元前 2000 年人类就掌握了铸铁技艺。我国重达 270kg 的铸铁刑鼎是公元前 513 年铸造的。铸铁的历史经历了 5 000 年的漫长岁月,只是到了瓦特发明蒸汽机以后,由于在铁轨、铸铁管制造中的大量应用,才走上了工业发展的道路,而在此以前,铸铁只用来制造祭器、艺术品、兵器和农具。15 世纪初,炼铁高炉首先在欧洲迅速发展,到 17 世纪,已有高达 9m、日产铁 1t 的高炉出现。炼钢技术则是在蒸汽机出现(1755 年)并且能够提供强大的鼓风和动力以后才得以发展的。贝塞麦(H. Bessemer)于 1856 年发明了酸性转炉炼钢;1879 年,托马斯(S. G. Thomas)发明了碱性转炉炼钢;1855 年,西门子兄弟(K. W. F. Siemens)发明蓄热室以及 1864 年马丁(P. E. Martin)利用这种蓄热室发明了平炉炼钢;随后,在 1899 年赫鲁特(P. L. T. Heroult)发明了电弧炼钢。由此,奠定了近代钢铁工业的基础。

除了钢铁以外,有色金属也得到了发展。1866 年,哈尔(C. M. Hall)发明了电解铝,至今它已成为用量仅次于钢铁的金属。1910 年,用钠还原得到了纯钛,从而满足了航空工业的需求,核工业的需要促进了铀及其他核燃料的发展,而电子和半导体工业则促进了超纯材料(单晶硅等)的发展。

此外,在非金属材料领域,特别是进入 20 世纪,取得了重大进展。人工合成高分子材料从 20 世纪 20 年代至今,其产量之大、应用之广可以和传统的钢铁材料相比。1984 年,全世界合成高分子聚合物产量已达 1 亿 t,其中包括塑料、合成橡胶和合成纤维。

陶瓷是人类文明的象征。50 万年以前,人类学会用火以后,就开始烧制陶器,这是经过热处理改变材料性质的开始。在新石器时期,世界先后在不同地区制出了原始陶器。我国出现原始陶器可追朔至距今 10 000 年左右。至于玻璃的生产,早在公元前 1600 年的古埃及就已经开始。在古希腊和罗马,已有石灰和火山灰混合成的胶结材料,而近代的硅酸盐水泥则是 1824 年由阿斯普丁发明的。混凝土用于建筑材料已有数百年历史,但在现代结构工程中所使用的混凝土则是 19 世纪一次偶然的机会,一位花匠把水泥撒在花盆中,因而得到了混凝土。随着材料科学技术的发展,陶瓷材料在冶金、建筑、机械、化工及尖端技术领域,已成为耐高温、耐腐蚀和各种功能材料的主要来源。例如,耐高温、耐腐蚀的氧化铝;将电信息转变为光信息的铌酸锂;用于切削刀具的氮化硅;具有高温超导性能的氧化钇等。

金属材料、陶瓷材料和人工合成高分子材料一起构成了当今工程材料的三大支柱。

材料一直在面临着人类社会的选择,而这种选择是由社会需要所决定的。材料能否被社会需要,这要由 5 个判据来决定:资源、能源、环境保护、经济和性能。材料的发展始终处于激烈的竞争之中,首先是三大类材料,即金属材料、陶瓷材料和高分子材料之间的竞争,另外是材料大类中不同种类间的竞争,例如金属材料中黑色金属与有色金属的竞争。材料之间也存在着共生关系,如高炉炼铁的炉渣可用做水泥的原料;炼焦的副产品——炼焦油,则是重要的化工原料。

关于材料的进一步开发,可以从传统材料的改进和新材料的开发两方面来论述。

1. 传统材料的改进

改进传统材料最有效的措施就是改进加工技术,由此可提高材料的性能,提高生产率和降低成本。氧气炼钢不仅加速了冶炼过程,而且还提高了钢液质量(含磷量降低,气体含量降低,钢材深冲性能提高);提高风温强化了高炉炼铁过程,从而降低了能源消耗,提高了铁液质量;连续铸锭和连续轧制的加工技术加快了生产,也降低了能源消耗。

新工艺的采用可导致新材料的兴起和旧材料的衰亡。例如,奥氏体不锈钢具有较高的耐蚀性,被广泛用于制作化工器件,但这些器件经焊接后,在热影响区可能有严重的晶间腐蚀,这与晶间碳化物的沉淀析出有关。为此,采用超低碳(C<0.03%)不锈钢来解决,但是在电弧炉中生产超低碳钢时,铬烧损多、炉龄低、成本高,因而不得不采用表面质量差的 Cr18Ni9Ti 不锈钢作为替代。但是,20 世纪 70 年代开始采用氩氧脱碳(AOD)技术生产超低碳不锈钢,使成本降低,质量提高,因而这种钢正在迅速取代 Cr18Ni9Ti 不锈钢。

2. 新材料的开发

1) 能源材料

过去 30 年,燃气轮机叶片的工作温度平均每年提高 6.67℃,工作温度提高 83℃就可使推力提高 20%,这种成就的取得是由于强化了镍基高温合金,采用了定向凝固技术所致。采用快速凝固(液态急冷)技术制取粉末和等静压成形技术,可使工作温度进一步提高。采用 Si_3N_4 或 SiC 可使叶片的长期工作温度提高到 1 200℃以上。

输电变压器的铁损,全世界每年损失电能 4 000 亿 kW·h,若采用非晶态金属,每年可节约 1 000 亿 kW·h。

当前,地球的能源危机使太阳能的利用成为当务之重,因此光电转换材料非晶硅等备受重视。

2) 信息材料

信息的储存和传递装置要求体积小、轻巧和快速。硅芯片内的线宽,1960 年为 $30\mu m$, 1986 年降至 $1\mu m$,因而每片可容纳 10^5 以上的晶体管,储存 1.6×10^5 bit 的信息,1990 年达 $0.1\mu m$,由此可见光刻技术已由可见光转为高能电子和 X 射线。

20 世纪 70 年代中期开始用光导纤维通话,非线性光学材料已在研制,它类似于晶体管放大电信号,可以放大光信号。用于光信息的接收、传递和发射的材料,正在研制中。

3) 生物材料

现正在研制各种新材料,特别是高分子、陶瓷、复合材料来替代人体的各种组织和器官,如血管、心瓣、心脏、骨骼、眼睛、皮肤等。过去认为,人体材料应该不与人体环境发生化学反应的;今天则认为,不是所有的化学反应对人体都是有害的,可以利用这些反应来增强界面结合或吸收外来物质。生物医学材料在美国以每年 13%的速率递增。

4) 汽车材料

在工业发达国家,汽车工业与建筑工业、农业机械并列为三大支柱产业。汽车轻量化成为社会发展的要求。美国 1980 年汽车平均质量是 1 500kg,1990 年则是 1 020kg,铸铁的比例由 15%减至 11%,每台车的铸铁用量由 225kg 降至 112kg,此时铝合金由 4%增至 9%;采用陶瓷材料制作汽车发动机以取代金属材料的发动机具有显著的技术经济效果,陶瓷比金属能耐受更高的工作温度,因而使燃油在发动机内的燃烧效率更高,并且发动机的自重也会减轻。

5) 其他

具有高临界超导温度 T_c 的超导材料将走向实用阶段,薄膜超导材料已基本成熟;高临界超导温度为 T_c 的超导块体材料研制已取得很大进展,最高 T_c 值已达到 135K,电流密度达 10^5 A/cm^2,已用银带包覆法做出了成卷的 $Bi_2Sr_2CaCu_2O_X$ 材料。

非晶态金属作为软磁材料可用于制造变压器铁芯,铁损只相当于冷轧硅钢片的 1/3。非晶态铁基合金 $Fe_{72}Cr_3P_{13}C_7$ 的耐蚀性能优于不锈钢。非晶态金属的用途广泛,美国已有单台 1 t/h 的连续自动卷曲装置生产非晶态金属。

当材料颗粒小到纳米级时,会出现奇异的性能,如扩散系数提高;溶质原子的溶解度提高;陶瓷由脆性变为塑性;导体变成非导体;非导体变成导体。C60 的发现为合成新材料又开辟了一条新路:合成金刚石,可以用于提高临界超导温度以及用它制作催化剂、润滑剂和治癌药物的载体等。

1.2　材料加工技术与社会生活

1968 年出土的越王勾践剑,其优美的剑身和优良的性能,令处在现代技术背景下的人们叹为观止。历史上著名的"大马士革剑",是以高碳锋钢为剑锋,以低碳软钢为剑背复合锻造而成的,这种制造技术的发明是中东出现叙利亚帝国的重要原因。

核电站的关键部件和结构件的制作在很大程度上取决于材料加工技术所能达到的水平,其主要部件均由热加工方法制造,如透平机轴长 65m,末级叶片长达 1.356m,这都是铸造和锻造加工的产品。反应堆的压力容器为热加工工件,其上部有 4 个进水管,4 个出水管,它的总重为 483t,高 12.85m,直径 5.57m,壁厚 200~600mm。这是工艺参数要求极其严格的设备,也是加工工艺过程十分复杂的设备。

用定向凝固方法制造的单晶高温合金叶片,使美国的战机可以用 3Ma 以上的速度巡航。在宇航工业中,运载工具最重要的要求是应具有尽可能高的推力重力比。为此,必须采用各种轻型的材料和结构,因而与此相应的技术是至关重要的。火箭是由三级液体燃料发动机或者固体燃料发动机组成的,火箭的全部结构件,包括燃料箱、助燃剂箱、涡轮泵、压力瓶、壳体等均采用热加工技术或组合工艺技术制成。

你可能没有想过家中大屏幕电视平面直角显像管是怎样加工制造的;当你埋怨圆珠笔漏油的时候,可能并不清楚珠与笔尖配合加工制造技术的难度。全世界每年消耗的易拉罐饮料 100 亿听以上,很少有人知道生产易拉罐的深拉延技术给我们的生活带来了巨大的方便。带陶瓷涂层的金属假牙(牙套),不仅可以与真牙同色,而且其使用效果也可以与真牙一样。用钛合金制造的人工骨与人体组织有很好的相容性,为成千上万的肢残者带来了福音。生物材料加工技术正在发展成为现代材料加工技术的一个重要分支。

1.3 材料加工技术的科学基础

从地球上最早出现原始人起,材料的利用与加工就在人类的生活中占据着重要的位置。在原始时代,人类部落附近的天然材料就逐渐被使用起来,岩石、骨骼、兽皮、木材、贝壳等。由此,人们认为大自然赋予的材料可以加工,人类通过材料具有的使用性,得知它们的性能、加工工艺及它们在多种用途中的行为。从而,人类对自然界的适应性也从认识上在不断深化。

从青铜器时代到 18 世纪工业革命开始,人类社会的文明进步缓慢,尽管早已开始使用铁器,但加工水平低,材料加工技术一直停留在技艺的传承水平,缺乏科学的理论指导,也不能广泛传播,靠的是师傅传徒弟的技艺传递方式,不仅不能保证一代比一代进步,而且好的技艺非常容易失传。19 世纪 60 年代金相技术的发明,使人类可以从内部组织的角度来认识材料,了解组织结构决定材料性能的科学知识,让材料加工不仅改变材料的外部形状,同时控制内部组织与性能。金相原理也是现代金属学乃至整个材料科学的发源地。采用电子显微镜揭示了材料的亚结构;采用 X 射线衍射仪揭示了晶体与分子结构;俄歇谱仪提供了材料表层,特别是断口和晶界的化学成分;扫描隧道电子显微镜、原子力显微镜等各种先进仪器的不断涌现,在更深的层次上揭示了材料中的奥秘。至今,用激发光谱可显示原子结构;用高能轰击技术可观察核结构。材料内部结构形成了现代材料加工的科学基础。

材料科学研究材料的组织、结构与性能的关系。建立在材料科学基础上的材料加工技术就是现代材料加工。它已不仅仅是一种技艺,而是包括有科学的原理。因而组织与成分

（composition-structure）、制备与加工（synthesis－processing）、性能（properties）及使用性能（performance）称为材料科学与工程的四个基本要素。材料科学与工程是一门把基础科学提供给实践研究和社会需要的科学（见图1－1）。

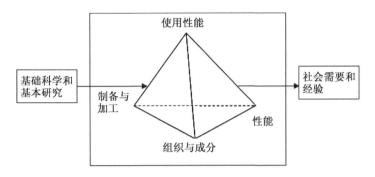

图1－1 材料科学与工程四要素

材料加工实质上就是材料工程。材料加工技术也取决于材料的结构与性能。例如，采用铸造和塑性加工技术，可以得到直接的性能，而这样得到的直接性能反过来也会影响材料随后的加工与性能（见图1－2）。

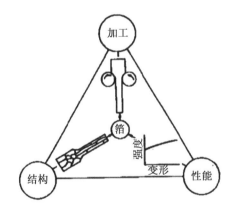

图1－2 结构、性能与加工方法三者的关系

1. 性能

材料的性能可分成两类：力学性能和物理性能。通常，材料的力学性能是指强度、塑性、刚性、冲击韧性、疲劳性能、高温蠕变性能及抗磨性能。材料的力学性能不仅要满足它在工作时的要求，还要考虑它的加工成形，是否很容易就能得到所需的形状。采用锻造成形的金属零件，必须能承受在成形过程中高速施加给它的作用力，不出现裂纹，并有足够的塑性变形以最终得到所需的形状。通常，结构的微小变化会导致材料在性能上发生显著变化。

材料的物理性能包括电学的、磁学的、热学的及化学的行为（见表1－1）。物理性能取决于材料的结构和加工技术。即使成分发生微小的变化也会使许多半导体金属和陶瓷的导电性发生显著变化。高的焙烧温度可大幅度降低陶瓷的绝热性能。

表 1-1　力学性能与物理性能内容

力学性能	物理性能
蠕变	化学腐蚀、精炼
蠕变速度	密度
应力-持久强度	电学
塑性	导电性
%延伸率	介电性(绝缘性)
%断面减缩率	铁电体性
疲劳	压电性
疲劳极限	磁学
疲劳寿命	亚铁磁性
硬度	铁磁性
抗划痕能力	顺磁性
磨损速度	光学
冲击	吸收
吸收能	颜色
韧性	衍射
转变温度	激光作用
强度	光导
弹性模量	反射
抗拉强度	折射
屈服强度	透射
	热学
	吸热能力
	导热性
	热膨胀

2. 结构

最微细的水平就是组成材料的原子结构,电子围绕原子核的排列情况对于材料的电学、磁学、热学、光学乃至耐蚀性能均有重大的影响。尤其是,电子的排列会影响原子的键合,因而可以把材料分为金属、陶瓷和高分子材料三大类。

第 2 个水平就是原子在空间的排列。金属、许多陶瓷和某些高分子聚合物在空间均具有非常规则的原子排列,即晶体结构。晶体结构会影响金属的强度、塑性和抗震性能等。另外,一些陶瓷材料和大多数高分子聚合物则不具有规则的原子排列。具有非晶态的材料,也就是呈玻璃态的材料,与晶体材料有很大的差别。例如,呈玻璃态的聚乙烯是透明的;而呈晶体态的聚乙烯是半透明的。

第 3 个水平则是材料的晶粒结构。在大多数的金属、某些陶瓷材料和个别的高分子聚合物中均有晶粒结构。在这些晶粒中,由于原子排列而改变了它们的取向,从而影响了材料的性能。在晶粒结构水平上,晶粒的尺寸和形状起着关键性的作用。

第 4 个水平就是材料的多相结构。在大多数材料中存在不止一个相,其中每一个相均具有其独特的原子排列和性能。控制材料基体中这些相的形式、尺寸、分布和数量,就为人们提供了一条改善材料性能的途径。

3. 材料加工

"材料加工"可以把原来是无定形的材料加工成形状和性能满足要求的材料。金属材料加工可以采用铸造、焊接、锻压、粉末冶金和切削加工的方法;陶瓷材料的加工可以采用铸造、锻压、挤压、压制和高温热处理以去除水分并把单独的组元联结在一起;高分子聚合物材料的加工则是把软化的塑料喷射至压型中成形(与铸造很相似),也可采用拉拔和压力成形的方法。总的来说,材料加工技术按照加工方法分类有凝固加工、塑性加工、粉末冶金、热处理、焊接和机加工等;按照加工时材料的状态分类有气态加工、液态加工、半固态加工和固态加工等。

一定成分的材料,经过确定的合成与加工的工艺手段表现出一定的性能,而这些主要取决于材料的成分和结构。而使用性能是材料在使用状态下表现出来的行为,它与设计、工程环境密切相关。有些材料的实验室性能很好,但在复杂的使用条件下,如在氧化与腐蚀、疲劳及其他复杂载荷条件下,就不会令人满意了,甚至失效,这一点在材料科学与工程的研究中显得特别重要,又如在大气中熔化与浇注铝合金时,发现在最终的铸件中出现气孔,这就是冶金缺陷。在高温下,高强度合金急剧丧失它们的某些性能。对于高分子聚合物来说,经过辐照以后,其性能会令人惊异地改变。合成与加工过程的内容很丰富,既包括传统的冶炼、铸锭、制粉、压力加工、焊接等,也包括各种新发展的真空溅射、气相沉积等新工艺;从微观水平到宏观制品,从制取高纯单一元素到多种材料的复合,各种化学的、物理的、机械加工的方法均应综合利用。这对新材料的生产应用往往起决定性的影响。一种新工艺的出现必将促进一系列新型材料的产生。

综上,大量的基础学科的知识指导材料成分、结构与性能的研究,也指导合成与加工的发展,通过合成与加工生产出可供人们使用的工程材料,而工程材料在使用过程中所暴露的问题,再反馈到成分、结构和性能的研究中,进而改进材料的合成和加工,得到更为合适的工程材料(包括结构材料与功能材料)。如此反复,使材料不断改进而更加成熟,这就是材料科学与工程的全面内涵,也是材料科学与工程研究的内容与任务。

1.4 《材料加工原理》的任务与内容

本书以"全链条加工"为主线,分为上下两册,涵盖"液态金属成形原理""金属材料塑性成形原理"和"材料固态相变原理"3 大部分,力图融合主要工程材料加工过程中共性的基本的原理,并突出各类材料加工过程中的特性,旨在让读者对各类材料在加工过程中的物理冶金、化学冶金和力学冶金,以及各种组织转变、传热、传质现象等的基本概念、基本原理和基本计算方法有系统的理解,为材料类及相关专业学生学习后续课程、从事工程技术工作和科学研究工作打下坚实的基础。

第 2 章　液态金属及合金结构与性质

液体是三大物质形态之一。按液体的构成类型,可分为:原子液体(如液态金属、液化惰性气体),决定液态原子分布规律的是原子之间的交互作用能;分子液体(如极性与非极性分子液体),决定液态分子分布规律的是分子结构和分子之间的范德华力;离子液体(如各种简单的及复杂的熔盐),决定液态离子分布规律的是离子间的库仑力。

科学上对于物质液体状态的认识,远远落后于对气体状态和固体状态的认识。对于固态和气态早已有了统一的描述其结构和性质的较成熟的理论,如晶体理论和理想气体理论。液体金属具有长程无序、短程有序性质,它既不像气体那样分子之间相互作用较弱,也不像固体那样,分子间有强烈的相互作用。决定液态金属原子(或离子)分布规律的是原子之间的交互作用能,所有的关于液态金属结构的模型和理论,都是力图说明其原子排列与原子间交互作用能之间的关系,用一种比较严密的物理和数学表达式来描述结构,并用它来解释液态金属的各种物理化学性质。然而由于短程有序性质的不确定性和易变性,很难像固体或气体那样对液体做较严密的理论计算。

人类对金属进行固态、液态的转换以实现使用金属的目的。金属由液态转变为固态的凝固过程中产生很多现象,例如形核、晶体长大、溶质的传输,金属体积变化等等,都与液态金属的结构和性质有关,因此研究液态金属的结构,对于液态金属本身的应用、控制冶金熔液的行为,和改善固态金属材料的性能,都有很重要的意义。

近二十多年来。由于新材料(如半导体材料、快冷微晶合金、非晶态金属等)和新技术的迅速发展,特别是液态金属用作载热体后,人们对液态金属结构和性质的兴趣激增。对金属熔液的结构、性质及其对固体的作用也开展了广泛深入的研究,正在形成一个重要的学科方向。

2.1　液态金属的结构

金属凝固时,结晶是在液态金属中发生的,液态金属的结构和金属的结晶之间有着密切的联系。最初,在金属的固、液、气三态中,人们把液态金属看成和气态类似,将液态金属和固态金属对立起来,即认为液态金属中的原子间作用力很弱,都在作无规则运动,直到 20 世纪 20—30 年代,在对金属的固态、液态和气态的物理性质进行了仔细的研究以后,尤其是将 X 射线衍射技术引入到液态金属结构研究中后,证明了上述关于液态金属结构的概念是不正确的。

2.1.1　物质熔化过程中的液体结构

金属从固态转化为气态时,其体积无限膨胀;然而金属从固态转变为液态时,其体积仅增加 3%~7%,如表 2-1 所示。金属从 0K 到熔点的固态体积膨胀几乎都是 7%,因此金属熔化时的体积膨胀不超过固态时的体积变化总量,液态金属的结构不可能完全无序。

表 2 - 1　几种金属熔化时的体积变化

金属	结构类型	T_m/K	$\Delta V_m/V$
Na	bcc	370	2.6
Sc	bcc	302	2.6
Fe	bcc/fcc	1 809	3.6
Al	fcc	933	6.9
Ag	fcc	1 234	3.51
Cu	fcc	1 356	3.96
Mg	hcp	923	2.95

从表 2 - 2 可以看出,汽化潜热(即固→汽)应该是使原子间结合键完全破坏所需的能量,而熔化潜热则仅有汽化潜热的 3%～7%,也就是说从固态转变为液态时,原子间的结合键只破坏了很少的一部分。

以面心立方的铝为例,熔化潜热和汽化潜热的比值仅仅是 5% 左右,从结合键的破坏情况看,固相中铝原子的配位数是 12,而气相中则为零。固相到气相的潜热是用来破坏 12 个最邻近的结合键的,其中只有半个多最邻近的结合键是熔化时被破坏的,由此可见,液态金属的结构更接近于固态金属。

表 2 - 2　几种金属的熔化潜热(ΔH_m)和汽化潜热(ΔH_b)

金属	熔点/℃	熔化潜热 $\Delta H_m/kJ \cdot mol^{-1}$	沸点/℃	汽化潜热 $\Delta H_b/kJ \cdot mol^{-1}$	$\Delta H_m/\Delta H_b$
Al	660	10.45	2 480	290.93	0.036
Au	1 063	12.79	2 950	341.92	0.037
Cu	1 083	13.00	2 575	304.34	0.043
Fe	1 536	15.17	3 070	339.83	0.045
Zn	420	7.23	907	114.95	0.063
Cd	321	6.39	765	99.48	0.064
Mg	650	8.69	1 103	133.76	0.065

表 2 - 3 给出了一些金属从室温至熔点的熵变以及熔化熵的变化。金属熔化时,其熵值的增加很明显,说明熔化时原子排列的有序度大为降低,但考虑到配位数的变化很小,说明原子间距或最邻近的原子数目并没有很大变化。

由以上这些物理性质变化情况的分析,可以认为液态金属和固态金属的结构相似。以二维系统排列为例,若认为每一个粒子都是大小相同的刚性球,将这些小球密排堆积后的图形如图 2 - 1(a)所示,这是一种规则的晶体结构,每一个粒子周围有 6 个最近邻的粒子。但是若先在某个中心粒子周围排列 5 个粒子,然后由里向外,也按每一个原子周围均有 5 个近邻粒子那样去排列,就得到如图 2 - 1(b)所示的图形。它是比较疏松的排列,而且离开中心粒子愈远,粒子的排列也愈杂乱,粒子之间的空隙也越大。这样的系统仅在中心粒子周围数个粒子直径的线度内反映出具有排列的有序性(即每个中心原子周围有 5 个近邻原子)。我们把能反映出一定的排列规律性的粒子的群体称为一个单元。整个液体由一个个单元组成。同一单元中呈现一定的有序性,而不同单元的有序性各有差异。所以说液体具有短程有序(short-range order)、长程无序(long-range disorder)的特征。

表 2-3 几种金属加热时的熵变

金属	从 298K 到熔点的熵变 ΔS	熔化熵 ΔS_m	$(\Delta S_m) \cdot (\Delta S)^{-1}/\%$
Ge	18.94	10.28	54
Zn	22.78	10.66	47
Al	31.39	11.50	37
Mg	31.52	9.70	31
Cu	40.92	9.61	24
Au	40.88	9.24	23
Fe	64.79	8.36	13

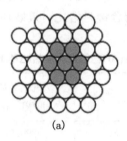　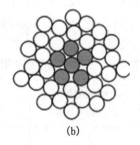

(a)　　　　　　　(b)

图 2-1　固态和液态金属原子排列示意图

2.1.2　液态金属结构衍射特征

　　X 射线衍射和中子衍射方法是直接测定液态金属结构的迄今通用的最有效的实验手段,也有人用电子衍射法,但它更适合于测低密度液体结构,在测液态金属结构时不常用。

　　衍射方法给出的主要内容是液体中原子的分布规律——短程序结构。其中,最重要的概念是分布函数(有时也叫相关函数)。

　　图 2-2 给出了液体与固体、气体结构比较及衍射特征。横坐标 r 是到所选定的原子的距离,相当于以所选定的左边为中心的球体的半径;液体中原子的平均密度为 ρ_0,根据任意指定的中心原子 r 处的原子密度为 $\rho(r)$,用 $\rho(r)$ 和 ρ_0 的比值 $g(r)$ 来表示距某一参考粒子 r 处找到另一个粒子的几率,$g(r)$ 称为偶分布函数。$RDF = 4\pi r^2 \rho_0 g(r)$ 则表示围绕所选定原子的半径为 r、厚度为 dr 的一层球壳中的原子数,称为径向分布函数。

　　理想气体由于无规则热运动,在任意距离内的出现概率都相同,它的径向分布函数是一条没有任何起伏的水平线。晶态固体是有规则的晶体结构,因此在固定位置 r 上会有明显的峰值,而液态和非晶固体,在 r 足够大的情况下,$g(r)$ 趋向于水平直线,当 r 较小时,曲线有宽化的峰,和晶态固态的峰值相呼应。

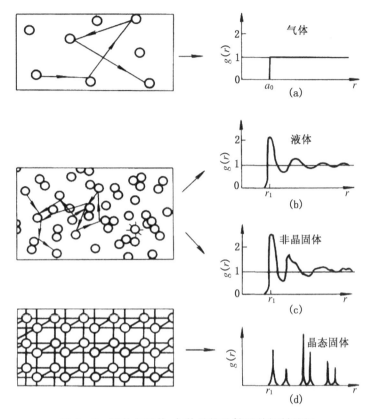

图 2 - 2 液体与固体、气体结构比较及其衍射特征

以 700℃ 时铝原子的径向分布曲线为例（见图 2-3），固态金属中，原子在某一平衡位置作热振动，其原子密度分布曲线是一组相距一定距离（点阵常数）的垂线，每一条垂线都有确定的位置 r 和峰值，与所选原子最近的球面上的峰值便是它的配位数。但对于液态金属而言，原子密度分布曲线呈现围绕固态时的分布曲线（竖直线）之间作波浪形的变化规律。这是由于当金属由固态转变为液态时，液态中的金属原子是处在瞬息万变的热振动和热运动的状态之中的，而且原子跃迁频率很高，以致没有固定的位置，而其峰值所对应的位置（r）只是表示衍射过程中相邻原子之间最大几率的原子间距。其第一个峰值和第二峰的位置与固态衍射线位置基本接近，其原子配位数也相近，随着 r 的增加，峰值与固态的偏离也越来越大，当选定原子

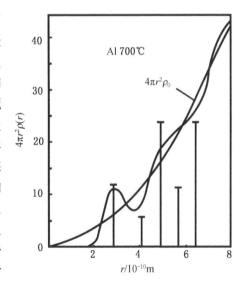

图 2 - 3 700℃ 时 Al 中原子分布曲线

距离约为 1nm 时，液态的分布曲线与平均线相重合，说明此处的原子排列已经紊乱，原子排列进入无序状态，如图 2 - 4 所示。其他的碱金属的测量曲线也具有相同的特征。

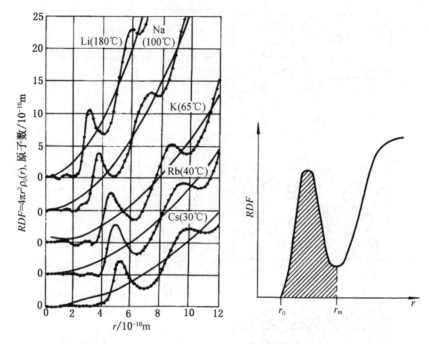

图 2-4　稍高于熔点时液态碱金属的径向分布函数

由 X 射线衍射分析和表 2-4 可知,液态金属中原子的排列在几个原子间距的范围内和固态的排列方式上基本一致,只是原子的配位数稍稍有点变化。

除了衍射结果表明液态金属具有近程有序、远程无序的特点外,金属熔化时一些物理性质的变化也同样给出相同的结论。

表 2-4　X 射线衍射所得液态和固态金属结构参数的比较

金属	液态			固态		
	温度/℃	原子间距/10^{-10} m	配位数	原子间距/10^{-10} m	配位数	
Li	400	3.24	10	3.03	8	
Al	700	2.96	10~11	2.86	12	
Zn	460	2.94	11	2.65, 2.94	6+6	
Cd	350	3.06	8	2.97, 3.30	6+6	
Sn	280	3.20	11	3.02, 3.15	4+2	
Au	1 100	2.86	11	2.88	12	
Bi	340	3.32	7~8	3.09, 3.46	3+3	

由上述分析可见,液态金属的结构可以总结为以下几点:

(1) 液态金属中原子之间的平均距离比固态时增加不大,仍然相当接近,原子间仍保持较强的结合能。因此,液态金属的原子不能像在气态中那样无束缚地运动,然而,原子的排列在几个原子距离范围内仍具有一定规律性。不过,液态金属的原子间的结合已受到部分破坏,其排列的规律性仅保持在较小的范围内,这个范围约为由十几个到几百个原子组成的集团,称之为原子集团。可见,液体是由许多原子集团所组成的,这种仅在原子集团内仍具有一定规律性的排列称为"近程有序排列"。

（2）由于液态金属中原子热运动激烈,能量起伏大,产生频繁的跳跃,原子集团内具有较大能量的原子则能克服邻近原子的束缚,很容易由一个平衡位置跳到另一个平衡位置,除了在集团内产生很强烈的热运动外,还能成簇地脱离原有原子集团而跳入另一个原子集团中,或者形成新的原子集团。因此,原子集团都处在瞬息万变的状态,原子集团的平均尺寸,则随温度的升高而变小。由于能量起伏,各原子集团的尺寸也是不同的,这称为结构起伏。

（3）原子集团之间的距离较大,结合比较松散,如同存在"空穴"。空穴的存在使液态金属中共有电子的运动发生变化,在原子集团内,自由电子仍归原子集团所有原子共有,故仍能保持金属导电的特性。而在原子集团之间,自由电子难以自己飞越空穴,只能伴随集团间原子的交换而跟着正离子一同转移到另一个原子集团,可见,原子集团间的导电具有离子导电的特征。所以大部分液态金属的电阻率与固态金属相比有所增大。

（4）工业上应用的实际合金往往是多元合金,由于各种元素的原子之间结合力不同,结合力较强的原子容易结合在一起,而把另外的一些原子排斥在别处。因此,在原子集团中存在有的 A 原子多,有的 B 原子多的现象,即原子集团之间存在成分不均匀性,称为"浓度起伏"。因此可以说,实际金属和合金的液态结构中,存在 3 种起伏:一种为原子间能量不同的能量起伏;第二种为原子集团间尺寸不同的结构起伏;第三种为各原子集团间成分不同的浓度起伏。

2.2　液态金属的黏度

2.2.1　黏度理论

液态金属是具有黏性的流体。当液体在外力作用下流动时,由于分子间具有内聚力,因此使液体的内部产生内摩擦力,以阻滞液层间的相对滑动,液体的这种性质称为黏滞性。表征黏滞性大小的物理度量称为黏度。黏度和内摩擦阻力之间的关系,可用牛顿液体内摩擦定律来表示。

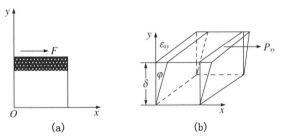

图 2‐5　流体在外力作用下的变形

在液体中任取一单位立方体,假设无重力作用,为了使液体流动需要在其上表面作用一个外力 F,其方向与上表面平行（见图 2‐5(a)）。在力 F 的作用下,在 X 轴方向（见图 2‐5(b)）,每一层原子都相对于下一层原子产生相对运动,其平均速度为

$$\bar{v} = qF \tag{2‐1}$$

写成偏微分形式:

$$\bar{v} = \frac{\partial v_x}{\partial y} \cdot \delta = q \cdot F \qquad\qquad (2-2)$$

作用在流体单位面积上的力用 P_{xy} 表示,则

$$P_{xy} = \frac{F}{\delta^2} \quad \text{或者} \quad F = P_{xy}\delta^2 \qquad\qquad (2-3)$$

由上两式可得:

$$\frac{\partial v_x}{\partial y} = qP_{xy}\delta \quad \text{或} \quad P_{xy} = \frac{1}{q \cdot \delta} \cdot \frac{\partial v_x}{\partial y} \qquad\qquad (2-4)$$

上式称为关于黏性液体流动的牛顿定律。其中,$\eta = \frac{1}{q\delta}$ 称为黏性流体的动力黏度。由于原子的迁移系数和扩散系数分别为

$$q = \frac{D}{KT} \qquad D = \frac{\delta^2}{2\tau_0} e^{-U/KT}$$

因此,黏度的最终表达式为

$$\eta = \frac{2\tau_0 KT}{\delta^3} \cdot e^{U/KT} \qquad\qquad (2-5)$$

式中,τ_0——原子在平衡位置的振动周期;

　　　K——波尔兹曼常数。

2.2.2　影响黏度的因素

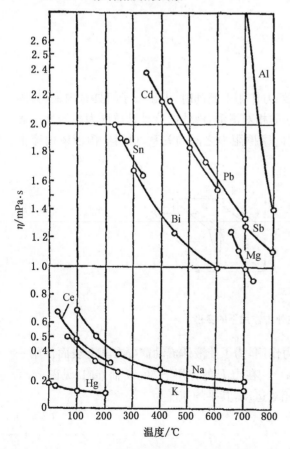

图 2-6　金属的动力黏度与温度的关系

由式(2-5)可知影响液态金属黏度的主要因素是温度、原子间距、原子结合能。同时,黏度还与液态金属的化学成分有关。

(1) 与温度(T)有关,函数 $e^{U/KT}$ 随温度升高而降低。而 $2\tau_0 KT /\delta^3$ 项则与温度呈直线关系。因此,当温度不太高时,指数项 $e^{U/KT}$ 随温度增高而急剧变化,因而使黏度下降。但是当温度很高时,指数项 $e^{U/KT}$ 趋近于 1。这时,随温度增高,黏度值呈直线增加,但这已是接近气态的情况了,如图 2-6 所示。

(2) 与原子层间距(δ)有关。黏度值与原子体积成反比,原子半径越大,黏度相对较低。

(3) 与原子间结合能(U)(或称原子移动的激活能)有关。黏度与原子活化能成正比。如果液态金属原子间的结合力越大,则内摩擦阻力越大,其黏度越高。

(4) 与化学成分有关。难熔化合物的黏度较高,而熔点低的共晶成分合金的黏度较低。这是由于难熔化合物的结合力强,在

冷却至熔点之前就已开始原子聚集。对于共晶成分的合金,异类原子之间不发生结合,而同类原子聚合时,由于异类原子的存在所造成的障碍,使它的聚合缓慢,晶坯的形成拖后,故黏度较非共晶成分的低。图 2-7 所示为 Fe-C 和 Al-Si 合金熔体随 C,Si 含量和温度变化而变化的等黏度线。

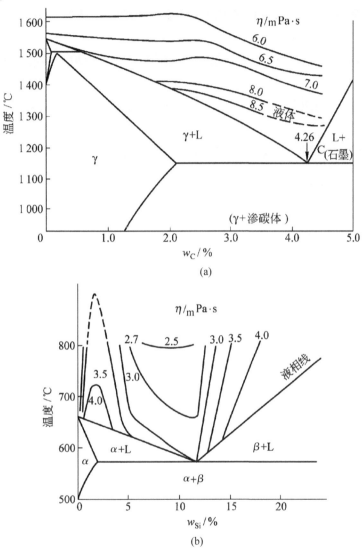

图 2-7 Fe-C 和 Al-Si 合金熔体的等黏度线

(a)Fe-C 合金的黏度;(b)Al-Si 合金的黏度

2.2.3 黏度对液态加工的影响

1) 黏度对液态金属净化的影响

黏度在液态加工过程中的意义首先表现在对液态金属净化的影响。液态金属中存在各种夹杂物及气泡等,大部分情况下必须尽量去除,否则会影响材料或成形件的性能,甚至发生灾难性的后果。

被卷入液态金属中的杂质,密度和液态金属不同,一般杂质密度均小于液态金属密度,在大多数情况下要上浮至液态金属的表面。液态金属中杂质的上浮或下沉速度由杂质所受液体的排斥力和杂质的运动阻力所决定。

杂质进入液态金属后,无论是上浮还是下沉,在最初非常短的时间内它以加速度运动,以后便是匀速运动,这说明杂质所受到的诸力很快处于平衡。设杂质的体积为 Q,液态金属的密度为 ρ_1,杂质的密度为 ρ_2,则杂质受到液态金属的排斥力 P 为

$$P = Q \cdot \rho_1 \cdot g - Q \cdot \rho_2 \cdot g = Q \cdot (\rho_1 - \rho_2) \cdot g \tag{2-6}$$

据斯托克斯(Stokes)试验,液态金属对半径小于 0.1cm 的球形杂质的运动阻力 P_c 为

$$P_c = 6\pi r v \eta \tag{2-7}$$

式中,v——杂质的运动速度;

r——杂质半径;

η——液态金属的黏度;

g——重力加速度。

作用在杂质上的力处于平衡时:

$$Q(\rho_1 - \rho_2) \cdot g = 6\pi r v \eta \tag{2-8}$$

因此,杂质的匀速上浮速度为

$$v = \frac{Q(\rho_1 - \rho_2) \cdot g}{6\pi r \eta} \tag{2-9}$$

对于球形杂质,其上浮速度为

$$v = \frac{4\pi r^3 (\rho_1 - \rho_2) \cdot g}{3 \times 6\pi r \eta} = \frac{2r^2 (\rho_1 - \rho_2) \cdot g}{9\eta} \tag{2-10}$$

式(2-10)就是著名的 Stokes 公式。

从斯托克斯公式可知,杂质在液体金属内部的上浮速度的影响因素有:

① 与杂质和金属之间的密度差 $(\rho_1 - \rho_2)$ 成正比;

② 与杂质颗粒半径成正比,颗粒越大上浮速度越快;

③ 与液态金属的黏度成反比,温度越高,黏度越低,将有利于杂质上浮。

杂质沉浮的速度非常重要,若此速度大则易于去除,使液态金属得以净化,有利于获得优质铸件,否则就难以净化。

在液态加工过程中,应用 Stokes 原理,为了精炼去除非金属夹杂物,金属液需加热到较高的过热度,以降低黏度,加快夹杂物和气泡的上浮速度。另一方面,在用直接气泡吹入法制备金属多孔材料时,为防止气泡上浮脱离,需向液态金属中加入大量的氧化物等颗粒状增稠剂,提高金属液的黏度,防止气泡逸出,才能成功制备气孔均匀分布的多孔材料。

2) 黏度对对流态和流动阻力的影响

液体的流动状态取决于雷诺准则数 R_e,根据流体力学可知,临界雷诺数 $R_e > 2\,300$ 为紊流,$R_e < 2\,300$ 为层流。雷诺准则数 R_e 的表达式为

$$R_e = \frac{Dv}{v} = \frac{Dv\rho}{\eta} \tag{2-11}$$

式中,D——管道直径;

U——流体平均流速;

v——运动黏度。

设 f 为流动阻力系数,则有

$$f_{层} = \frac{32}{Re} = \frac{32\eta}{D\upsilon\rho} \qquad (2-12)$$

$$f_{紊} = \frac{0.092}{Re^{0.2}} = \frac{0.092\eta^{0.2}}{(D\upsilon\rho)^{0.2}} \qquad (2-13)$$

从以上两式可知,液态金属的流动阻力在层流流动时受黏度的影响远比在紊流流动时大,在一般浇注情况下,液态金属在浇道中和型腔中的流动皆为紊流,在型腔的细薄部位,或在充型的后期,由于流速显著下降,才可能呈现层流流动。

3）黏度对成形质量的影响

影响铸件轮廓的清晰程度:在薄壁铸件的铸造过程中,流动管道直径较小,雷诺数值小,流动性质属于层流。此时,为降低液体的黏度应适当提高过热度或者加入表面活性物质等。

影响热裂、缩孔、缩松的形成倾向:由于凝固收缩形成压力差而造成的自然对流均属于层流性质,此时黏度对流动的影响会直接影响到铸件的质量。

影响钢铁材料的脱硫、脱磷、扩散脱氧:在铸造合金熔炼及焊接过程中,这些冶金化学反应均是在金属液与熔渣的界面进行的,金属液中的杂质元素及熔渣中的反应物要不断地向界面扩散,同时,界面上的反应产物也需要离开界面向熔渣内扩散。这些反应过程的动力学(反应速度和反应进行到的程度)受到反应物及生成物在金属液和熔渣中的扩散速度的影响,若金属液和熔渣的动力学黏度 η 低,则有利于扩散的进行,从而有利于脱去金属中的杂质元素。

2.3 液态金属的表面与界面

界面泛指两相之间的交界面,表面特指液体(或固体)与气体之间的交界面,但更严格地说,应该是指液体或固体与其蒸汽的界面。

2.3.1 表面张力与表面能

对于液体和气体界面上的质点(原子或分子),由于液态的密度大于气体的密度,故气体相对它的作用力远小于液体内部对它的作用力,使表面层质点处于不平衡的力场之中。因此,使表面质点受到一个指向液态内部的力,并有使液体表面缩小的趋势,如图 2-8 所示。这就等于在液体表面上存在一个平行于表面且各个方向大小相等的张力,称之为表面张力。表面张力是表面上平行于表面切线方向且各个方向大小相等的张力,产生张力的表面层厚度不超

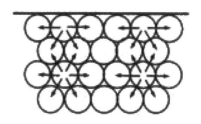

图 2-8 金属的表面张力

过 10^{-7} cm,相当于几个原子(分子)的液层厚度,而由于表面原子受力不均,引起表面原子的势能比内部原子的势能高,使物体产生了表面能。

由于液体表面层内质点受到不平衡力场的作用,使表面绷紧或弯曲,导致表面内产生了多余的表面能。设表面 S 在绷紧力 F 的作用下,拉长了 $\mathrm{d}x$ 距离,则外力所做的功为

$$\delta W = F \cdot \mathrm{d}x = \frac{F}{l}(l \cdot \mathrm{d}x) = \frac{F}{l} \cdot \mathrm{d}A = \sigma \cdot \mathrm{d}A \qquad (2-14)$$

进一步可得:

$$\sigma = \frac{F}{l}\sigma = \frac{\delta W}{\mathrm{d}A} \tag{2-15}$$

由此可见,表面张力 σ 是表面 S 内垂直 F 方向的单位长度上的拉紧力,也是增加单位表面积 $\mathrm{d}A$ 时外力所做的可逆功,称之为表面能。表面张力和表面能在数值上相同,但量纲不同,如表面张力为 $10^{-1}\mathrm{N/m}$,则表面能为 $10^{-1}\mathrm{J/m^2}$。

由相关热力学公式可得:

$$\sigma = \frac{\delta W}{\mathrm{d}A} = -\frac{\mathrm{d}F}{\mathrm{d}l} \tag{2-16}$$

上式表明,表面张力 σ 就是单位面积上的自由能。式中负号表示由于产生了新的单位面积的表面,而使系统的自由能增加,增加值等于外力对单位表面所作的功。

2.3.2 界面张力与润湿

广义而言,任意两相(固-固、固-液、固-气、液-气、液-液)的交界面都称为界面,而表面专指液体或固体与气体之间的界面。因此,表面张力或表面能是界面张力或界面能的一个特例。

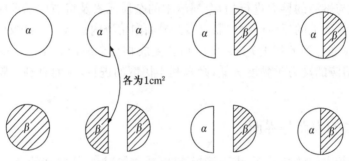

图 2-9 两个界面形成过程示意图

由 α 和 β 两相形成 $\alpha-\beta$ 界面形成过程如图 2-9 所示。设 α 相和 β 相均是截面积为 $1\ \mathrm{cm^2}$ 的球体。在 α 相和 β 相中点各作一垂直截面将其等分,分别新增两个面积为 $1\ \mathrm{cm^2}$ 的 α 相表面和两个面积为 $1\ \mathrm{cm^2}$ 的 β 相表面。为此,外力所需做的正功分别为 $W_{\alpha\alpha}$ 和 $W_{\beta\beta}$。如果用 σ_α 表示相的表面能,σ_β 表示 β 相的表面能,则有

$$W_{\alpha\alpha} = 2\sigma_\alpha,\ W_{\beta\beta} = 2\sigma_\beta \tag{2-17}$$

然后,把 α 和 β 结合成两个具有 $\alpha-\beta$ 界面的整体,这时所需做的负功为 $-2W_{\alpha-\beta}$。因此,为形成两个 $\alpha-\beta$ 界面所做的净功 W_s 为

$$W_s = W_{\alpha\alpha} + W_{\beta\beta} - 2W_{\alpha\beta} \tag{2-18}$$

因此,形成一个 $\alpha\beta$ 界面所做的净功 W_s,在数值上等于 $\alpha\beta$ 界面的界面能 $\sigma_{\alpha-\beta}$,即

$$\frac{W_s}{2} = \frac{W_{\alpha\alpha} + W_{\beta\beta}}{2} - W_{\alpha\beta} = \sigma_{\alpha\beta}$$

由于 $W_{\alpha\alpha} = 2\sigma_\alpha$,$W_{\beta\beta} = 2\sigma_\beta$,代入上式,可得到表面张力的表达式:

$$\sigma_{\alpha\beta} = \sigma_\alpha + \sigma_\beta - W_{\alpha\beta} \tag{2-19}$$

由此可见,形成 $\alpha\beta$ 界面所做的功 $W_{\alpha\beta}$ 越大,则界面能就越小。这也就是说,两相间结合力越大,则界面能越小。

润湿角是衡量界面张力的标志。当固相的表面有液相和气相时,发生的界面现象如图

2-10(a)所示。当液相与固相接触时,3 个界面张力的平衡情况如图 2-10(b)所示。图中的 θ 即为润湿角。平衡时水平分量的平衡关系为

$$\sigma_{SG} = \sigma_{LS} + \sigma_{LG}\cos\theta \tag{2-20}$$

式中,σ_{SG}——固相/气相界面张力;

　　　σ_{LS}——液相/固相界面张力;

　　　σ_{LG}——液相/气相界面张力。

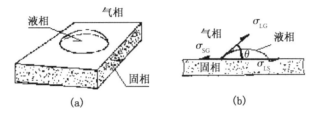

图 2-10　同时与固相和气相接触的球冠状液相的界面张力的平衡状情况

经转换,公式(2-20)变为

$$\cos\theta = \frac{\sigma_{SG} - \sigma_{LS}}{\sigma_{LG}} \tag{2-21}$$

上式即为杨氏方程式。润湿角 θ 的值与各界面张力的相对值有关,如图 2-11 所示。

(1) $\sigma_{SG} > \sigma_{LG}$ 时,$\cos\theta$ 为正值,即 $\theta < 90°$ 称为液体能润湿固体;$\theta = 0°$ 时,液体在固体表面铺展成薄膜,称为完全润湿。

(2) $\sigma_{SG} < \sigma_{LS}$ 时,$\cos\theta$ 为负值,即 $\theta > 90°$ 时液体倾向于形成球状,称为液体不能润湿固体;$\theta = 180°$ 时为完全不润湿。

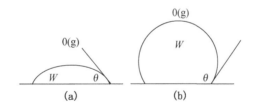

图 2-11　不同 θ 角时的润湿状态

2.3.3　弯曲液面产生的附加压力

由于表面张力的作用,液体在细管中将产生如图 2-12 所示的现象。A 处液体的质点受到气体质点的作用力 f_1、液体内部质点的作用力 f_2 和管壁固体质点的作用力 f_3 作用。显然,f_1 是比较小的。

当 $f_3 > f_2$ 时,产生指向固体内部且垂直于 A 点液面的合力 F,此液体对固体的亲和力大,故此时产生的表面张力有利于液体向固体表面展开,使 $\theta < 90°$,固-液是润湿的,如图 2-12(a)所示;

当 $f_3 < f_2$ 时,产生指向液体内部且方向与液面垂直的合力 F',表面张力的作用使液体脱离固体表面,固-液是不润湿的,如图 2-12(b)所示。由于表面张力的作用产生了一个附

加压力 p。当固-液互相润湿时，p 有利于液体的充填，否则反之。这个附加压力 p 的表达式为

$$p = \sigma\left(\frac{1}{r_1} + \frac{1}{r_2}\right) \qquad (2-22)$$

式中，r_1 和 r_2 分别为曲面的曲率半径。此式称为 Laplace(拉普拉斯)公式。由弯曲页面产生的附加压力也称为 Laplace 压力。

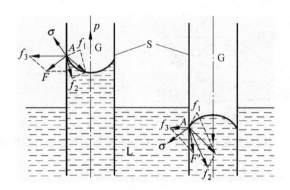

图 2-12　附加压力的形成过程

(a)固-液润湿；(b)固-液不润湿

2.3.4　界面张力的影响因素

影响液态金属表面张力的因素主要有熔点、温度和溶质元素。

(1)熔点。表面张力的实质是质点间的作用力，故原子间的结合力大的物质，其熔点、沸点高，则表面张力往往就大。表 2-5 列出了几种常用金属的表面张力与熔点的关系。

表 2-5　几种液态金属在熔点时的表面张力

金属	Na	Mg	Al	Ti	V	Fe	Cu	Zn
熔点(℃)	98	650	660	1 668	1 900	1 537	1 083	420
表面张力 $(10^{-3}\mathrm{N/m})$	191	559	914	1 650	1 950	1 872	1 360	780

(2)温度。大多数金属和合金，如 Al，Mg，Zn 等，其表面张力随着温度的升高而降低。这是因为温度升高而使液体质点间的结合力减弱所致。但是铸钢、碳钢、铜及其合金等，其表面张力随温度升高而增大。

(3)溶质合金元素：溶质元素对液态金属表面张力的影响分为两大类。一类是使表面张力降低的溶质元素，称为表面活性元素，其表面浓度大于内部浓度，如钢液和铸铁液中的 S 即为表面活性元素，也称为正吸附元素。另一类是提高表面张力的元素，叫非表面活性元素，其表面的含量少于内部含量，称为负吸附元素。图 2-13 至图 2-16 为各种元素对铸铁、Al 和 Mg 表面张力的影响。

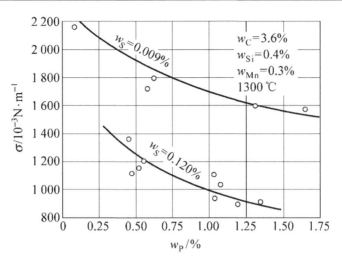

图 2 - 13　P 对铸铁液表面张力的影响

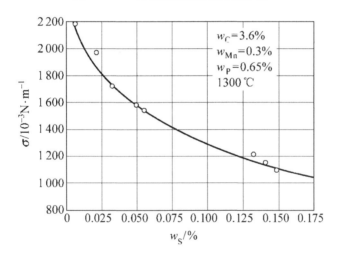

图 2 - 14　S 对铸铁液表面张力的影响

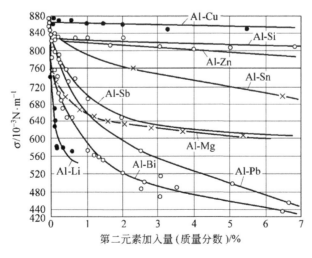

图 2 - 15　合金元素对 Al 液表面张力的影响

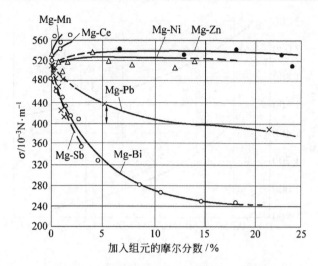

图 2 - 16   合金元素对 Mg 液表面张力的影响

2.3.5   Gibbs 表面吸附方程

由上一节可知,加入某些溶质后能改变液态金属的表面张力,其原因是由于加入溶质后改变了熔体表面质点的力场分布不对称性的程度。而它之所以具有正(或负)吸附作用,是因为自然界中系统总是向减少自由能的方向自发进行的。表面活性物质跑向表面会使自由能降低,故它具有正吸附作用;而非表面活性物质跑向熔体内部会使自由能降低,故它具有负吸附作用。溶质元素对表面张力的影响程度,可以用吉布斯(Gibbs)吸附公式来描述:

$$\Gamma = -\frac{C}{RT}\frac{\mathrm{d}\sigma}{\mathrm{d}C} \tag{2-23}$$

式中,Γ——单位面积上较内部多(或少)吸附的溶质的量,其单位为 mol/m^2;

  C——溶质浓度;

  T——热力学温度;

  R——气体常数。

由 Gibbs 表面吸附方程可知:当 $\frac{\mathrm{d}\sigma}{\mathrm{d}C} < 0$,即随溶质浓度增加,引起表面张力减小时,$\Gamma > 0$ 为正吸附,此物质为表面活性物质;而当 $\frac{\mathrm{d}\sigma}{\mathrm{d}C} > 0$,即随溶质浓度增加,引起表面张力增大时,$\Gamma < 0$ 为负吸附,此物质为表面非活性物质。

2.4   液态金属的流动性

材料加工是利用材料在外力作用下的变形能力使其成型。材料处于不同状态时,在外力作用下的变形特性迥异。液态材料不能保持一定的形状,在自身重力或很小的外力作用下就可以流动,形成容器的形状,因而可以通过充填型腔并在其中凝固的方法来成型,制备出不同形状的产品。

2.4.1   流动性与充型能力

由于液态金属具有流动性,液态成型是使液态金属充满型腔并凝固的一种材料加工方法。液态金属充满铸型型腔,获得形状完整、轮廓清晰的铸件的能力,叫做液态金属充填铸型的能力,简称液态金属的充型能力。

液态金属的充型能力首先决定于其本身的流动能力,同时又受到外界条件如铸型性质、浇筑条件、铸型结构等因素的影响,是各种因素的综合反映。

液态金属本身的流动能力称为"流动性",它是由液态金属的成分、温度、杂质的含量等决定的,与外界因素无关,流动性也可以认为是确定条件下的充型能力。

流动性对于排除液体金属中的气体和杂质、凝固过程中的补缩,防止开裂,获得优质的液态成型产品,有着重要的影响。液态金属的流动性越好,气体和杂质越易于上浮,使金属液得以净化。良好的流动性有利于防止缩松、热裂等缺陷的出现。液态金属的流动性越好,其充型能力就越强,反之其充型能力就差。一般来说,液态金属的黏度越小,其流动性就越好,充型能力越强。

液态金属的流动性可用试验的方法进行测定,最常用的是浇注螺旋流动性试样来衡量,如图 2 - 17 所示。

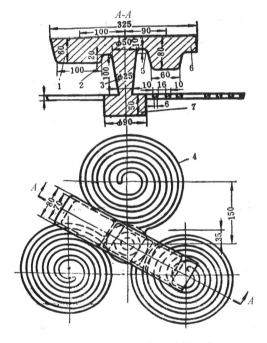

图 2 - 17　液态金属的流动性示意图
1-浇口杯;2-低坝;3-直浇道;4-螺旋;5-高坝;6-溢流道;7-全压井

2.4.2　液态金属的停流机理

在充型过程中,当液态金属中形成晶粒阻塞充型通道时,流动就会停止。合金的种类不同,凝固方式和阻塞方式也不同。对于纯金属、共晶合金及结晶温度范围很窄的合金,在液态金属的过热热量完全散失之前为纯液态流动。随流动继续向前,液态金属的温度降至熔点以下,型壁上开始结晶,形成一个凝固壳,液流中心部分继续向前流动。当较先结晶部位从型壁向中心生长与晶体相互接触时,金属的流动通道被阻塞,流动停止。流股前端的中心部位继续凝固,形成缩孔,如图 2 - 18 所示。

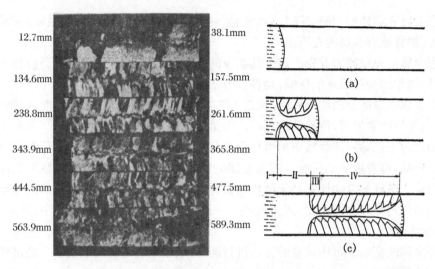

图 2-18　纯金属(图中为 99.9%Al)及窄结晶温度范围的合金停止流动机理示意图

对于宽结晶温度范围的合金,在液态金属的过热热量完全散失之前也是纯液态流动。随着继续向前流动,液态金属的温度降至合金的液相线以下,液流中开始析出晶体,并顺流前进不断长大。液流前端由于不断与型壁接触,冷却最快,析出晶粒的数量最多,使金属液的度增大,流速减慢。当晶粒数量达到某一临界值时,便结成一个连续的网络。若造成金属液流流动的压力不能克服此网络的阻力,就发生阻塞而停止流动,如图 2-19 所示。

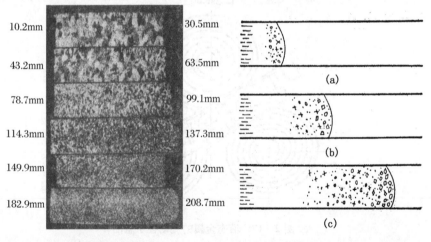

图 2-19　宽结晶(图中为 Al-4.5wt%Cu)温度范围合金的停止流动机理示意图

合金的结晶温度范围越宽,凝固时结晶出来的晶体的枝晶就越发达。在液流前端析出相对较少的固相晶体时,亦即在相对较短的流动时间内,液态金属便停止流动。因此,合金的结晶温度范围越宽,其充型能力越低。

2.4.3　液态充型能力的计算

液态金属是在过热情况下充填型腔的,它与型壁之间发生热交换。因此,这是一个不稳定的传热过程,也是一个不稳定的流动过程。从理论上对液态金属的充型能力进行计算很困难。很多研究者为了简化计算,做了各种假设,得出了许多不同的计算公式。下面介绍其中的一种计算方法,可以比较简明地表述液态金属的充型能力。

假设用某液态金属浇注圆形截面的水平试棒,在一定的浇注条件下,液态金属的充型能力以其能流过的长度 l 来表示:

$$l = v\tau \qquad (2-24)$$

式中,v 为静压力 h 作用下液态金属在型腔中的平均流速,τ 为液态金属进入型腔到停止流动的时间(见图 2 - 20)

由流体力学原理可知:

$$v = \mu \sqrt{2gh} \qquad (2-25)$$

式中,h——液态金属的静压力;

　　μ——流速系数。

关于流动时间的计算,根据液态金属不同的停止流动机理,有不同的计算方法。

对于纯金属或共晶成分合金,是由于液流末端与之前的某处从型壁向中心生长的晶粒相接触,通道被阻塞而停止流动的。所以对于这类液态金属的停止流动时间 τ,可以近似地认为是试样从表面至中心的凝固时间,可根据热平衡方程求出。

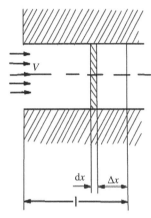

图 2 - 20　充型过程的物理模型

对于宽结晶温度范围的合金,液流前端由于不断与型壁接触,冷却最快,最先析出晶粒,当晶粒数量达到某一临界分数值 k 时,便发生阻塞而停止流动。这类液态金属的停止流动时间 τ 可以分为两部分:第一部分为液态金属从浇注温度 $T_{浇}$ 降温到液相线温度 T_L,这一段是纯液态流动;第二部分为液态金属从液相线温度 T_L 降到停止流动的温度 T_k,这一段液态金属与前端已析出的固相晶粒一起流动。在一定的简化条件下,可以求出液态金属的流动长度:

$$l = v\tau = \mu \sqrt{2gh} \frac{F\rho_L}{P\alpha} \frac{k\Delta H + C_L(T_{浇} - T_k)}{T_L - T_{型}} \qquad (2-26)$$

式中,F——铸件的断面积;

　　P——铸件断面的周长;

　　ρ_L——液态金属的密度;

　　α——界面的换热系数;

　　k——停止流动时的固相分数;

　　ΔH——结晶潜热;

　　C_L——液态金属的比热;

　　$T_{浇}$——液态金属的浇注问题;

　　T_k——合金停止流动时的温度;

　　T_L——合金的液相线温度;

　　$T_{型}$——铸型温度。

2.4.4　影响流动性的因素

根据式(2-26)可知影响液态金属流动性(充型能力)的因素是很多的。这些因素可归纳为三类：金属性质方面的因素；铸型性质方面的因素；浇注条件方面的因素。

金属性质方面的因素，合金液的比热、密度越大，导热系数越小，充型能力越好；合金液的黏度因素，在充型过程前期（属紊流）对流动性的影响较小，而在充型过程后期的凝固中（属层流）对流动性影响较大。其中，纯金属、共晶和金属间化合物成分的合金在固定的凝固温度下，已凝固的固相层由表面逐步向内部推进，固相层内表面比较光滑，对液体的流动阻力小，合金液流动时间长，所以流动性好，而具有宽结晶温度范围的合金流动性不好，如图2-21所示。

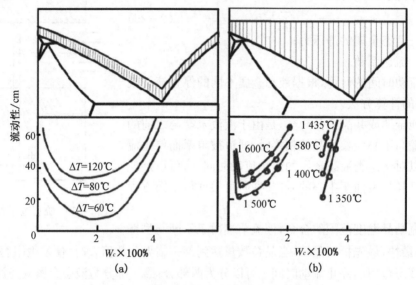

图 2-21　Fe-C 合金的流动性和状态图的关系
(a) 浇注过热度保持恒定；(b) 浇注温度保持恒定

铸型性质方面的因素，一般用铸型的蓄热系数来评判，蓄热系数越大，铸型的激冷能力就越强，金属液在其中保持液态的时间就越短，充型能力越下降。金属型（铜、铸铁、铸钢等）的蓄热系数是砂型的 10 倍或数 10 倍以上，为了使金属型浇口和冒口中的金属液缓慢冷却，常在一般的涂料中加入蓄热系数很小的石棉粉。湿砂型的蓄热系数是干砂型的 2 倍左右。砂型的蓄热系数与造型材料的性质、型砂成分的配比、砂型的紧实度等因素有关。

浇注条件方面的因素，浇注温度越高、充型压头越大，则液态金属的充型能力越好；浇注系统（直浇道、横浇道、内浇道）的复杂程度，铸件的壁厚与复杂程度等也会影响液态金属的充型能力。

第3章 晶体生长

3.1 晶体生长方式

人工晶体品种繁多,不同晶体根据技术要求可采用一种或几种不同的方法生长。这就造成了人工晶体生长方法的多样性及生长设备和生长技术的复杂性。在这一章里,将介绍现代晶体在生长技术中经常使用的几种主要方法和一些专用术语。

3.1.1 溶液生长

1. 饱和与过饱和

从溶液中结晶,是自然界中大量存在的一种结晶方式。今天,用人工的方法从溶液中培养大块优质单晶体,已经成为应用最广泛、工艺最成熟的一种生长方法。从溶液中生长晶体时,最重要的问题是溶解度,它是众多的生长参数中最基本的数据。

溶解度可以用在一定的条件(温度、压力等)下饱和溶液的浓度来表示,与溶质固相处于平衡状态的溶液则称为该物质的饱和溶液。但实际上,溶液中所含的溶质量比在同一条件下饱和溶液中所含的溶质量要多,这样的溶液称为过饱和溶液。溶液都有程度不同的过饱和现象。

对于某一特定的溶剂,人们测定出它的溶解度与温度之间的关系,并将它们的关系绘制成曲线,得到的就是溶解度曲线。对于从溶液中培养晶体,溶解度曲线的测定是非常重要的,它是选择生长方法和生长温度的重要依据。

在我们所讨论的溶液体系中,压力对溶解度的影响是很小的,而温度的影响却十分显著。这种温度—浓度关系可用比较典型的溶解度曲线来表示,如图 3-1 所示。图中,曲线 AB 将整个溶液区划分为两部分:曲线之上是过饱和区,也称为不稳定区;曲线以下为不饱和区,也称为稳定区。曲线即为溶解度曲线,也可以叫做饱和曲线。

通过对过饱和区的进一步研究发现,虽然过饱和状态在热力学上是不稳定状态,但在整个过饱和区中,不稳定的程度又是有所区别的。实验发现,在靠近溶解度曲线的区

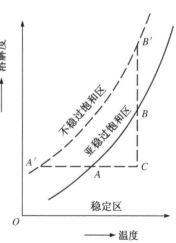

图 3-1 温度—浓度关系图

域里,稳定性要稍好一些。在这个区域内,如果没有外来的杂质或有意引入的晶核,同时也不存在其他扰动,那么溶液本身是不会自发产生晶核而析出晶体的;而在离溶解度曲线稍远的区域内,稳定性很差,即使不存在外来杂质或有意引入的晶核,溶液本身也会自发析出固相。于是,在 1897 年,有人首先引入了"不稳定过饱和"和"亚稳定过饱和"的概念。而划分这两个区域,也有一条曲线,即图 3-1 中的曲线 $A'B'$,通常也把曲线 $A'B'$ 叫作过溶解度曲线。

这样,整个溶液区就由两条曲线分割成 3 部分,曲线 AB 以下为不饱和区,曲线 AB 和曲线 $A'B'$ 之间的区域为亚稳过饱和区,而曲线 $A'B'$ 以上的区域即为不稳过饱和区。这 3 个区域中,以亚稳过饱和区最为重要。从培养单晶体的角度出发,我们总是希望析出的溶质都是在籽晶上生长而不发生在溶液的其他部位。所以,从溶液中培养晶体的过程,就是在这个区域中进行的。

溶液的过饱和度曲线不像饱和曲线那样容易测定,它受到许多因素的干扰,诸如溶液搅拌的程度、振动和杂质的影响等。但是,在一般的情况下,亚稳过饱和区的大小和趋势可以用过饱和度来估计。当然,目前对过饱和溶解度曲线是否真实存在还有不同的看法,但在过饱和区中,靠近溶解度曲线的地方确实存在亚稳区,这个事实是毋庸置疑的。

要使晶体从溶液中析出,就必须使溶液处于过饱和状态。从图 3-1 中可以看到,使处于 C 点的不饱和溶液达到过饱和,有两条道路可供选择:其一是经过 A 点到达 A' 点,这就是说,可以保持溶液的浓度不变,通过用降低温度的办法使溶液达到过饱和状态,不妨把这种方法叫做降温法;另外一种途径是经过 B 点到达 B' 点,也就是说,可以保持溶液的温度不变,用提高溶液浓度的办法使溶液达到过饱和,最简单的办法之一就是使溶剂蒸发,将此称为恒温蒸发法也是可以的。一般说来,对于溶解度和溶解度温度系数都比较大的物质,采用降温法比较理想。而对于溶解度较高,但溶解度温度系数较小或具有负溶解度温度系数的物质,则宜采用恒温蒸发法。

溶解度温度系数是指在一定压力下,物质在溶剂中溶解的变化量(ΔW)与温度变化量(ΔT)之比,$K=\Delta W/\Delta T$,实际上这是实验测得的溶解度温度曲线的斜率。K 为正值或负值,分别表示溶解度随温度的升高而增大或减小。据此可以计算出任一温度的溶解度。另外,对于具有不同晶相的物质,应根据溶解度曲线选择对所需要的那种晶相来说是稳定的合适的生长温度区间。

了解了从溶液中结晶的规律之后,人们设计了各种从溶液中培养晶体的方法,各种方法尽管工艺各不相同,但原理是相同的:一是要造成过饱和溶液,这期间或采用降温法,或采用恒温蒸发法或两者兼用;二是要避免非均匀成核,为此,可采用引入籽晶的办法,同时控制溶液浓度使之始终处于亚稳过饱和区内,保持溶液清洁,减少杂质引起的非均匀成核概率。

2. 降温法

此方法是从溶液中培养晶体最常用的一种方法。它的基本原理是利用晶体物质较大的正溶解度温度系数,将在一定温度下配制的饱和溶液于封闭的状态下保持溶剂总量不变而逐渐降低温度,使溶液成为过饱和溶液,析出的溶质不断结晶在籽晶上。其装置示意图如图 3-2 所示。

在水浴育晶装置中,生长溶液盛放在育晶器 8 里,它一般用玻璃制成,顶部加盖密封,目的是为防止溶剂蒸发或外界的污染。有时,可在溶液表面加油膜以防止溶剂蒸发。籽晶 2 固定在用不锈钢制成的籽晶架 1 上。同时,为了保证溶液中的温度均匀并使生长中的各个晶面处在过饱和溶液中,都能得到均匀的溶质供应,要求晶体对溶液做不停的相对运动,可以在籽晶架上边接一个可逆电机,由此带动籽晶架以一定的速度转动,并定时换向。育晶器放在水槽 10 里,水槽中有加热器 4,并带有温度控制器 6,使水槽中的溶液保持所需要的温度。将育晶器放在水槽内,是由于水槽的热容量很大,可尽量减少温度波动对晶体生长的影响。整个系统除了控温装置外,还配有报警装置和记录显示系统。

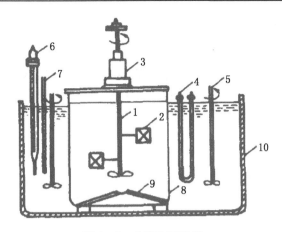

图 3-2　水浴育晶装置

1-籽晶架(搅拌器);2-晶体;3-转动密封装置;4-浸没式加热器;5-搅拌器;6-控制器(接触温度计);7-温度计;
8-育晶器;9-有孔隔板;10-水槽

用降温法生长晶体的主要关键是在晶体整个生长过程中,掌握合适的降温速度,使溶液始终处于亚稳过饱和状态,并维持合适的过饱和度,使晶体正常生长。表 3-1 列出了适宜用降温法生长的几种材料。

表 3-1　40℃时一些溶解度高和温度系数大的材料的溶解度及其温度系数

材料	溶解度/(g/kg 溶液)	温度系数/(g/kg·℃)
$K_2SO_4 Al_2(SO_4)_3 \cdot 24H_2O$ 明矾	240	+9.0
ADP $(NH_2)H_2PO_4$	360	+4.9
TGS(硫酸三甘肽)	300	+4.6
KDP KH_2PO_4	250	+3.5
EDT(乙二胺酒石酸)	598	+2.1

3. 恒温蒸发法

恒温蒸发法是指在一定温度和压力条件下,靠溶剂不断蒸发,使溶液达到过饱和状态,以析出晶体。这种方法适合于生长溶解度较大而溶解度温度系数又很小的物质。

用此法培养晶体,需要仔细控制蒸发量,使溶液始终处于亚稳过饱和,并维持一定的过饱和度,使析出的溶质不断在籽晶上长成单晶。由于温度保持恒定,晶体的应力较小。但由于很难准确控制蒸发量,故用此方法很难长出大块的单晶体。在室温下用蒸发法培养晶体时,也可采用减压蒸发法。表 3-2 列出了一些适用于蒸发法生长的晶体在 60℃时的溶解度及其温度系数。

表 3-2　具有高溶解度和低温度系数的材料在 60℃时的溶解度及其温度系数

材料	溶解度/(g/kg 溶液)	温度系数/(g/kg·℃)
K_2HPO_4	720	+0.1
$Li_2SO_4 H_2O$	244	−0.36
$LiIO_3$	431	−0.2

3.1.2 熔体生长方法

使坯料由一端到另一端逐渐凝固,称为正常凝固或定向凝固(见图 3-3)。这是将坯料放在温度梯度里,然后降低温度使它从冷端到热端逐渐凝固来实现的。使用纯的原料时,在所得到的坯料中通常出现一些大的单晶区。当存在一种 具有分凝系数 k 和初始浓度 C_0 的杂质时,如果有 g 部分坯料已凝固,则凝固材料里杂质的浓度 c 可由下式给出:

$$c = k C_0 (1-g)^{k-1}$$

其中,g 为因相分数。

这就是所谓的正常凝固方程。它只适用于液相中完全混合而固相中没有扩散的情况。对于大多数杂质来说,$k<1$,因而晶体将逐渐使杂质向坯料后方富集。

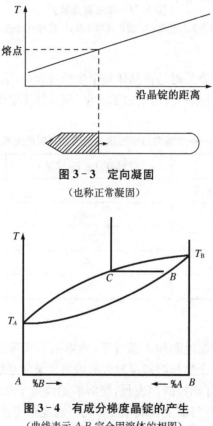

图 3-3 定向凝固

(也称正常凝固)

图 3-4 有成分梯度晶锭的产生

(曲线表示 A-B 完全固溶体的相图)

在完全固溶性的体系中,有时用定向凝固来获得固溶体材料。如图 3-4 所示,当成分为 C 的晶粒凝固时,首先凝固的成分 D 中含有比液相更多的 B 组元,因此液相所含的 A 组元就变多了。在凝固界面上,液相成分的移动方向由液线上 C 点的箭头指出,凝固的固相成分由 D 点箭头指出,最终得到的晶锭其成分是有梯度的。

除非在熔体中引入籽晶,否则正常凝固通常不能产生单晶锭。在凯罗泡洛斯法中,熔体温度刚好处于熔点,让冷却的籽晶与熔体接触,籽晶就会生长而且通常将完全结晶成单晶。

3.1.3　气相生长方法

气相生长法可以分为 3 类：①升华，将固体顺着温度梯度通过，晶体就在管子的冷端从气相生长。②蒸气输运，固体材料由运载气体顺着管子输运。③气相反应，晶体作为蒸汽物质之间化学反应的直接结果——气相淀积产物而生长。

某些元素（如砷和磷）及某些化合物（如 ZnS 和 CdS）具有图 3-5 所示的典型相图，在常压下，只要温度变化就能使它们直接从固相变为气相，并能复原，这就是所谓升华。这些材料的三相点 T 在一个大气压[1 大气压(atm)＝101 kpa]以上。这样一些材料可以在真空或惰性气体中直接从气相长成晶体。大多数三相点低于一个大气压的材料，理论上都可以减压升华。例如，雪晶体就是由减压升华生长的。

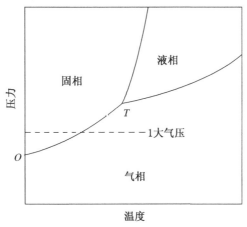

图 3-5　升　华

（相图说明为什么这种材料可以直接从固相转变为气相，并能在常压下改变温度不经液化而复原）

CdS 是用派帕—波利切法（Piper—Polich）或者直接在抽空的玻璃瓶里以升华法生长的。某些其他硫化物和卤化物（如 ZnS 和 CdI$_2$）也可采用这种方法生长。有时可以在真空中用升华法从热丝上生长出金属晶体。这就是熟知的"蒸发"，如果进行得很快就叫"瞬时蒸发"。这对生产晶体薄膜是适用的方法。"蒸发"并不是良好的晶体生长工艺，但对于薄膜和敷层的生长仍然是工业生产中常用的的重要方法。

除了有运载气体外，蒸汽输运法与升华很相似。运载气体（常常是卤素）用来帮助非挥发性的金属组元挥发。金属晶体（往往是晶须）常常通过卤化物输运来生长。有人观察过低氯气压力下钨的输运在两根邻近的被加热的钨丝中间进行，钨从较冷的钨丝转移到较热的钨丝上。有 WCl$_6$ 存在时，用电阻加热直径不均匀的钨丝时，钨丝会变得均匀。这里也发生了同样的过程，即钨从钨丝较粗的（较冷的）部位输运到较细的（较热的）部位。其反应为

$$W + 3Cl_2 = WCl_6$$

这种方法后来被发展成用卤素（特别是碘）蒸汽输运来提纯金属的方法。金属以碘化物形式挥发并在热丝上分解。金属 Ni、Cu、Fe、Cr、Si、Ti、Zr、Hf、Mo、Th、V、Nb、Ta 和 U 都用这种方法输运过。

许多硫化物（氧化物、硫化物、硒化物和碲化物）及某些磷化物（pnictides）（氮化物、磷化物、砷化物和锑化物）可以用卤素输运剂从热处输运到冷处。正如某些著者所说明的那样，

这些材料中,许多都能长成适合单晶研究用的小晶体。在上述蒸汽输运中,所用的反应通式为

$$(MX)_{固} + I_2 = (MI_2)_{气} + X_{气}$$

蒸汽输运并不局限于二元化合物,碘输运法也能长出 $ZnIn_2S_4$、$HgGa_2S_4$、$ZnSiP_2$ 等三元化合物小晶体。

在某种意义上讲,碘输运法是气相反应法生长晶体的一个特例。但是人们可以将碘看作是一种起输运化合物的催化剂,过程中最终并不包含它。而气相反应过程中试剂要发生变化。气相反应已成为工业上生产半导体外延晶体的重要方法。在晶体管和集成电路制造中,就是用氢还原硅的挥发性氯化物的方法,把新的硅膜长到刚抛光腐蚀好的晶体硅薄片上(硅片是用浮区熔炼或提拉法生产的)。典型的反应是:

$$SiHCl_3 + H_2 = Si + 3HCl$$

将 BCl_3 或 PCl_3 蒸汽加入到三氯硅烷中,可以对淀积的硅进行 p 型或 n 型掺杂。

GaAs 薄膜也是用气相反应生产的。高温下在敞口的管子里将三氯化镓和三氯化砷用氢还原到由熔体生长的 GaAs 薄片上。为了使晶体衬底发生生长而不受侵蚀,必须小心地控制这些气体在混合物中的浓度和温度。

3.1.4 固相生长方法

固相生长方法主要有如下几种:

(1) 退火或烧结。如果将某些材料的多晶棒或压实的粉料在低于其熔点的温度下保温数小时,材料中一些晶粒就长大,而另一些晶粒则消失了(这可用压实的钨粉及石英玻璃的失透来说明),但这并不是生长大单晶的方法。

(2) 应变退火。如果细粒结构的金属棒在高温下受到应变,棒中一些晶粒就明显增大,而另一些则消失。

(3) 形变生长。有时可以用形变(如用滚压或锤击)来增进大晶粒的生长。例如,绕制冷拔钨丝时促进了钨丝中单晶的生长,这些单晶能把灯丝松垂减至最小。

(4) 多形性相变。如果同素异形的元素(像铁或锆)或多形性的化合物(如 CuCl)具有由一种相转变成另一种相的转变温度,那么让温度梯度依次经过这种材料棒就可以进行晶体生长。

3.1.5 薄膜制备技术

薄膜是一种物质形态,它使用的膜材十分广泛,可用单质元素或化合物来制备,也可用无机材料或有机材料来制备。薄膜和块状物质一样,可以是非晶态的、多晶态的和单晶态的。近年来,复合薄膜和功能材料薄膜有了很大发展。

近 20 年来,各种薄膜外延技术发展很快,为发展薄膜材料提供了良好的技术基础。各种材料的薄膜化已是一种普遍的动向。薄膜化不仅有利于器件的小型化、轻量化和集成化,而且往往由于尺寸效应的缘故而具有显著不同于块状材料的性质,所以薄膜化本身就是寻找、开发新材料和材料新性能的有效途径。

目前,薄膜的制备方法很多,除了之前已经介绍的以外,还有分子束外延法、溅射法、离子束法、氧化法、离子注入法、扩散法及液相外延法,等等。在有限的篇幅中,我们只能介绍其中的一二种,有兴趣的读者可查阅有关文献。

在上述各种制膜方法中,有一类很重要的方法是溅射镀膜技术。什么是溅射呢? 溅射是指当我们用带有几十电子伏以上动能的荷能粒子或粒子束照射固体表面时,靠近固体表面的原子会获得入射粒子所带能量的一部分而在真空中释放出来,这种散射现象我们就称其为溅射。由于离子易于在电磁场中加速或偏转,所以荷能粒子一般为离子,故这种溅射也称为离子溅射。溅射现象广泛应用于样品表面的刻蚀、表面成分分析及表面镀膜等。相对于每一个入射离子所放出的样品原子数定义为溅射产额,溅射产额的大小一般为 $10^{-1} \sim 10$ 原子/离子。这些放出的原子的动能大部分在 20eV 以下,而且大部分为电中性,少部分则以二次离子的形式放出。图 3-6 所示为离子和固体表面相互作用的关系及各种溅射产物。

由于氩气(Ar)容易获得,又不与其他物质起反应,同时还有较高的溅射产额,故在一般的溅射法中,通过辉光放电而产生正离子的气体多数采用 Ar 气。根据引起气体放电机制的不同,溅射法又可区分为许多种:在电极间加上数千伏直流电压,使气体发生直流辉光放电,气体电离后产生的正离子加速轰击靶材,将靶材原子溅射出而沉积在衬底上,这种溅射方法称为阴极溅射;3～30MHz 的高频电磁辐射可以使低气压(约 2.5×10^{-2} Pa)的气体电离,使溅射速率加大或在较低电压(几百伏)下溅射,此法非常适宜于沉积导电性不良的介质膜。这种方法就是射频溅射

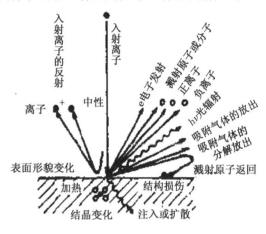

图 3-6　离子和固体表面的相互作用

法;如果在放电气体中,加入氧或氮等活性气体,在溅射时,活性气体与阴极物质发生反应,可形成氧化物、氮化物薄膜,这样的溅射称为反应溅射;若在电极间附加一磁场,使电子做螺旋状运动,增加电离原子的产率,使溅射速率加快,这样的溅射即称为磁控溅射;等等。溅射法已越来越广泛地应用于制备金属、半导体、氧化物、氮化物、硅化物、碳化物、金属陶瓷和玻璃等材料的薄膜中。

3.2　界面稳定性理论

3.2.1　界面的概念与性质

我们首先定性地讨论几个有关界面的概念。

1. 界面形状的保守性与稳定性

晶体生长过程中,在运动的固液界面前沿要对热量和质量进行再分配。因此,如果(热或质的)扩散过程是晶体生长控制因素的话,那么,运动界面的几何形状原则上可以从满足给定边界条件的扩散方程的解获得。由扩散方程求得的运动界面可知,在晶体生长过程中,由于总是满足扩散输运方程及边界条件,所以生长过程中的实际界面应总是与此保持几何上的相似,只是尺寸不断增加而已。这种性质称为运动界面的保守性,或称扩散方程解的保守性。

不过,并非扩散输运方程的每一个保守解都能在生长过程中实现。因为晶体生长本身

是一个相当复杂的动力学过程,既存在扩散输运的复杂传输过程,又存在许多生长和环境因素的干扰。因此,实际存在的界面,不仅要满足扩散方程 而且还必须具备稳定性。在实际的生长过程中,人们更关心的是界面的稳定性。具有保守性的运动界面不一定具有稳定性,也就是说,由扩散输运方程求得的运动界面不一定是生长过程中实际存在的界面。

2. 检验稳定性的"干扰技术"

所谓界面的稳定性,就是要求生长过程中在界面上一旦出现了微小的干扰,这种干扰可随着时间的增加而逐渐消失;反之,如果运动界面上任意一个微小的干扰都会随时间而增长,那么这样的运动界面就是绝对不稳定的。

检验生长过程中运动界面形状稳定性的方法,与检验力学系统、流体动力学系统、自控系统、热力学系统、激光和等离子系统稳定性的方法是十分类似的。其基本思想是:在由扩散方程求得的运动界面上,叠加上一个微小的形态干扰函数,这样就得到了受干扰后的运动界面方程。我们可以根据干扰后的运动界面仍应满足扩散方程这一性质来确定形态干扰函数。如果所确定的形态干扰函数的振幅确实随时间而增大,那么原界面就是不稳定的;否则就是稳定的。这就是检验界面稳定性的干扰技术。

干扰技术中叠加一形态干扰函数,这一数学程序就等价于设想在平直的固液界面上出现了微小凸缘,然后分析这些凸缘在生长过程中是长大还是缩小。凸缘长大,界面则是不稳定的;反之,界面则是稳定的。

3. 界面温度与界面浓度

熔体生长时,研究人员通常把界面看作是等温面。如若忽略动力学效应,则可认为固液界面就是温度等于凝固点的等温面。不过这种看法,只有当界面上的溶质浓度和界面曲率处处相等时才是正确的。由于熔体的凝固点不仅和溶质浓度有关,而且也和界面曲率有关(吉布斯—汤姆逊效应),因而若界面上浓度不等或界面上曲率不等,则界面就不是等温面。例如,下面要讲到的组分过冷所产生的胞状界面既不是等浓度面也不是等温面。

熔体生长系统中,与固相共存的液相的凝固点,是熔体中溶质浓度的函数。若纯溶剂的凝固点为 T_0,液相线斜率为 m,熔体中的溶质浓度为 C_L,则熔体的凝固点 T 为

$$T = T_0 + m C_L \tag{3-1}$$

若熔体中各点的浓度不等,即为非均匀浓度场,由式(3-1)知熔体中各点的凝固温度也不等,故熔体的凝固点亦为一场量。

上面考虑的是界面为平面时两相共存的情况。而由吉布斯—汤姆逊(Gibbs—Thomson)效应可知,界面曲率对两相共存的平衡温度是有影响的,这种影响在曲率半径达到显微尺寸时尤为明显。

基于局域平衡的考虑,可以求得曲率为 K、浓度为 $C_{L\varphi}$ 的界面的两相平衡温度为

$$T_\varphi = T_0 + m C_{L\varphi} + \Phi T_0 K \tag{3-2}$$

式中,T_φ 为界面温度,第 1 项为纯溶剂的凝固点,第 2 项为溶质引起凝固点的变化,第 3 项为界面曲率引起的凝固点的改变。由微分几何可知,界面曲率 $K = \dfrac{1}{r_1} + \dfrac{1}{r_2}$,$r_1$、$r_2$ 为界面上给定点的主曲率半径,Φ 为界面自由能与单位体积固相的潜热之比值。通常将 ΦT_0 称为吉布斯—汤姆逊系数。

由式(3-2)可知,当界面为平面,即 $K=0$ 时,式(3-2)简化为式(3-1)。若界面曲率 K

和界面浓度 $C_{L\varphi}$ 都是界面上位置的函数,则界面上不同位置就会有不同的界面温度,此时的界面就不是等温面。只有当界面曲率和界面浓度皆为常数时,界面才是等温面。

3.2.2　界面稳定性

熔体生长的特点之一就是提供一个强制的界面移动速率,从而产生强制的热交换条件。下面,我们考虑一个以强制生长速度 V 作为单向凝固的生长系统,固液界面为一平面。根据稳定性的"干扰技术",必须在平面上迭加一个形态干扰函数,这一数学程序等价于设想在平面上由于某些扰动出现了微小的凸缘,然后分析在上述生长系统中这些凸缘随着时间的推移是长大还是减小。

在生长晶体时为了使界面稳定,寻求界面稳定性的判据显然是很重要的。确定界面是否稳定,可通过熔体中的温度梯度、溶质浓度梯度、生长速率梯度和界面能效应等途径来进行,下面简要地分别予以说明。

1. 熔体中的温度梯度对界面稳定性的影响

假设固液界面原为一平面,下面我们来考虑温度分布对平面的影响。在固液界面前沿的熔体中,其温度分布通常可以设想为 3 种形式,如图 3-7 所示。在图中,我们假定固液界面上的温度就是凝固点温度 T_m。对于图 3-7(a),越离开界面温度越高,也就是说,熔体中的温度高于凝固点温度,我们称此时的熔体为过热熔体,过热的程度随距界面距离的增加而增加,称此时为正的温度梯度分布,即 $\dfrac{\mathrm{d}T_L}{\mathrm{d}x}>0$,$x$ 的方向指向熔体。对于图 3-7(b),情况正好相反,温度梯度分布是负的,熔体处于过冷状态,过冷程度随距界面的距离 x 的增加而增加,即 $\dfrac{\mathrm{d}T_L}{\mathrm{d}x}<0$。第 3 种温度梯度分布的特征是,熔体中的温度不是单调地改变,虽然远离固液界面的熔体仍为过热熔体,但是在固液界面前沿,却出现了一个狭小的过冷区,如图 3-7(c)所示,我们称此时的温度梯度为反常的温度梯度分布。

对于图 3-7(a)的情况,如果光滑的平界面在偶然的因素干扰下,界面上出现了某些凸缘,而又由于温度梯度是正的,故凸缘伸入到熔体内部的尖端必然处于更高的温度 T_1,即 $T_1>T_m$。于是凸缘尖端的生长速率明显下降,或是被后面的固液界面所追及,或是被熔化掉,总之是凸缘消失,相界面恢复到原来的光滑平界面状态,因此属于这种类型的界面是稳定的,熔体中的正温度梯度对于界面的稳定性显然是有利的。只有当界面处在稳定的条件下,晶体生长速率才是可以控制的,这是生长优质单晶体所必须的。

如果熔体中的温度梯度是负的,由于某种干扰而产生的凸缘,其尖端处于较低的温度 T_1,即 $T_1<T_m$,如图 3-7(b)所示。由于凸缘尖端所处温度较低,生长速率较高,凸缘就会越长越大。光滑的平界面消失了,取而代之的是光滑的平界面上出现了很多尺度不断增长的凸缘,显然属于这种类型光滑平界面是不稳定的。因此,熔体中的负温度梯度是不利于界面稳定性的因素。在上述情况下,凸缘尖端的生长速率越来越大,生长变得不可控制;同时,凸缘本身也会因干扰出现分支,出现枝晶生长的情况。在图 3-7(c)的温度分布情况下,由于固液界面前沿存在一个狭小的过冷区,因而在光滑平界面上因某种干扰而出现的凸缘能够保存下来,但是由于远离固液界面处的熔体仍为过热熔体,因而这些凸缘又不能无限制地发展下去,而只能维持在一定的尺寸。此时的界面几何形状就像在光滑平界面上长了许多胞,故称之为胞状界面。在这种情况下,光滑平界面消失了,而胞状界面却稳定存在。当

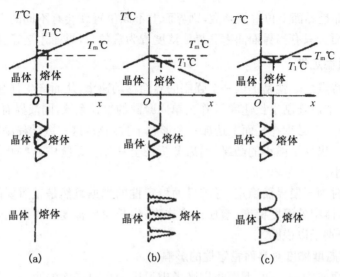

图 3-7　固液界面前沿温度分布

然,还有一种特殊的温度分布情况,即熔体中的温度分布是均匀的且恒为熔点温度,此时有 $\dfrac{dT_L}{dx}=0$,在这种情况下,光滑平界面是否稳定,那就要由光滑平界面所受干扰的大小来决定;当干扰较大时,光滑平界面也就变成不稳定的界面了。

2. 溶质的浓度分布对界面稳定性的影响

从前面的讨论中,我们知道如果熔体中温度梯度是负的,光滑平界面是不稳定的;而如果熔体中温度梯度是正的,光滑平界面就是稳定界面。这些结论对于纯熔体而言无疑是正确的。但是,生长系统中若是有溶质存在(这里的溶质可以是掺质,也可以是污染熔体的某种杂质,或过量的某种组分),即考虑溶质浓度梯度的影响,如果是这样,即使熔体中温度梯度是正的,光滑平界面也不一定是稳定的固液界面了。在熔体中不同的温度梯度情况下,不同的溶质浓度梯度对光滑平界面稳定性的影响如何,具体情况需要具体分析。下面,我们先来定性地讨论溶质浓度梯度对光滑平界面稳定性的破坏作用。图 3-8 所示为溶质分布对界面稳定性的影响。

如果熔体未受干扰时的温度分布如图 3-8（a）所示,则可知其温度梯度是正的,如果不存在溶质的影响,此时的光滑平界面就是稳定界面。但是,如果熔体中存在平衡分凝系数 $K_0<1$ 的溶质,则在晶体生长过程中,就会有多余的溶质不断地被排泄到熔体中而在界面前沿处汇集成溶质边界层 δ_c ,在溶质边界层 δ_c 内,越接近界面,其溶质浓度也就越高。溶质边界层中溶质分布如图 3-8(b)所示。分凝系数 $K_0<1$ 的溶质的第 2 个效应是,熔体中的凝固点随溶质浓度的增加而降低,如图 3-8（c）所示。由于溶质边界层中溶质浓度随距界面的距离 x 的增加而减小,故边界层中的凝固点将随 x 的增加而升高,边界层中凝固点关于距离的变化表示于图(d)中。在 $x=0$ 处,由于溶质汇集于此处的浓度最高,用 $C_L(0)$ 表示之,从而导致界面处的凝固点下降得最厉害,我们以 $T(0)$ 表示。 $C_L(0)$ 与 $T(0)$ 分别表示在图 3-8（b）与图 3-8(d)中。此后,随着 x 的增加而溶质浓度会逐渐降低,凝固点也就随之而升高了,当到达 $x=\delta_c$ 时,由于浓度降低到了平衡浓度,凝固点也就上升到相应的 T_m 。在边界层之外,浓度是均匀的,其凝固点也就恒为 T_m 。

在晶体生长过程中,如果不考虑过冷度的要求,可假定固液界面温度为凝固点温度 T_0 时,晶体才能继续生长。由于溶质边界层的出现,使界面的凝固点温度由原来的 T_m 下降至 $T(0)$,此时,如果仍保持界面温度为 T_m,则必须使 $T_m > T(0)$,使生长不能继续;若要使晶体继续生长,就必须将界面温度降至 $T(0)$,可以通过调整加热功率来达到这一目的。通常,采用这种办法时,并不改变坩埚中熔体内的温度梯度,因而温度梯度仍为正值,且大小不变,如图 3-4 所示。

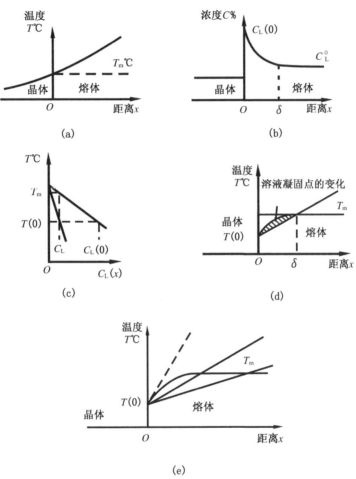

图 3-8 溶质分布对界面稳定性的影响
(a)固液界面邻近的温度分布;(b)固液界面处的溶质分布(溶质边界层);(c)凝固点与温度的关系;(d)溶液凝固点
分布以及组分过冷区的形成;(e)临界组分过冷条件的建立

如果熔体中没有溶质边界层,则熔体中任何处的凝固点都是恒定的;如果实际温度具有正温度梯度分布,则只有界面温度为凝固点温度,而在熔体的其余部分温度都高于凝固点,因而熔体处于过热状态,且过热的程度随离界面的距离 x 的增加而增加,此时的界面当然是稳定的。如果熔体中存在溶质,当溶质边界层建立起来之后,在边界层中各处的凝固点则不同了,虽然界面此时的实际温度仍为凝固点温度,进入熔体后,熔体的实际温度确实也在升高,但是如图 3-8(d) 所示,在阴影区域里,熔体的实际温度却低于凝固点温度,这意味着这部分熔体是处于过冷状态的。如果在这样的界面上由于某种干扰而出现了凸缘,这些凸缘的尖端则处于过冷度较大的熔体中,因而其生长速率要比界面的生长速率快,凸缘不能消失,光滑平界面的稳定性遭到了破坏。显然,这种过冷不是由于负温度梯度或反常温度梯度产生的,而是由于溶质在界面附近的汇集而引起的。这种在原来固液界面前沿的过热熔体中,因组分变化而产生过冷的现象,就叫做"组分过冷"。这一现象最早是由斯米尔诺夫斯基(Smialowski)于1937年发现的。

由上可见,组分过冷同负温度梯度和反常温度梯度一样,对界面的稳定性都起着破坏作用,但它们之间的本质是不同的。

当熔体中的温度分布是负温度梯度时,整个熔体处于过冷状态,界面上的凸缘可以自由地高速向熔体中伸展,生长难以人为控制,而在组分过冷的情况下,由于组分过冷区有一定的厚度(约等于溶质边界层的厚度),因而凸缘只能被限制在组分过冷区内发展。

反常温度梯度与组分过冷有些类似,在固液界面前沿都存在一个狭窄的过冷区,而远离界面处的熔体则都处于过热状态,在这两种情况下的界面都是不稳定的,光滑平界面会转变成胞状界面。然而,上述两种情况下产生胞状界面的原因本质上是完全不同的,前者是由于实际温度的反常分布而导致的,而后者则是由于溶质改变了溶液的凝固点以及溶质边界层的形成所造成的。

3. 界面能对界面稳定性的影响

固液界面在偶然因素干扰下产生凸缘,从而增加了界面的表面积,导致表面能的增加,最终将提高系统的总自由能,而系统的自由能总是有缩小的趋势。于是,固液界面面积将趋于缩小,促使光滑平界面上的凸缘趋于消失。由此可见,表面能对界面的稳定性是有贡献的。理论分析表明,如果干扰较小,凸缘的尺寸小于微米量级,则界面能对界面稳定性的贡献较大;如果凸缘的尺寸超过微米量级,则表面能的贡献就很小了。

总之,由前面的讨论可以看出,有利于生长界面稳定性的因素是熔体中的正温度梯度分布和界面能,不利于界面稳定性的因素是熔体中的负温度梯度分布和溶质边界层中的浓度梯度。实际上,组分过冷的临界判据正是考虑了正温度梯度分布和溶质浓度梯度这两个具有相反效应的因素而获得的。

3.2.3 组分过冷的临界条件

拉特(Rutter J. W.)和查默斯(Chalmers B.)于1953年首先对组分过冷进行了系统的研究,并提出了组分过冷的概念。组分过冷现象和枝晶生长都是推动界面稳定性理论发展的主要实验依据。正因为组分过冷是晶体生长中最重要的问题之一,所以有人建议应该把"组分过冷"这个词刻在每一个晶体生长实验室的门上,时刻提醒人们注意。从事人工晶体生长的工作者都十分关心如何改变工艺条件以控制组分过冷的出现,下面我们来讨论产生组分过冷的临界条件。

在上一节中我们已经了解到,由于固液界面前沿溶质边界层的形成,因而造成溶质边界层内熔体凝固点的降低,使得在固液界面前沿形成一狭窄的过冷区,在过冷区内熔体的实际温度低于熔体的凝固点。如果我们提高固液界面处熔体中的温度梯度,即增加温度分布曲线的斜率,使之与凝固点曲线在界面处相切,如图3-8(e)中虚线所示,这样就能保证在溶质边界层内熔体的实际温度高于其凝固点,当然也就不会出现组分过冷了。于是,温度分布曲线与凝固点曲线相切就是不出现组分过冷的临界条件。下面我们就来求出这一条件的数学表达式,从而建立工艺参量和物性参量与组分过冷的关系。

1. 工艺参量与物性参量的影响

假设:固液界面为平面,且平行于等温面。由于忽略了动力学效应,可以认为固液界面就是温度等于凝固点温度 T_m 的等温面。从而得到溶质边界层中溶质浓度的 $C_L(x)$ 与距界面距离 x 的关系式:

$$C_L(x) = C_L^0 \left[1 + \frac{1-k_0}{k_0} \exp\left(-\frac{V}{D}x\right) \right] \tag{3-3}$$

式中,C_L^0 ——熔体中溶质的平均浓度;

k_0 ——溶质的平衡分凝系数;

V ——生长速率;

D ——溶质在熔体中的扩散系数。

在熔体生长系统中,溶液的凝固点是溶质浓度的函数,一般情况下,其间的关系也并非是线性的。不过对微量溶质而言,可以近似地认为溶液的凝固点和溶质浓度之间的关系为线性的。若纯物质的熔体(溶剂)的凝固点为 T_0,令液相线的斜率为 m,熔体中溶质分布用 $C_L(x)$ 表示,这样就可以得到熔体中溶液凝固点是关于溶质浓度的表达式:

$$T[C_L(x)] = T_0 + mC_L(x) \tag{3-4}$$

式中,$mC_L(x)$ 表示溶液中溶质改变单位浓度所引起的凝固点温度的变化,其数值决定于溶液系统的性质,即决定于溶质与溶剂的性质。经验表明,存在有两类溶质,一种溶质是提高了溶液的凝固点,即 m 为正值,另一类溶质则降低了溶液的凝固点,即 m 为负值。我们所要讨论的就是属于这一类的溶质。

只需将式(3-3)代入式(3-4),就可以得到溶质边界层内的凝固点曲线,即凝固点 $T(x)$ 是关于距界面距离为 x 的关系式:

$$T(x) = T_0 - m\,C_L^0 \left[1 + \frac{1-k_0}{k_0} \exp\left(-\frac{V}{D}x\right) \right] \tag{3-5}$$

通过对一维稳态温度场的分析,得知在固液界面前沿的狭窄区域内,温度分布曲线可近似地看作为直线。若令该直线的斜率为 G,则熔体中的实际温度分布为

$$T(x) = T_0 + Gx \tag{3-6}$$

$T(0)$ 即为固液界面处(即 $x=0$)溶液的凝固点温度。由式(3-5)可知,在固液界面处($x=0$),有

$$T(0) = T_0 - \frac{m\,C_L^0}{k_0} \tag{3-7}$$

将式(3-7)代入式(3-6)即可得到熔体中的实际温度分布 $T(x)$:

$$T(x) = T_0 - \frac{m\,C_L^0}{k_0} + Gx \tag{3-8}$$

式(3-5)代表熔体中的凝固点曲线,式(3-8)代表熔体中实际的温度分布。由图3-4(e)可知,当这两条曲线相交于两点时,就会有组分过冷区出现,如果两者在 $x=0$ 处相切,就不会有组分过冷区出现了。实际上,这就给出了避免组分过冷的临界条件。由式(3-5)对 x 求微商,并令 $x=0$,可得到凝固点曲线在固液界面处的斜率,即

$$\frac{\mathrm{d}T(x)}{\mathrm{d}x}\Big|_{x=0} = \frac{m\,C_L^0(1-k_0)V}{Dk_0} \tag{3-9}$$

当实际温度分布曲线(直线)的斜率,即温度梯度 G 等于或大于凝固点曲线在固液界面处的斜率即如式(3-9)时,体系将不会出现组分过冷,于是有

$$G \geqslant \frac{m C_{\mathrm{L}}^{0}(1-k_{0})V}{Dk_{0}} \quad 或者 \quad \frac{G}{V} \geqslant \frac{m C_{\mathrm{L}}^{0}(1-k_{0})}{Dk_{0}} \tag{3-10}$$

式(3-10)给出了不出现组分过冷的临界条件,它最早是由泰勒等人导出的。式之左边是可以调节的工艺参量:熔体内的温度梯度和生长速率 V。式之右边为系统的物性参量:溶液中溶质的平均浓度 C_{L}^{0}、液相线斜率 m、溶质的平衡分凝系数 K_{0} 以及溶质在溶液中的扩散系数 D。对于确定的生长系统来说,这些参量是不能任意调节的。

由式(3-10)可以看出,对于确定的溶液系统而言,稳态凝固时该式的右端为一常数,当固液界面前熔体中的温度梯度 G 和生长速率 V 之比值大于或等于此常数时,就可避免组分过冷的产生,或者说,对于确定的生长系统,G 越大,V 越小就越不易出现组分过冷。

对不同的溶液系统而言,溶液中的溶质浓度 C_{L}^{0} 越小,液相线的斜率越小,平衡分凝系数 K_{0} 越接近于1,则越不易出现组分过冷。在极限情况下,若 $C_{\mathrm{L}}^{0}=0$,即溶液中无溶质;或者是 $k_{0}=1$,液相中溶质完全扩散,即固液界面处不会形成溶质边界层,则式(3-10)之右端恒为零,此时不论 G/V 的比值的大小如何,必然都使式(3-10)成立,即决不会出现组分过冷。

研究光滑平界面向胞状界面的转变,可以从实验上定量检验产生组分过冷的临界条件,即式(3-10)的正确性。对于确定的生长体系,不出现组分过冷的临界条件可以写为

$$G/V = 常数 \cdot C_{\mathrm{L}}^{0}$$

这显然是一条通过原点的直线。1955年,有人研究了以锡为溶质,铅为溶剂的溶液系统,对不同的 C_{L}^{0} 值从实验上求得了转变为胞状界面的 G/V 的临界比值,其结果示于图3-9中。结果表明实验与理论符合得很好。尔后,1956年在含锡、银、金的铅中,1959年在含铅、铋、锑的锡中都得到了和理论相一致的结果。而后者的平衡分凝系数 $k_{0} > 1$。

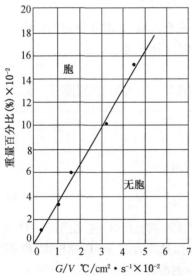

图3-9 组分过冷临界条件的实验验证

下面,我们进一步讨论组分过冷层的厚度,因为组分过冷层的厚度关系到胞状界面上胞的大小。由图3-8(d)可知,组分过冷层的厚度 δ 就是凝固点曲线与实际温度分布曲线的交点坐标。它可以由式(3-5)和式(3-8)求得:

$$1-\mathrm{e}^{-\frac{V}{D}x} = \frac{k_{0}Gx}{mC_{\mathrm{L}}^{0}(1-k_{0})} \tag{3-11}$$

上式中异于零的实数解就给出了组分过冷层的厚度。

作为一个例子,我们将以锡为溶质、铅为溶剂的系统计算结果表示于图3-10中。从图中可以看出,当温度梯度 $G=30℃/cm$、生长速率 $V=0.002cm/s$ 时,组分过冷层的厚度等于零,即不出现组分过冷;而当 $V=0.005cm/s$ 时,$\delta=3.6 \times 10^{-2}$ cm;当 $V=0.017cm/s$ 时,$\delta=5 \times 10^{-2}$ cm,可以看出,当 G 不变时,V 越大组分过冷层的厚度就越厚。同样,当 V 不变时,G 越大,则组分过冷层越薄。这充分表明,增大温度梯度 G,减小生长

速率 V,对克服组分过冷显然是有益的,实验结果和理论分析是一致的。

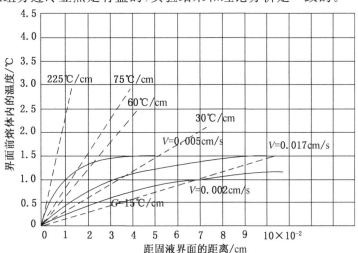

图 3 – 10　不同 G、V 的含 Pb 的 Sn 中组分过冷层的厚度

2. 对流传输的影响

前面所讨论的组分过冷理论,只适用于溶质扩散是唯一传输机制的情况。下面我们来考虑对流效应(包括自然对流和强迫对流)对产生组分过冷临界条件的影响。

正如边界层理论认为的那样,在边界层中溶质的传输机制仍为扩散机制。而在边界层之外的熔体中,由于对流效应的存在,可以认为溶质的分布是均匀的,对流效应完全体现在对溶质边界层厚度的影响上。

当一个系统存在对流时,溶质边界层 δ_c 中的溶质分布为

$$C_L(x) = C_S + (C_L^0 - C_S)\exp\left(\frac{V}{D}\delta_c - \frac{V}{D}x\right) \tag{3-12}$$

将式(3-12)代入式(3-4),即得到在考虑了对流效应之后溶质边界层中的凝固点曲线:

$$T(x) = T_0 - m\left[C_S + (C_L^0 - C_S)\exp\left(\frac{V}{D}\delta_c - \frac{V}{D}x\right)\right] \tag{3-13}$$

式(3-5)和式(3-13)所表示的都是边界层中凝固点关于距界面距离 x 的关系,所不同的是前者描述的是只存在扩散的情况,而后者是同时考虑到有对流效应的影响。

同前面的处理方法类似,我们来求出凝固点曲线在固液界面处的斜率,即对式(3-13)求微商,并令 $x=0$,则有 $\dfrac{\mathrm{d}T(x)}{\mathrm{d}x}\bigg|_{x=0} = \dfrac{mV}{D}\left[(C_L^0 - C_S)\exp\left(\dfrac{V}{D}\delta_c\right)\right]$,考虑到存在对流效应时,分凝系数应该采用有效分凝系数 k_{ef},即 $k_{ef} = \dfrac{C_S}{C_L^0} = \dfrac{k_0}{k_0 + (1-k_0)\exp\left(\dfrac{V}{D}\delta_c\right)}$,将 k_{ef}

代入上式,即可得:

$$\frac{\mathrm{d}T(x)}{\mathrm{d}x}\bigg|_{x=0} = \frac{mV}{D}C_L^0(1-k_{ef})\exp\left(\frac{V}{D}\delta_c\right) = \frac{mVC_L^0(1-k_0)}{D\left[k_0 + (1-k_0)\exp\left(-\dfrac{V}{D}\delta_c\right)\right]} \tag{3-14}$$

同样,在固液界面前沿狭窄的区域内,温度分布曲线可近似地看作直线,其斜率即为 G,所以不产生组分过冷的临界条件就是:

$$G \geq \frac{mVC_L^0(1-k_0)}{D\left[k_0 + (1-k_0)\exp\left(-\dfrac{V}{D}\delta_c\right)\right]} \quad 或 \quad G/V \geq \frac{mC_L^0(1-k_0)}{D\left[k_0 + (1-k_0)\exp\left(-\dfrac{V}{D}\delta_c\right)\right]}$$

$$(3-15)$$

式(3-15)是在考虑了对流之后,不产生组分过冷的临界条件,它是赫尔(Hurle H. T. J)于1961年导出的。实际上,它只不过是式(3-10)的推广,如果系统中溶质的传输只是通过扩散进行的,其溶质边界层的厚度趋于无穷,即 $\delta_c \to \infty$,则式(3-15)自然也就还原成式(3-10)了。

式(3-15)适用于任何液流状态,包括自然对流、各种搅拌引起的强迫对流,以及同时存在自然对流和强迫对流的状态。但关键在于必须求出不同工艺情况(即不同的液流状态)下的溶质边界层的表达式,才能应用式(3-15)分析具体问题。然而迄今为止,只有在提拉法中旋转晶体下获得了溶质边界层厚度的近似表达式,例如对斯密特数较大的流体,如氧化物熔体。

上面,我们已经讨论了溶质在两种传输机制下产生组分过冷的情况。原则上讲,避免组分过冷是十分简便的,降低生长速率,加大晶体旋转速度,降低溶质浓度及加大固液界面附近熔体中的温度梯度等均可实现上述目的。然而实际上问题并不是那么简单,首先人们往往需要具有一定掺质浓度的晶体,当然也就不能随意降低原料中溶质的浓度。同时,通常($k_0 < 1$)随着晶体的生长,熔体中的溶质浓度越来越高,即发生组分过冷的可能性也就逐渐增大了。可能会有这种情况出现,晶体的上半部是好的,而下半部却因组分过冷的出现导致晶体中出现宏观缺陷,甚至变得不透明。过低的生长速率,不仅是不经济的,而且可能使污染和挥发带来的危害变得严重。提高晶体旋转速度,可以促使熔体中溶质均匀化,不过,太高的转速将引起液流的不稳定性,如超过某一临界值 Re 时,会引起严重的温度振荡。发生界面翻转,这对晶体生长同样也是不利的。加大界面附近熔体中的温度梯度可以有效地抑制组分过冷,然而,高的 $\left(\dfrac{\partial T}{\partial x}\right)_L$ 值就意味着晶体与生长环境之间有较强的热量交换,晶体中将有较大的温度梯度,使晶体中产生较大的热应力,提高了位错密度,严重者可使晶体开裂。高的温度梯度还会增加熔体温度的波动,从而带来有害的瞬时效应。溶质的分凝会带来"灾难性的组分过冷。组分过冷的出现又不是不可避免的,除了有效地控制污染和挥发之外,关键就是如何选择折中的生长参数,即寻找合理的 $GV\omega$。

3. 过冷度与界面稳定性

在进行上述讨论时,我们是假定固液界面上的实际温度就等于凝固点温度,即不考虑过冷度的要求。而实际上,晶体生长的驱动力一定要由过冷度(当然还有过饱和度)来提供,否则晶体是不会长大的。若定义 T_m 为平衡温度(即凝固点),T 为熔体的实际温度,则过冷度为 $\Delta T = T_m - T$,如果是 $\Delta T > 0$,表明界面附近熔体的实际温度低于平衡温度,此时的熔体处于过冷状态;而如果有 $\Delta T < 0$,表明界面附近熔体的实际温度高于平衡温度,此时的熔体则处于过热状态;如果不存在过冷度,即 $T_m = T$,则此时固液界面处于平衡状态,既不生长也不溶化。

同时,如果 $\Delta T(x)$ 随距界面距离 x 的增大而增大,即从界面越深入熔体,过冷度就越大,则界面将是不稳定的,因为距离较远的地方有较大的过冷度,该处必然有较大的生长速率;如果熔体中的 $\Delta T(x)$ 是随距界面距离 x 的增加而减小,即从界面越深入熔体,过冷度就越小,在这种情况下界面将是稳定界面,也不会出现组分过冷。这些内容前边我们已多次提到过。这里需要补充的是,在晶体生长过程中如果界面上 T_m 和 T 不相等,界面的行为将如何。图 3-11 给出了界面附近凝固点 T_m 和距离 x 的关系曲线及两种可能的实际温度分布(A 和 B)。如果熔体中的实际温度分布如 B 线所示,则从界面起越深入熔体,过冷度(T_m-T)就越大,于是界面越不稳定,即出现组分过冷现象。如果熔体中的实际温度分布如 A 线所示,则从界面起越深入熔体,过冷度(T_m-T)就越小,因而界面是稳定的,或者说不出现组分过冷。从这里我们不难得出两个结论:首先是在晶体生长过程中,过冷度是必需的,否则就没有生长驱动力,而组分过冷又是必须避免的,因为它将导致胞状界面的产生,严重地影响晶体的品质。对于掺质的材料或非同成分熔化的材料,要得到优质单晶比得到纯材料的单晶要困难一些,其中重要的原因之一也在于此。其次是过冷度本身只影响晶体的生长速率,而不直接破坏界面的稳定性。

3.2.4 组分过冷形态学

晶体生长过程中出现了组分过冷,生长界面会转变成胞状界面,在这一节里我们要讨论胞状界面的几何特征以及对晶体中溶质分布的影响。

1. 胞状界面

前面已经说过,在正温度梯度分布的熔体中,如果有 $k_0<1$ 的溶质存在,光滑平界面也可能是不稳定的,一旦出现了组分过冷,因干扰而出现的凸缘就不会消失,当然也不会自由发展,它的发展被限制在组分过冷区内。这种长了许多胞(凸缘)的界面就叫作胞状界面。我们现在进一步讨论胞状界面的形成过程,即光滑平界面上干扰是如何发展成为胞状界面的。

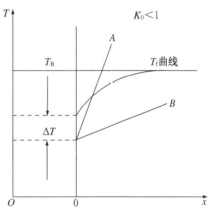

图 3-11 界面附近的温度分布

胞状界面的几何形态决定于干扰所产生凸缘的初始分布,同时也和晶体生长速率的各向异性有关。当然其他许多因素,如工艺参量和系统的物性参量的影响也是不容忽视的。为了简单,我们假设一生长速率为各向同性的生长系统,并且在固液界面前沿已经形成了组分过冷区,光滑平界面在干扰下产生了一系列凸缘,如图 3-12 所示。

对于 $k_0<1$ 的溶质来说,随着晶体的生长,在固液界面前沿会不断地有溶质排出。此时的凸缘不仅沿着原来晶体生长的方向(纵向)发展,而且在垂直于原来生长方向(横向)的也在发展着。于是,不仅在纵向而且也在横向都有溶质排出,这称为"三维分凝"。三维分凝的结果,使得相邻的凸缘之间的沟槽内的溶质的增加比凸缘尖端处更为迅速,沟槽中的溶质扩散到熔体中去较凸缘尖端处扩散出去也

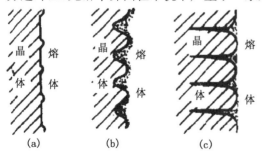

图 3-12 胞状界面的形成过程

更为困难。其原因就在于沟槽中形成了溶质富集,如图 3-12(b)所示。我们知道,对于 $k_0<1$ 的系统,溶液的凝固点是随着溶质浓度的增加而降低的,因而沟槽会不断加深,在一定

的工艺条件下界面可以达到一个稳定的状态,如图3-12(c)所示。此后的晶体生长就是该稳定的胞状界面以恒速向熔体中推进。

如果我们沿生长方向观察胞状界面的形成过程,就会发现干扰所产生的凸缘的初始分布决定了胞状界面的几何形态。我们仍然以生长速率为各向同性的晶体的胞状界面为例来说明。如果干扰所产生的凸缘是按6次对称地分布于界面之上的,如图3-13(a)所示。由于生长速率是各向同性的,所以每一凸缘都是一个正圆锥体,生长也是按着同心圆的形式向外扩张,如图3-13(b)(c)所示。在圆锥体之间浓集溶质,形成较深的沟槽。当相邻的圆锥体相交后继续生长,就形成了胞状界面上的六方网状沟槽,如图3-13(d)所示。吉尔曼(Gilman J.J)在研究掺有$5 \times 10^{-4}\%$Pb的Ag合金的组分过冷时,得到了和图3-13完全相似的结果(见图3-14)。

如果干扰所产生的凸缘是按4次对称分布于界面之上的,则将产生正方网状沟槽的胞状界面;如果凸缘是无规则地分布的,胞状界面上的沟槽也将是无规则的。

对于生长速率为各向异性的晶体,情况更为复杂,我们不再对它进行讨论。

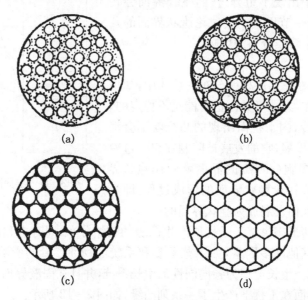

(a)　　　　　　　　　　　　(b)

(c)　　　　　　　　　　　　(d)

图3-13　由干扰按二维密排点阵分布而形成的具有六方沟槽的胞状界面

2. 胞状组织

在介绍胞状界面时,我们已经讲过,对于生长速率为各向同性的晶体,如果所产生的凸缘是按6次对称分布于界面上的,此时界面将是由六方网状沟槽分割开来的胞,沟槽中溶质浓度较高。以这样的界面向熔体中推进所长成的晶体,可以想象其中的溶质分布一定是非常不均匀的,相对于网状沟槽部分所长成的晶体,其溶质就浓集;相对于胞之中心所长成的晶体,其溶质就贫乏。在这样的晶体中,六角柱面状的溶质浓集边界将晶体划分成许多六角柱体。这种在晶体中由浓集的溶质所勾划出来的亚组织就称为胞状组织。它最早是由斯米尔诺夫斯基于1937年发现并给予正确解释的,所以有时也称为斯米尔诺夫斯基组织,由于胞状组织的显微形态很像蜂窝故也称之为蜂窝状组织。

这样的胞状组织在平行于生长方向的断面上呈平行线,而在垂直于生长方向的断面上呈六方网格状,所以也有人喜欢称它为网络组织。

胞状界面和胞状组织是组分过冷现象的主要表征。胞状界面是产生胞状组织的原因,胞状组织是生长时胞状界面在晶体中留下的后果。胞状界面和胞状组织的理论已被多种实验方法所证实。

3. 间歇式组分过冷——云层

常会遇到这种情况,在透明的晶体中会出现不透明的层状组织,它们间断地分布在晶体之中,这样的层状组织的轮廓勾划出固-液界面的宏观形状。由于这些不透明的层状组织与透明的晶体是交替出现的,因此把这些不透明的层状组织称为云层。

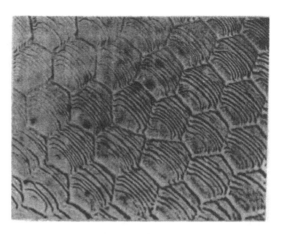

图 3 - 14　用倾倒法获得的 $5×10^{-4}\%Pb$ 的 Ag 合金晶体的胞状界面

对云层进行的显微研究证明,云层具有组分过冷所产生的胞状组织的一切特征,如在垂直于生长方向的切片中表现为网络状,在平行于生长方向的切片中表现为平行线,而在云层之间的晶体是完好的,从而断定云层是间歇式出现的胞状组织。这是由于在晶体生长过程中经常会遇到生长条件周期性或间歇式的变化,如果在生长过程中间歇地产生组分过冷,就可能在晶体中出现间歇式的胞状组织——云层。

4. 溶质尾迹

从图 3 - 12(c)中可以看到,在胞状界面上的相邻的胞间沟槽内,充满了溶质浓集的熔体,如果组分过冷层较厚,则沟槽就较深。另一方面,对 $k_0<1$ 的溶质,溶质浓度越高其凝固点就越低,因而在沟槽深处虽然温度较低,但仍高于凝固点,故保持液态。如果此时生长工艺发生起伏,就有可能将这些浓度较高、凝固点较低的熔体封闭在晶体中。根据温度梯度区熔原理,这些溶质浓度较高的熔体在晶体内的温度梯度场中,会沿着温度梯度场的方向"爬行"。爬行的结果造成了晶体内溶质的再分布,在经过的路径上留下了溶质浓集的痕迹,称为溶质尾迹。这些爬行的熔体最终将凝固,由于晶体的比容往往比熔体小,故凝固时常会出现真空的空洞,这些现象在研究 $LiNbO_3$ 和 YAG 的组分过冷时都有所发现。

5. 研究组分过冷形态学的实验方法

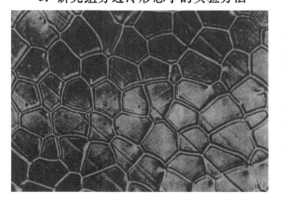

图 3 - 15　用倾倒法获得的掺杂铝晶体的胞状界面

目前,研究组分过冷界面形态所采用的方法主要是倾倒法。这种方法是指在生长过程中快速地将晶体与熔体分离,将生长过程中的实际界面保存下来。这样获得的固-液界面能真实地反映具有近于宏观尺寸的胞状界面的形态。这种方法是研究胞状界面、特别是高熔点晶体的胞状界面的主要方法。图 3 - 15 是用倾倒法获得的掺杂铝晶体的胞状界面。对于低熔点透明晶体可在显微镜热台上生长,借助于显微镜或全息显微镜可以直接观察界面在生长过程中的变化。

有人用放射性同位素作为溶质,对在组分过冷的条件下长成的晶体进行了自射照相法的研究,证实了胞状组织的存在。另外,所有可以用来对晶体中溶质分布进行微区分析的实验手段,如电子探针、离子探针、扫描电镜中的能谱分析等,都可用来研究胞状组织中的溶质分布。

3.2.5 枝晶生长

如前所述,在固液界面前沿存在一狭小组分过冷区时,光滑平界面会变得不稳定,由于某些偶然因素的干扰而产生的凸缘,会逐渐长大而形成胞状界面。如果界面前沿的组分过冷区很大或者熔体中本身就是负的温度梯度分布,则光滑平界面因干扰而产生的凸缘会自由地快速地向熔体中生长。由于在凸缘的尖端处结晶潜热更容易释散,因此使得凸缘在纵向(平行于尖端生长方向)上较在横向(垂直于尖端生长方向)上有更高的生长速率,结果使凸缘很快生长成一细长的晶体,称之为主干。当然,主干与周围过冷熔体之间的界面也是不稳定的,同样也会出现凸缘,而这些凸缘也会向熔体中快速生长,形成主干上的分支,而分支上又会出现新的分支。这样,最终形成的晶体形态很像一枝树枝,故称枝晶,其示意图如图3-16所示。

图 3-16 枝晶示意图

实践表明,固溶体晶体的生长形态与组分过冷有密切的关系,随着组分过冷的增大,固溶体晶体由平面状向胞状、枝晶状的形态发展,在各组织之间还有过渡形态,即介于平面状与胞状之间的平面胞状晶及介于胞状与枝晶之间的胞状枝晶。对于溶质浓度一定的体系,有人通过实验得到了在不同温度梯度 G 的条件下晶体生长的形态,如图3-17所示。可见,随着组分过冷区的增大,胞状界面变得不稳定,最后会形成枝晶构造。

在溶液生长或气相生长中,过饱和度过大,会破坏界面的稳定性,同样也会出现枝晶生长,雪花就是气相生长中形成枝晶的一个明显的例子。在过饱和的固溶体中,若出现脱溶沉淀,也将会出现枝晶。

枝晶是一种复杂的三维结构,如能用选择性深腐蚀的方法将枝晶突出(此时周围部分被腐蚀掉一层),然后用扫描电子显微镜观察,就可以清楚地显示出枝晶的构造,图3-18是一个观察实例。

实验观察到,在晶体生长过程中枝晶分支的方向皆是晶轴的方向,并且有很高的重复性。这表明,关于枝晶生长的一个完整的描述,必须考虑到晶体的各向异性。枝晶形成的机制仍在进一步研究之中。

总之,晶体的形态问题,是一个十分复杂而又尚未彻底解决的问题。晶体形态学是晶体生长领域中的重要问题,弗兰克曾经说过:"如果我们不去关心生长过程中的形态学,我们就无法理解晶体生长动力学;反之,如果我们完全理解了晶体形态学,实际上也就理解了生长动力学。"自从界面稳定性理论提出以后,人们就可以系统地从稳定性理论去研究晶体的形态。近十几年来,界面稳定性理论一直是晶体生长领域中一个十分活跃的分支。

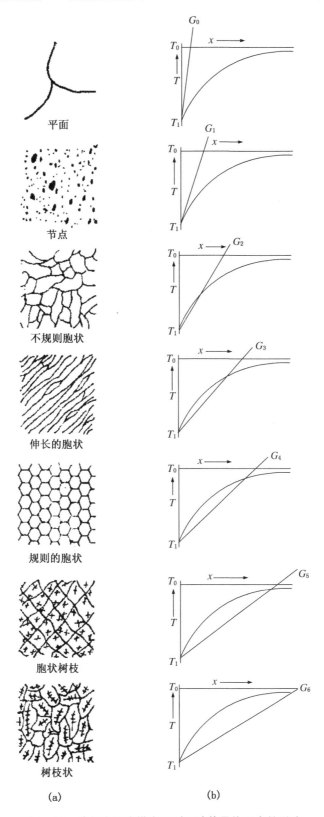

图 3-17　液相中温度梯度 G 对固溶体晶体形态的影响

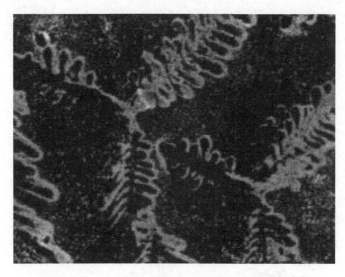

图 3-18 Cu-Co 合金铸件的扫描电子显微镜照片

3.2.6 熔化界面的稳定性

同生长界面的稳定性相类似,熔化界面也存在稳定性问题。对于研究晶体生长工作者而言,这不应该是个生疏的问题,因为它除了具有一般的意义之外,在温度梯度区熔法理论中也是很重要的。

前面我们已经说过:"在纯物质的生长系统中,液相中的负温度梯度分布对平界面的稳定性是不利的;与此相类似,在纯物质的熔化系统中,固相中的正温度梯度同样会使平界面变得不稳定。"

在二元稀溶液系统中,为了描述生长界面的不稳定性而引入了"组分过冷"的概念,类似地,对于稀固溶体的熔化系统,熔化界面的不稳定性可以用"组分过热"来解释。

1. 组分过热

在处理生长问题时,忽略了固相中的溶质扩散,这是由于溶质在固相中的扩散系数非常小及浓度梯度为零(稳态分凝)的缘故。在熔化过程中,固液界面附近固相中存在很大的浓度梯度,故虽然扩散系数很小,扩散效应仍然必须考虑(扩散流量密度为浓度梯度与扩散系数的乘积)。如果熔区为半无限长,而熔化过程又进行得无限缓慢,则液相中的溶质浓度可以被认为是恒为 C_L,在 $k_0 < 1$ 的溶液系统中,于固液界面处固相一侧必然会存在一溶质贫化的边界层,它可由求解满足一定边界条件的扩散方程得到,如图 3-19 所示。

同样,固溶体的熔化点决定于固相中的溶质浓度,因而在固液界面附近固相一侧的溶质边界层中,固溶体的熔化点是随位置而变化的,其熔化点的分布如图 3-20 所示。图中实线表示熔化界面邻近的实际温度分布。由图中可以看到,在熔化界面前沿的固相中,存在一个实际温度高于熔化点的狭窄区域,阴影表示该区域中固溶体处于过热状态。与组分过冷区的形成相类似,这个过热区的形成是由于组分改变了固溶体的熔化点而产生的,因此称之为组分过热。

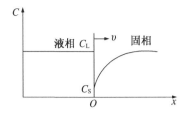

图 3-19 固溶体熔化时的溶质分布

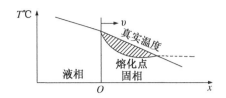

图 3-20 固溶体熔化时的组分过热

2. 熔化界面的稳定性判据

由图 3-20 可知,在熔化界面的前沿虽然存在过热区,但界面上的实际温度仍为熔化点温度。当界面上出现干扰时,干扰所产生的凸缘(实际为"液相凸缘"),将会在固相中的过热区内迅速延伸,使原来平坦的熔化界面转变为胞状的熔化界面,光滑界面的稳定性遭到破坏。

为了得到产生组分过热的判据条件,可以进行和求解组分过冷临界条件完全类似的数学推导,所得结果可表示为

$$G/V > \frac{m C_S(1-k_0)}{D k_0} \qquad (3-16)$$

上式在形式上与式(3-10)相似,但物理量的含义有所不同。

式中,G——固相中界面处的温度梯度;

V——熔化速率;

C_S——固相中溶质的初始分布(原来是均匀分布的);

m——固相线斜率;

D——溶质在固相中的扩散系数。

许多科学家基于界面稳定性的动力学理论,分析了熔化界面的稳定性并获得了较式(3-16)更为普遍的临界条件,如杰克逊等研究了以 C_2Cl_6 为溶质、以 CBr_4 为溶剂的固溶体的熔化过程,所观察到的熔化界面出现不稳定性时的情况,基本上与上述理论相符。他们测量的在不同 G/V 和 C_S 的情况下溶化界面稳定性的结果示于图 3-21 中。结果表明,两区域的分界线为一直线,这正是式(3-16)所描述的。

3. 温度梯度区域熔化法的应用

熔化界面的稳定性不仅是客观存在的自然现象,而且在晶体生长的工艺实践中具有一定的意义。例如,用温度梯度区域熔化法生长单晶时,其熔区的"前界面"是熔化界面,而"后界面"则是生长界面,如果熔化界面不稳定,就会影响熔区的形状,从而使长成的晶体中溶质的分布不均匀。

温度梯度区域熔化(TGZM)是由蒲凡提出并由他首先用于材料提纯和晶体生长的。这种方法主要借助于温度梯度而使狭窄的溶剂熔区通过材料,图 3-22 是温度梯度区域熔化和相应相图的示意图。

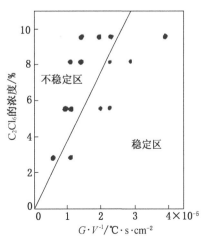

图 3-21 组分过热临界条件的验证

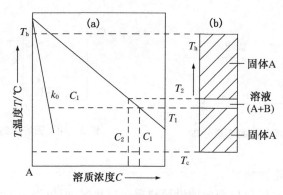

图 3-22　温度梯度区域熔化

考察熔体(A+B)系统,A 为溶质,B 为溶剂。在两块固体 A 之间夹一片固体 B 薄片。把它们放在一个具有温度梯度的温场中,并保证 B 层的温度在整个体系的最低熔点之上,而使固体内最高温度 T_b 低于 A 的熔点。可用十分简单的措词来说明熔区的运动。首先,B 层熔化并溶解一些 A 而形成熔区,熔区不断竖直地沿长度方向扩展。由于熔区上下界面不断溶解 A 而使熔区中 B 的浓度倾向于减小,在相图中相应于 B 的浓度点向左移。当熔区处于 T_1-T_2 位置时,冷界面(T_1 点)将溶解足够的 A,以对应于 C_1 处的液相平衡浓度,A 在热界面(T_2 点)上的溶解将继续进行直至达到时为止。由于,熔区下界面的溶质浓度高于上界面的溶质浓度,故在熔区内溶质将由下向上扩散。扩散结果使下界面凝固点升高而开始凝固,使上界面凝固点降低而开始熔化。结晶和熔化的结果又使上下界面浓度达到新的平衡状态;这样再扩散、再熔化(上界面)、再结晶(下界面),不断进行,就使得熔区沿液相线从料棒的冷端向热端移动,即熔区在料棒中沿温度梯度的方向爬行。

泰勒等从理论上导出了二元系统中温度梯度区域熔化法中熔区移动速度的表达式,发现它正比于:

① 温度梯度 $(\mathrm{d}T/\mathrm{d}x)$;

② 液相线斜率的倒数 $\left| \dfrac{1}{\dfrac{\mathrm{d}T}{\mathrm{d}C}} \right|$;

③ 扩散系数 D。

对于生长晶体,很重要的是生长溶质浓度较低的晶体。所以由此看来,溶剂固溶度低的系统是有利的,若希望生长的晶体中溶质分布均匀,应采用较小的温度梯度为宜,但此时熔区移动的速度较慢。利用温度梯度区域熔化法制备晶体的主要优点是,设备简单,但此法只适用于二元或多元的固溶体生长。生长的单晶体有 GaAs(用 Ga 作溶剂),α-SiC(用 Cr 作溶剂)、Ge(用 Pb 作溶剂)、GaP(用 GaAs 作溶剂)、GaP(用 Ga 作溶剂)等。

温度梯度区域熔化法不仅可以用来制备单晶体,还可以用来解释组分过冷中溶质尾迹的形成的原因。

3.2.7　界面稳定性的动力学理论

现在我们已经了解到,在一个生长系统中有利于界面稳定性的因素是熔体中正温度梯度,破坏界面稳定性的因素是熔体中的负温度梯度及溶质边界层中的浓度梯度。实质上,组分过冷的临界判据就是在考虑了正温度梯度和浓度梯度这两个相反效应的相互抵消之后而获得的。

下面,我们再考虑两个影响界面稳定性的因素:这就是在干扰附近的热和溶质的扩散及界面能效应。前者趋于减少界面上温度和浓度分布的不均匀性,这是不利于界面稳定性的;后者趋于减小界面面积,这是有利于界面稳定性的。这就是界面稳定性的动力学理论。

界面稳定性的动力学理论是由 Mullins 和 Sekerka 于 1964 年提出来的。他们认为,由拉特和查默斯等人提出的"组分过冷"是把固液界面的平衡过于简单化了,实际上这个平衡还受到固相热传导、结晶潜热及固-液界面张力的影响。他们认为固-液界面是由无穷小的正弦波所组成的,界面的稳定性取决于正弦波的振幅随时间的变化率,如果振幅随时间而增大,固液界面是不稳定的;相反,如果振幅随时间而减小,固液界面就是稳定的。

如果把固液界面放在三维坐标上,设 z 指向液相并垂直于固液界面;x 方向与固液界面平行,则固液界面在 z 方向上的位置与时间 t 和距离所选坐标原点的位置 x 有关,即

$$z = \varphi(t, x) = \delta(t)\sin Wx \tag{3-17}$$

式中,$\delta(t)$ ——正弦波的振幅;

W ——振动频率。

这一问题的数学处理是相当繁杂的,下面我们给出 Mullins 等所得到的最后结果,即界面稳定性动力学理论的判别式:

$$S(W) = -T_0\Phi W^2 - \frac{1}{2}(g' + g) + mG_C\frac{W^* - (\frac{V}{D})}{W^* - (\frac{V}{D})(1 - k_0)} \tag{3-18}$$

式中,T_0 为纯溶剂在固液界面为平面时的熔点;$\Phi = \frac{\sigma}{H}$,σ 为固液界面的比表面能;H 为单位体积溶剂的结晶潜热;$g' = \frac{K_s}{\overline{K}}G'$,$K_s$ 为固相的导热率,G' 为固相中的温度梯度;$g = \frac{K_L}{\overline{K}}G$,$K_L$ 为液体的导热率,G 为液相中的温度梯度,$\overline{K} = \frac{1}{2}(K_S + K_L)$;$m$ 为液相斜率;G_C 为未产生波动($\delta = 0$)时的溶质浓度梯度;$W^* = (\frac{V}{2D}) + [(\frac{V}{2D})^2 + W^2]^{1/2}$,表示液相中沿固液界面溶质的波动频率;$V$ 为界面向前推进的速度,为常数;D 为溶质在液相中的扩散系数;k_0 为平衡分凝系数。

函数 $S(W)$ 的正负决定着干扰振幅是增长还是衰减:如果符号为正,意味着波动的增长,界面是不稳定的;反之,如果符号为负,意味着波动的衰减,界面是稳定的。由式(3-18)可以看出,函数 $S(W)$ 是由 3 项组成,第 1 项是由界面张力决定的,因为界面张力不可能为负,所以这一项始终为负值。也就是说界面张力的增加有利于固液界面的稳定,特别是对高频干扰,这一项对稳定性的贡献更大(与 W^2 成比例);第 2 项是由温度梯度决定的,若温度梯度为正,界面稳定,温度梯度为负,界面不稳定;第 3 项中没 mG_C 受固-液界面前沿溶质富集的影响,该值越大,说明溶质富集越严重,界面越不稳定。第 3 项中的分式表明溶质沿固液界面发生波动、进行扩散对界面稳定性的影响,当 D 值较小时,分式的数值亦变小,虽然它并不改变第 3 项的符号,但却有利于 $S(W)$ 向负的方向转化,但总体而言溶质沿固-液界面进行扩散是不利于界面稳定的。在不考虑溶质沿固-液界面扩散的影响时,即在 $\frac{V}{D} \ll 1$ 的情况

下,分式将等于1。

通过以上分析可以认为,当不考虑界面张力及溶质沿固-液界面扩散对界面稳定性的影响时,产生界面稳定性的条件应该是:

$$\frac{1}{2}(g' + g) > mG_C \tag{3-19}$$

不等式左边为
$$\frac{1}{2}(g' + g) = \frac{K_L G + K_S G'}{K_L + K_S}$$

不等式右边在稳态时为
$$mG_C = m\frac{dC}{dx} = \frac{mV}{D} \cdot \frac{C_L^0(1-k_0)}{k_0}$$

因此,式(3-19)将成为

$$\frac{K_L G + K_S G'}{K_L + K_S} > \frac{mV}{D} \cdot \frac{C_L^0(1-k_0)}{k_0} \tag{3-20}$$

如果固相和液相中的温度梯度相等,即 $G = G'$,导热率相等,即 $K_S = K_L$,式(3-20)将完全变成组分过冷的判别式(3-10)。因此,可以说界面稳定性动力学理论是组分过冷理论的推广,而组分过冷理论是界面稳定性动力学理论的特殊形式。

综上所述,界面稳定性动力学理论判别式较之组分过冷理论判别式更为完善。它考虑到了界面张力、溶质沿固液界面的扩散、结晶潜热及固相和液相导热率的差别等对界面稳定性的影响。正如图3-23所示的那样,严格的界面稳定性动力学理论判别式(3-18)较之组分过冷判别式(3-10)扩大了界面的稳定区,只是在 G/V 较大的情况下,由于固、液相导热率的差别使稳定区缩小。忽略界面张力及溶质沿固-液界面扩散影响的界面稳定性的动力学理论判别式(3-20),在 G/V 值较小时,由于结晶潜热的作用使稳定区较之组分过冷理论判别式为大,而在 G/V 值较大时,由于固、液相导热率的差别使稳定区变小。由以上分析可以看出,在晶体生长过程中,在 G/V 较大的情况下,一味增加固相一端的导热能力对界面稳定性将起相反的效果。

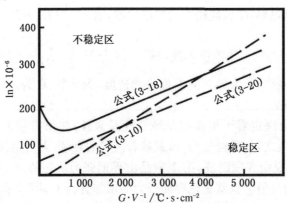

图3-23 不同界面稳定性理论曲线的对比

3.3 晶体成核理论

由热力学知识可知,一个系统若处于平衡态,则系统的吉布斯(Gibbs)自由能为最小,系统中的平衡相称为稳定相;若系统处于亚稳态,此时系统中的相为亚稳相。系统有从非平衡态过渡到平衡态的趋势,当然,亚稳相也就有过渡到稳定相的趋势了。但是,这个转变能否实现以及如何实现,这不是平衡态理论所能回答的问题,它属于相变动力学的范畴。

所谓晶体生长,说简单一点就是旧相(亚稳相)不断转变成新相(稳定相)的动力学过程,或者讲就是晶核不断形成、形成的晶核不断长大的过程,伴随这一过程而发生的则是系统的吉布斯自由能降低。实际上,这就是经典相变动力学理论的主要内容:

① 晶核形成理论——成核的热力学条件:在亚稳相中,新相能否出现,如何出现?

② 生长的动力学理论——生长的动力学条件:新相与旧相的交界面以怎样的方式和怎样的速率向旧相中推移。

一般说来,晶体生长是一种多元复相系的化学反应过程。但是为了讨论叙述问题的方便(当然,有许多晶体的生长过程也确实是属于这种类型),我们考虑反应是发生在一个单元系内,并且该单元就是要结晶的材料,即单元系的晶体生长。

3.3.1　相变的基本条件

晶体生长属一级相变过程,因此结晶过程也同其他相变过程一样,需要满足一定的基本条件。

1. 结晶的热力学条件

结晶为什么必须在过冷的条件下进行,这是由热力学条件所决定的。热力学第二定律告诉我们,在等温等压条件下,物质系统总是自发地从自由能较高的状态向自由能较低的状态转变。也就是说,只有伴随着自由能降低的过程才能自发地进行,或者说,只有当新相的自由能低于旧相自由能时,旧相才能自发地转变为新相。

自由能 G 可用下式表示:

$$G = H - TS \tag{3-21}$$

式中,H——热焓;

T——绝对温度;

S——熵。

在可逆过程中有下式:

$$dS = \frac{dQ}{T} \tag{3-22}$$

式中,Q 为环境与体系间的热量交换值。

由式(3-21)可以写出:

$$\frac{dG}{dT} = \frac{dH}{dT} - S - T\frac{dS}{dT} = \frac{dH}{dT} - S - \frac{dQ}{dT}$$

等压条件下 $dH=dQ$,于是得出:

$$\frac{dG}{dT} = -S \tag{3-23}$$

将式(3-23)积分得某一温度时系统的自由能为

$$G = G_0 - \int_0^T S dT \tag{3-24}$$

式中,G_0 为绝对零度时的自由能,相当于绝对零度时的内能 U_0,由于 $dQ = c_p dT$,故式(3-22)可表示为

$$S = \int_0^T \frac{c_p}{T} dT \qquad (3-25)$$

式中，c_p 为定压比热。将式(3-25)代入式(3-24)，可得：

$$G = U_0 - \int_0^T \left(\int_0^T \frac{c_p}{T} dT \right) dT \qquad (3-26)$$

式(3-25)和式(3-26)表明，由于体系的熵恒为正值，且随温度的上升而增加，自由能却随熵的增加而降低。将自由能与温度的变化关系绘成曲线，如图3-24所示。

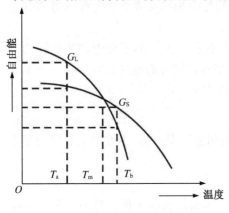

图 3-24 固液系统的 GT 关系图

从图中看出，液相与固相自由能随温度变化的曲线各不相同。这是由于液相的比热比固相比热大。因此，液相自由能随温度升高而下降的速率比固相的要大，也就是说液相曲线比固相曲线有更大的斜率。同时，在绝对零度时 固相的内能比液相的内能要小。因此，固相曲线的上起点位置较低。基于上述分析可以认为，液相与固相的自由能与温度的变化曲线必然在某一温度下相交，两条曲线交点对应的温度便是该材料的熔点 T_m,，此时 $G^L = G^S$，$\Delta G = 0$。液相与固相共存，体系处于热力学平衡态，交点对应的温度 T_m 即为理论结晶温度。因此，当温度低于 T_m 时，固相自由能低于液相自由能，则液相会自发地转变为固相。这就是结晶的热力学条件。

在温度低于 T_m 条件下，有 $G^L > G^S$，其差值为

$$\Delta G = (H^S - H^L) - T(S^S - S^L) \qquad (3-27)$$

若近似地假定液相、固相的密度相同，并令 H、S 分别为单位体积物质的热焓及熵，则 ΔG 即为单位体积物质固相与液相自由能的差值，记为 ΔG_V。只有 ΔG_V 为负值时，固相才是稳定相。我们称负值的 ΔG_V 是结晶驱动力。

由式(3-27)可以导出，当温度 $T = T_m$ 时，则

$$H^S - H^L = T_m(S^S - S^L) = T_m \Delta S$$

在恒温、恒压条件下，$T_m \Delta S = \Delta Q = -L_m$。假定在熔点温度 T_m 以下，液相、固相自由能随温度变化的速率相差不大，可近似地认为，当体系过冷到某一温度进行相转变时，有

$$H^S - H^L = -L_m, \quad S^S - S^L = -\frac{L_m}{T_m}$$

L_m 为溶化潜热，代入式(3-27)，并由 ΔG_V 代替 ΔG，于是：

$$\Delta G_V = -L_m + \frac{T L_m}{T_m} = -L_m \left(\frac{T_m - T}{T} \right) = \frac{-L_m \Delta T}{T_m} \qquad (3-28)$$

式(3-28)说明一个很重要的规律，即液相只有在过冷度 $\Delta T > 0$ 的条件下，才能保证其自由能差 $\Delta G_V < 0$，而过冷度 ΔT 越大，则自由能差 ΔG_V 值也就越大，结晶驱动力也就越大。这就从热力学条件出发，进一步说明了过冷是结晶的必要条件。

2. 结晶的结构条件

结晶是晶核形成与长大的过程。那么，晶核从何而来，这是一个和液相结构有关的问题，因此我们首先要了解一下液相结构的一些特征。

　　液体介于气体和固体之间,大量的实验数据证明它更像固体,特别是在接近熔点时的情况更是如此。例如,通过对液态金属的 X 射线衍射研究可知,液态金属具有与固态金属相似的结构,在配位数及原子间距等方面相差无几,如表 3-3 所示。

表 3-3　液态与固态金属 X 射线衍射结果比较

金属	固态		液态		温度/℃
	配位数	原子距离/Å	配位数	原子距离/Å	
Zr	6+6	2.66～2.90	11	2.94	460
Au	12	2.86	11	2.86	1 100
Al	12	2.86	10.6	2.96	700
Na	8	3.72	8	3.36	390

　　进一步研究认为,液态的结构从长程(整体)来说,原子排列是不规则的,而在短程(局部)范围内存在着接近于规则排列的原子集团,如图 3-25 所示。这种微小的规则排列的原子集团,称为短程规则排列。

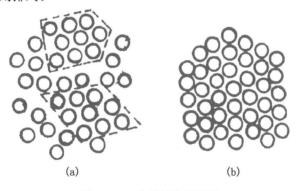

图 3-25　金属结构示意图
(a) 液态;(b) 固态

　　晶核是由溶质的分子、原子或离子组成的。由于这些粒子每时每刻都在不停地快速运动着,所以又可以把这些粒子叫做运动单元,即使是在新相与旧相处于平衡的状态下,对于极微小的任一空间的任一瞬间而言,各运动单元的位置、速度、能量等也都在迅速地变化着。但就宏观而论,由于这种波动太快也太小,以致于我们测量到的物理量只是它们的时均值。这种波动就是通常所说的能量起伏和结构起伏。正如晶格理论指出的那样,在接近熔点的液体中,由于结构起伏(也称为相起伏)的存在,才使一个运动单元有可能进入另外一个运动单元的力场中,从而结合在一起,构成短程规则排列,这种短程规则排列就成为新相的生成基元团,虽然有的基元团又很快“解体”了,但它们确实能结合在一起。这些大小不同、存在时间很短、时聚时散的基元团具有和晶体固相相似的结构。在这些基元团之间存在着一定的“自由空间”,或者是模糊的边界。基元团实际上就是结晶过程的晶胚。由此可知,结构起伏是液体结构的重要特征之一,它是产生晶核的基础。综上,过冷是结晶的基本条件,因为只有过冷才能造成固相自由能低于液相自由能的条件;也只有过冷才能使液相中短程规则排列结构成为晶胚。

3.3.2 相变驱动力

气相生长系统中的过饱和蒸汽、熔体生长系统中的过冷熔体以及溶液生长系统中的过饱和溶液都是亚稳相，亚稳相都具有较高的吉布斯自由能，它要使自己的自由能降低，就要过渡到稳定相，这里的稳定相就是晶相。系统之所以能从亚稳相过渡到稳定相，就是因为这两者之间存在着吉布斯自由能的差值，即存在有相变驱动力。

1. 相变驱动力的一般表达式

驱动旧相向新相转变的力是什么？它有多大？这是问题的关键，因为此力的大小直接决定了相变速度的快慢。

前面我们已经说过，晶体生长过程就是固-液界面向流体中推移的过程，伴随这一过程发生的则是系统的吉布斯自由能的降低。如果固液界面的面积是 A，在驱动力的作用下，它向流体中推进了 Δx 的垂直距离，这一过程的发生使系统的吉布斯自由能降低了 ΔG。如果我们假定界面上单位面积上所受的驱动力为 f，则上述过程驱动力做的功为 $f \cdot A \cdot \Delta x$，驱动力所做的功就等于系统吉布斯自由能的降低，即

$$f \cdot A \cdot \Delta x = -\Delta G$$

式中负号表示吉布斯自由能的减少。于是有

$$f = -\frac{\Delta G}{A \cdot \Delta x} = -\frac{\Delta G}{\Delta V} \tag{3-29}$$

从上式可以看出，生长驱动力在数值上就等于生长单位体积的晶体所引起的系统吉布斯自由能的降低。式中，$\Delta V = A \cdot \Delta x$，如果令晶体的密度为 ρ，晶体的摩尔分子量为 M，摩尔数为 n，则式(3-29)就可写成：

$$f = \frac{\Delta G \cdot \rho}{\Delta V \cdot \rho} = -\frac{\Delta G \cdot \rho}{\Delta m} = -\frac{\frac{\Delta G \cdot \rho}{M}}{\frac{\Delta m}{M}} = -\frac{\frac{\Delta G \cdot \rho}{M}}{n} = -\frac{\rho}{M} \cdot \frac{\Delta G}{n} = -\frac{\rho}{M}\Delta\mu \tag{3-30}$$

式中，$\Delta\mu$ 是生成一摩尔晶体在系统中引起的吉布斯自由能的降低值。

一摩尔晶体中若有 N 个原子，而每一个原子由流体相转变成晶体相所引起的吉布斯自由能降低为 Δg，则有 $\Delta\mu = N \cdot \Delta g$，代入式(3-30)，$f = -\left(\frac{\rho}{M}N\right)\Delta g$。对于确定的晶体，在一定的温度和压力下 $\left(\frac{\rho}{M}N\right)$ 为常数，并且可以证明 $\frac{\rho}{M}N = \frac{1}{\Omega_s}$，$\Omega_s$ 是每一单个原子的体积。于是有

$$f = -\frac{\Delta g}{\Omega_s} \tag{3-31}$$

式(3-31)便是相变驱动力的一般表达式，为了方便，有时把 Δg 也称为驱动力。若 $\Delta g < 0$，则 $f > 0$，表明 f 指向流体，此时的驱动力为生长驱动力，流体相为亚稳相；若 $\Delta g > 0$，则 $f < 0$，表明 f 指向晶体，此时的驱动力为熔化、升华溶解驱动力，晶体相则是亚稳相。

2. 气相生长系统中的相变驱动力

在气相生长系统中，假设在温度为 T_0、蒸汽压为 P_0 时，气相—晶体两相达到平衡。若保持温度不变，蒸汽压由 P_0 增大至 P_1，此时的蒸汽系统处于亚稳态，它就有凝结的趋势，P_1

为此时的过饱和蒸汽压。

根据热力学知识,吉布斯自由能 G 的微分表达式可表示成 $dG = -SdT + Vdp$。式中,S 为系统的熵,V 为系统的体积。

由状态函数的性质可知,ΔG 只决定于系统的始态与终态,而与路径无关。所以系统由 T_0P_1 恢复到 T_0P_0 可以认为是等温压缩过程。由于保持了温度不变,所以系统的蒸汽压由 P_1 降至 P_0 时,系统的吉布斯自由能改变为

$$\Delta G = \int_{p_1}^{p_0} dG = -\int_{p_0}^{p_1} Vdp \tag{3-32}$$

如果假定蒸汽为理想气体,则一摩尔理想气体的状态方程为 $V = \dfrac{RT_0}{P}$,代入式(3-32),则得到:

$$\Delta\mu = -\int_{p_0}^{p_1} RT_0 \frac{dp}{P} = -RT_0 \ln\frac{p_1}{p_0} \tag{3-33}$$

式中,R 为气体常数,式(3-33)表明一摩尔的蒸汽在温度为 T_0 时转变成一摩尔晶体时,其系统吉布斯自由能的改变量。

在一摩尔晶体中有 N_0(即阿伏加德罗常数)个原子,若每一个原子由蒸汽相转变为晶体相时,引起系统吉布斯自由能的降低用 Δg 表示,则有 $\Delta\mu = N_0\Delta g$。于是,式(3-33)就可以写成:

$$\Delta g = -\frac{R}{N_0} T_0 \ln\frac{p_1}{p_0} \tag{3-34}$$

如果定义 $a = \dfrac{p_1}{p_0}$ 为系统的蒸汽压饱和比,$\sigma = a - 1$ 为系统蒸汽压的过饱和度,同时考虑到 $R = N_0k$,k 为玻尔兹曼常数。当过饱和度较小时,$\ln(1+\sigma)$ 作幂级数展开 $\ln(1+\sigma) = \sigma - \dfrac{\sigma^2}{2} + \dfrac{\sigma^3}{3}\cdots$ 则式(3-34)即可简化为

$$\Delta g = -kT_0\ln(1+\sigma) \approx -kT_0\sigma \tag{3-35}$$

通常也称 Δg 为单个原子从蒸汽相转变成晶体相的相变驱动力。或将式(3-35)代入式(3-31),得到驱动力为

$$f = \frac{kT_0\ln a}{\Omega_S} \approx \frac{kT_0\sigma}{\Omega_S} \tag{3-36}$$

3. 溶液生长系统中的相变驱动力

在溶液晶体两相平衡系统中,假设溶液的饱和浓度为 C_0。在等温等压条件下,将溶液的浓度由 C_0 增大至 C_1,则此时的溶液处于亚稳态,C_1 即为溶液的过饱和浓度,如果晶体处在这样的溶液中,无疑它是会生长的。

根据热力学知识,理想溶液(稀溶液)溶质 i 的化学势为

$$\mu_i^L = \mu_i^0(pT) + RT\ln C \tag{3-37}$$

式中,μ_i^0——纯溶质 i 的化学势;

C——溶液溶质的浓度。

如果令 T_0、P_0、C_0 分别表示溶液—晶体两相达成平衡时的温度、压强和溶液的饱和浓度,则由式(3-37)可得:

$$\mu_i^L(C_0) = \mu_i^0(p_0 T_0) + RT_0 \ln C_0 \qquad (3-38)$$

根据相平衡条件,当溶液晶体两相平衡时,溶质 i 在溶液中和晶体中的化学势必须相等,即

$$\mu_i^L = \mu_i^S = \mu_i^0(p_0 T_0) + RT_0 \ln C_0 \qquad (3-39)$$

设想在保持系统温度(T_0)和压强(P_0)不变的情况下,系统的浓度由 C_0 增大至 C_1,则此时的溶液为过饱和溶液,它有析出晶体的趋势。在过饱和溶液中溶质的化学势为

$$\mu_i^L = \mu_i^0(p_0 T_0) + RT_0 \ln C_1 \qquad (3-40)$$

综合式(3-39)和式(3-40),可知由浓度为 C_1 的过饱和溶液中生成 1mol 晶体时,其系统的吉布斯自由能的降低为

$$\Delta \mu = -RT_0 \ln \frac{C_1}{C_0} \qquad (3-41)$$

同式(3-35)的处理方法类似,同样可以求得:

$$\Delta g = -kT_0 \ln \frac{C_1}{C_0} = -kT_0 \ln a \approx -kT_0 \sigma \qquad (3-42)$$

这就是单个溶质原子由溶液相转变为晶体相所引起的系统吉布斯自由能的降低。若在溶液生长系统中,生长的晶体为纯溶质构成,将式(3-42)代入式(3-31),得溶液生长系统的驱动力为

$$f = \frac{kT_0}{\Omega_S} \ln \frac{C_1}{C_0} = \frac{kT_0}{\Omega_S} \ln a \approx kT_0 \frac{\sigma}{\Omega_S} \qquad (3-43)$$

4. 熔体生长系统中的相变驱动力

当结晶物质处在熔点温度 T_m 时,熔体与晶体结晶物质两相呈热力学平衡状态,此时两相间无相变驱动力,晶体处在既不熔化也不生长的状态。当熔体的实际温度 T 低于 T_m 时,熔体则处于亚稳态,此时,由于晶体与熔体的吉布斯自由能不等,在两相间就存在相变驱动力,熔体相有向晶体相转变的趋势。我们定义 $\Delta T = T_m - T$ 为熔体的过冷度。

当熔体与晶体两相处于平衡态时,熔体与晶体的摩尔吉布斯自由能相等,即

$$\mu^L(T_m) = \mu^S(T_m) \qquad (3-44)$$

根据吉布斯自由能的定义,可以得到:

$$\Delta H(T_m) = T_m \Delta S(T_m) \qquad (3-45)$$

式中,$\Delta H(T_m)$、$\Delta S(T_m)$ 分别代表温度为 T_m 时晶体与熔体两相中摩尔焓的差值和摩尔熵的差值。

由于在晶体生长过程中释放出的相变潜热等于系统中焓的减少,故而有

$$\Delta H(T_m) = -L_m \qquad (3-46)$$

式中,L_m 为摩尔相变潜热。由式(3-45)可以得到,相变发生时,两相摩尔熵的差值与相变发生时的温度的乘积就等于摩尔相变潜热。所以,当结晶物质处在熔点 T_m 时,熔体与晶体的摩尔熵的差值即为

$$\Delta S(T_m) = -\frac{L_m}{T_m} \qquad (3-47)$$

当系统处在温度 T 时,由于 $T < T_m$,熔体相与晶体相的吉布斯自由能不等,其差值为

$$\Delta \mu(T) = \mu^L(T) - \mu^S(T) = \Delta H(T) - T\Delta S(T) \qquad (3-48)$$

式中，$\Delta H(T)$ 和 $\Delta S(T)$ 分别代表温度为 T 时，熔体相与晶体相之间的摩尔焓的差值和摩尔熵的差值，它们都是温度的函数。在熔体生长系统中，一般情况下，认为 T 只略低于 T_m，即过冷度 ΔT 较小，因而可以近似地认为 $\Delta H(T) \approx \Delta H(T_m)$ 和 $\Delta S(T) \approx \Delta S(T_m)$，于是，将式(3-46)和式(3-47)代入式(3-48)，得到：

$$\Delta\mu(T) = -L_m + T\frac{L_m}{T_m} = -L_m\left(\frac{T_m - T}{T_m}\right) = -L_m\frac{\Delta T}{T_m} \qquad (3-49)$$

因而温度为 T 时单个原子由熔体转变为晶体时吉布斯自由能的降低为

$$\Delta g = -l_m\frac{\Delta T}{T_m} \qquad (3-50)$$

式中，$l_m = \dfrac{L_m}{N_0}$ 为单个原子的熔化潜热。于是将式(3-50)代入式(3-31)，可得熔体生长的驱动力为

$$f = \frac{l_m \cdot \Delta T}{T_m \Omega_s} \qquad (3-51)$$

在通常的熔体生长系统中，式(3-51)已经足够精确了。但是在晶体与熔体的定压比热相差较大时，或过冷度较大时，驱动力更为精确的表达式为

$$\Delta g = -l_m\frac{\Delta T}{T_m} + \Delta c_p\left(\Delta T - T\ln\frac{T_m}{T}\right) \qquad (3-52)$$

式中，$\Delta c_p = c_p^L - c_p^S$ 为两相定压比热的差值。当 Δc_p 较小及 T 和 T_m 比较接近时，式(3-52)退化为式(3-50)。

3.3.3 固体的表面能与吸附

固体的自由表面可以看作为晶体结构周期的一种二维缺陷。处在晶体内部的原子或离子，受到了最近邻的和次近邻的原子或离子的对称力场的作用，但处在晶体表面的原子或离子受到的是一个不对称力场的作用。形象一点说，在表面上原子(离子)的键是不饱和的，这势必影响在界面附近原子(离子)组合的几何图形、电子结构、点缺陷及线缺陷的分布。因此，表面层的性能与内部不同。

可以这样认为，每一晶体的自由能都是由两部分组成的：体积自由能和附加的过剩界面层自由能。以每单位面积计算的过剩自由能称为表面自由能，简称表面能，单位是 $J \cdot m^2$ 或 erg/cm^2。如若 γ 表示表面自由能，则有

$$\gamma = \left(\frac{\partial G}{\partial A}\right)_{T,P,n} \qquad (3-53)$$

这就说明，γ 是在 T,p 及组分不变时，每增加一个单位的表面积时，自由能的增加值，也可以被认为是当可逆地形成新表面时，环境对体系所作的表面功转变为表面层分子比内部分子多余的自由能。

固体和液体的表面能与周围的环境条件与晶面、温度、第二相的性质等条件有关。随着温度的上升，表面能是下降的。若干物质在真空中或在惰性气体中的表面能值如表3-4所示。

表 3-4 各种材料在真空或惰性气氛中的表面能值

材料	温度/℃	表面能/($erg \cdot cm^{-2}$)
水(液态)	23	72
铅(液态)	350	442
铜(液态)	1 120	1 270
铜(固态)	1 080	1 430
银(固态)	750	1 140
银(液态)	1 000	920
铂(液态)	1 770	1 865
氯化钠(液态)	801	114
NaCl 晶体(100)	25	300
硫酸钠(液态)	884	196
磷酸钠,Na_3PO_4(液态)	620	209
硅酸钠(液态)	1 000	250
B_2O_3(液态)	900	80
FeO(液态)	1 420	585
Al_2O_3(液态)	2 080	700
Al_2O_3(固态)	1 850	905
MgO(固态)	25	1 000
TiC(固态)	1 100	1 190
CaF_2 晶体(111)	25	450
$CaCO_3$ 晶体(1010)	25	230
LiF 晶体(100)	23	340

由于在晶体表面存在着大量的具有不饱和键的原子或离子,它们都能吸引外来的原子、离子或分子而产生吸附。很明显,这是由物质的表面能所引起的一种表面现象,按这种作用能的不同,吸附作用可分为化学吸附和物理吸附两种。

在介绍化学吸附之前,我们要先了解什么是剩余价力(过剩自由能)。正如前边所述,在固体(晶体)表面上的质点(如原子、离子等)和内部的质点所处的力场有所不同,在固体内部每个质点的结合力都与四周的质点相互作用,但处于平衡状态。而处于固体表面上的质点由于其处于非对称的力场中而存在指向空间的剩余结合力。这种剩余结合力(即剩余价力)具有饱和性,它的存在是产生化学吸附的根本原因。

所谓化学吸附是指由剩余价力所引起的吸附。化学吸附具有很强的选择性,它会在吸附剂与吸附质之间形成一种吸附化合物。由于剩余价力只存在于吸附剂表面,故化学吸附只能形成单分子层。结合力是化学结合力。当吸附时所放出的能量达 400kJ/mol 数量级时,高温时比低温时更容易发生化学吸附。化学吸附的选择性将直接影响晶体的平衡形态。

由分子间的力引起的吸附即为物理吸附。物理吸附不存在选择性,且可达几个分子的厚度而形成多分子吸附层。由于分子间力（范德瓦尔力）较弱，故吸附热较小（小于 40kJ/mol），而且也较易脱附。物理吸附的速度一般较大，易于达到平衡状态，即吸附速度和脱附速度达到平衡。在降低压力或升高温度时，固体对气体的物理吸附将迅速降低。

若吸附质进入吸附剂内，起着类似溶解的作用，这就叫作吸收。吸附和吸收总称为吸着。

3.3.4 均匀形核

在这一节和下一节中，将讨论经过相当简化后的所谓经典成核理论。这一理论起源于福尔玛（Volmer）和韦伯（Weber）于 1925 年提出的概念。

根据热力学原理，当熔体过冷至熔点温度以下时，就会出现结晶现象。首先，在熔体中会形成许多大小不等、与固相结构相同的基元团，这里我们把它们叫做晶胚。这些晶胚再靠凝聚熔体中的溶质原子而不断长大，形成具有一定临界大小的晶核，继而发育成完整的晶体。整个结晶过程就是形成晶核和晶核不断长大的过程。这就是我们所要讨论的成核理论。成核现象涉及的内容是相当广泛的，根据它发生的方式，大致可作如下分类：

$$
成核类型
\begin{cases}
二次成核（由晶体诱发）\\
非均匀成核（由杂质粒子诱发）\\
一次成核\\
均匀成核（自发的）
\end{cases}
$$

所谓成核就是指新相在旧相中开始形成时，并非在亚稳系统的全部体积内同时发生的，而是在旧相中的某些位置产生小范围的新相，在新相和旧相之间有比较清晰的界面将它们分开。这种在旧相中诞生小体积新相的现象就是成核。一次成核是指系统中不含有结晶物质时的成核。如果成核是自发产生的，而不是靠外来的质点或基底的诱发产生的，这样的成核就是均匀成核。相反，如果成核是靠外来的质点或基底的诱发而产生的，这样的成核就叫做非均匀成核。有时，晶核可以在系统中已经存在的晶体附近产生，这种在有晶体存在的条件下的成核现象叫做二次成核。

在此首先讨论一下成核中的均匀成核现象。虽然在一个亚稳系统中均匀成核是较少发生的，但它的基本原理是了解非均匀成核现象及晶体长大过程的必要基础。另外，在讨论经典的成核理论时，我们所采用的基本假设是，宏观的热力学量可以应用于微观体系的晶核上。对于这种假设合理性的讨论及近来所做的改进，可查阅有关参考书。

1. 晶核的临界半径及成核功

当从过冷的熔体（亚稳相）中形成晶核（稳定相）时，即局部小体积内的原子由液相排列状态转变为固相排列状态时，由于此时系统要释放出亚稳相比稳定相高的那一部分吉布斯自由能，从而使整个系统的吉布斯自由能有所降低。因为释放出的这部分能量与发生相变的体积有关，故称为"体积自由能"，以 ΔG_V 表示。

另一方面，在形成晶核的同时，在两相之间必然产生新的界面，晶核内部的每个原子都被其他原子均匀对称地包围着，而晶核表面层的原子却与液相中不规则排列的原子相接触，因而不能与周围原子作均匀对称的结合。这样，晶核内部的原子和晶核表面的原子所受的力是不同的，晶核表面的原子将偏离其规则排列的平衡位置，从而引起系统吉布斯自由能的升高，阻碍成核过程的进行。这部分能量与相界面的面积成比例，故称为"界面自由能"，

（简称界面能），以 ΔG_S 表示。

对于新相和旧相都是固态的系统，例如在固溶体内发生的相变，晶核的出现还可能引起附加的形变能（如可因新相与旧相的比容不同而使系统处于受胁状态）。同样，以 ΔG_E 来代表这部分能量。所以，成核过程能否自动进行，决定于以上各种能量总的变化趋势，即

$$\Delta G = \Delta G_V + \Delta G_S + \Delta G_E$$

由于在我们所考虑的相变系统中，旧相皆为流体相，故附加形变能 ΔG_E 可以忽略不计。对于表面能是最小的晶核，其晶核的平衡形状取决于晶体结构。为了简便起见，设形成的晶核是一半径为 r 的球形，根据上面所述，此时体系总的吉布斯自由能的变化应为

$$\Delta G(r) = -\frac{\frac{4}{3}\pi r^3}{\Omega_s} \cdot \Delta_g + 4\pi r^2 \gamma_{SL} \tag{3-54}$$

式中，Ω_s、Δ_g 前面已有定义，γ_{SL} 为晶体与流体相界面的比表面自由能。式（3-54）就是在亚稳流体相中形成一个半径为 r 的球形晶核时，引起系统吉布斯自由能的变化，可以将式（3-54）中的函数关系用曲线表示出来，如图 3-26 所示。

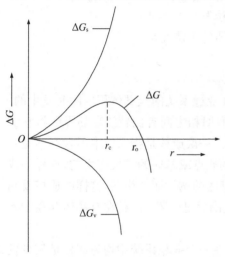

图 3-26 自由能与晶胚半径的变化关系

从图 3-26 中可以看出，当晶核半径 r 小于 r_0 时，界面自由能占主导优势。随着 r 的增大，因界面能的增加与 r^2 成比例，而体积自由能的降低却与 r^3 成比例，所以体积自由能要逐渐起作用。于是，$\Delta G(r)$ 开始时随 r 的增大而增加，当 r 增大至 r_c 时，$\Delta G(r)$ 亦增加至最大值 $\Delta G(r)(r_c)$，然后随 r 的增大，$\Delta G(r)$ 开始下降。由此可见，当晶核的半径 $r < r_c$ 时，晶核长大将导致系统自由能的增加。显然，这样的晶核是不稳定的，它要重新熔化而消失。而当晶核半径 $r > r_c$ 时，随着晶核的长大，系统自由能要降低，这时的晶核生长过程才能自动继续进行。当晶核半径 $r = r_c$ 时，晶核可能长大，也可能熔化，因为两种过程都可使系统的自由能降低，故将 r_c 称为晶核的临界半径，具有临界半径的晶核则称为临界晶核。图中 ΔG 曲线表明了促进成核过程进行的负体积自由能项和阻碍成核过程进行的正界面自由能项的总体效果。

临界晶核半径 r_c 不仅取决于材料本身的特性，还取决于过冷度的大小。r_c 的大小可用求极大值的方法得到。由式（3-52）令 $\frac{\partial \Delta G(r)}{\partial r} = 0$，则 $\frac{4\pi r^2 \Delta g}{\Omega_s} = 8\pi r \gamma_{SL}$，求得：

$$r_c = \frac{2\gamma_{SL}\Omega_s}{\Delta g} \tag{3-55}$$

如果我们将式（3-50）代入式（3-55），可得：

$$r_c = \frac{2\gamma_{SL}\Omega_s T_m}{l_m}\frac{1}{\Delta T} \tag{3-56}$$

由上式进一步可知，临界晶核半径与过冷度成反比；过冷度越大，临界晶核半径越小，如图 3-27 所示。如果已知某种材料的熔点、熔化潜热、比表面自由能以及单个原子的体积，就可根据式（3-56）计算出在一定过冷度下晶核的临界半径。

将式(3-55)代入式(3-54),即可求得形成临界晶核时,系统吉布斯自由能的变化。若这部分能量用 $\Delta G_c(r_c)$ 表示,则有

$$\Delta G_c(r_c) = \frac{16\pi\gamma_{SL}^3\Omega_S^2}{3(\Delta g)^2} = \frac{1}{3}A_c\gamma_{SL} \quad (3-57)$$

式中,A_c 为临界晶核的表面面积。

由式(3-57)可见,形成临界晶核时的自由能变化为正值,且等于形成临界晶核表面能的 1/3。也就是说,形成临界晶核时,所释放的体积自由能只能补偿表面自由能增高的 2/3,还有 1/3 的表面自由能必须由能量起伏提供,如图 3-28 所示。这一结论与晶核形状无关。因此,也称 $\Delta G_c(r_c)$ 为成核功,这部

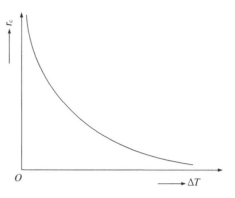

图 3-27　临界晶核半径伴随过冷度的变化曲线

分能量就是过冷熔体或过饱和溶液开始成核的主要障碍,过冷熔体或过饱和溶液迟迟不能成核的主要原因也正在于此。

再将式(3-55)及式(3-50)代入式(3-57)可得到:

$$\Delta G_c(r_c) = \frac{16\pi\gamma_{SL}^3\Omega_S^2 T_m^2}{3l_m^2} \cdot \frac{1}{(\Delta T)^2} \qquad (3-58)$$

在没有外部条件供给能量的情况下,成核功只能依靠熔体本身存在的能量起伏来供给。式(3-58)表明,对于一定的材料而言,临界成核功主要取决于过冷度。过冷度越大,临界成核功则越小,即形成临界晶核时所需要的能量起伏越小。如果熔体的过冷度很低,致使 $\Delta G_c(r_c)$ 很大,有可能使 $\Delta G_c(r_c)$ 的值超过体系内能量起伏的最大变化幅度,因而尽管此时熔体已经处于过冷,但仍不能有晶核自发形成,这就是低过冷度熔体能较长时间保持亚稳状态而不结晶的原因。所以,过冷仅是熔体结晶的必要前提,而欲使结晶作用得以发生,亦即有晶核自发形成,还必须使熔体的过冷度达到某一临界值才行。

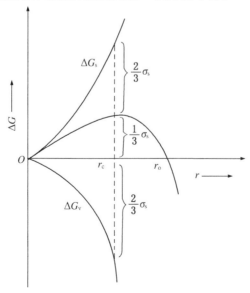

图 3-28　临界成核功与表面自由能的关系

2. 成核速率

晶核的形成速率是用单位时间、单位体积内亚稳相溶液中所形成的晶核数目 I 来表示的。I 值正比于晶核形成的概率,因此有

$$I = B\exp(-\Delta G_c/kT) \tag{3-59}$$

式中,ΔG_c 为临界晶核形成功;B 为比例常数,它决定于生长的动力学因素。

当从熔体中形成晶核时,应考虑到熔体黏度的影响。一般说来,对于确定的流体,黏滞系数 η 取决于流体的温度和压力。然而实验证明,通常在一定的温度和压力范围内,压力对 η 的影响几乎可以忽略不计,也就是说,η 可以被认为仅仅与温度有关,即 $\eta = \eta(T)$。

通常认为黏度与温度的关系可以表示成:

$$\eta = A\exp(\Delta G_b/kT) \tag{3-60}$$

式中,A——比例常数;

　　k——波尔兹曼常数。

尽管在温度低于熔点时固相吉布斯自由能比液相低,原子从液相向晶核转移时必须克服原子间的结合力而做功,也就是说,必须越过一个势垒。图 3-29 示意地表明了这种情况。原子为越过势垒所必须具备的额外能量叫做激活能。如图 3-29 中所示,假定一个原子由液相跳到临界晶核上的激活能为 ΔG_b。很显然,熔体的黏度随温度的降低而很快地增加,在晶核形成速率的方程中,比例常数 B 是与母液的黏度成反比的,即 $B \sim \dfrac{1}{\eta}$,黏度越大,晶核形成的速率则越小。

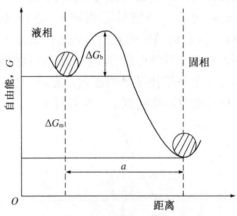

图 3-29　固-液界面的自由能

在此基础上,晶核形成的速率方程式(3-59)应表示为

$$I = K\exp(-\Delta G_b/kT) \cdot \exp(-\Delta G_c/kT) \tag{3-61}$$

式中,k 为比例常数。

由式(3-54)可知,随着温度的降低,过冷度(过饱和度亦然)即要增加,导致 ΔG_c 减小,最终导致式(3-61)中第 2 个指数项的增加。但是在这种情况下,由于母相黏度的增加而使该式中第一个指数项减小。这就是说,温度的降低既存在提高成核速率的因素,也同时存在降低成核速率的因素。因此,在晶核形成速率与温度关系曲线上就会出现一个最高点,如图 3-30(a)所示。图 3-30 (b)则是根据式(3-61)作出的另外一条曲线。这种曲线叫做成核

的动力学曲线。

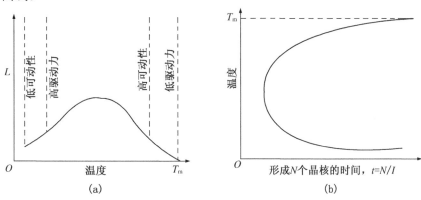

图 3 - 30 晶核形成速率与温度关系曲线

3. 成核速率与线性生长速度

如果把单位时间内在晶面上形成的层数定义为晶体的线性生长速度 V 的话,则与成核速率公式(3 - 61)相似,可以得到从熔体中生长晶体时的线性生长速度表达式:

$$V = K\exp(- \Delta G_b/kT) \cdot \exp(- A_c/kT) \tag{3 - 62}$$

式中,A_c 为二维晶核的形成功。对于完整的晶体来说,上式与实验结果符合得相当好。由于在同样的过冷度下,二维晶核在不同晶面上的成核功是不一样的,当然线性生长速度也就各不相同了。

在研究晶体生长的实验中,了解晶核形成速率与线性生长速度两曲线的相互位置是很重要的。实验证明,它们之间的典型关系如图 3 - 31 所示。

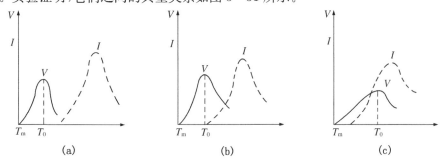

图 3 - 31 熔体中晶核形成和晶体成长的关系

晶体的熔点以 T_m 表示,熔体的过冷却温度为 T,则熔体的过冷度为 $\Delta T = T_m - T$。

当晶体线性生长速度的最快点温度 T_0 在晶核形成所必需的过冷却温度范围以外时,对晶体的生长是非常有利的。此时,晶体能在相当于其最大的线性生长速度的过冷度下生长,而不必担心有杂晶(籽晶以外的自发成核)生成。当熔体过冷度增大时,熔体中虽有晶核可自发形成,但此时的生长速度又是非常小的。所以,这样的生长系统是不可能有晶体自发析出的。

晶核形成速率曲线与晶体的线性生长速度曲线相交(见图 3 - 31(b))时,晶核的形成和晶体的生长可以在低于晶体生长最大速度温度 T_0 的某一温度范围内同时进行。在这种情况下,熔体中可以自发析出晶体,只是生长速度较慢,数量亦较少。

对于晶体生长最不利的情况如图 3-31(c)所示。此时晶体线性生长速度最高点对应的温度 T_0 处在晶核形成速率曲线之内。因此,熔体在低于晶体熔点 T_m 的某一温度时,晶核的形成和晶体的生长可同时进行,且生长速度非常缓慢。

在实际的晶体生长过程中,往往由于晶体表面有各种缺陷,从而降低了生长所需要的过冷度,即使得 T_0 向左移动,从这一点上来讲,对晶体生长是有利的。然而,在具体的生长过程中,温度的波动及杂质颗粒和容器粗糙表面的诱发成核又是不能不考虑的,因为这些都是减小亚稳区的重要因素。因此,在生长实际中,如果不去设法克服这些因素带来的不利影响或不了解它们所遵循的客观规则,而是一味盲目地加大过冷度以期提高生长速度,则会欲速而不达,影响晶体的质量。

3.3.5 非均匀成核

均匀成核理论告诉我们,晶核在亚稳流体相中各处的成核概率是相同的,同时需要克服相当大的表面能位垒,即需要相当大的过冷度(或过饱和度)才能成核。例如,均匀成核理论预言,水蒸气中冰晶的成核,其临界过饱和度为 3.4;水凝固时,其临界过冷度则为 40℃。当然,有些已为实验所证实,但是,也发现在许多亚稳流体相中,成核所需要的过冷度(或过饱和度)远低于均匀成核理论所预言的数值。研究发现,由于在这些亚稳态的流体相中总是包含有微量杂质和各种外表面,进行相变的物质系统将通过在杂质或各种外表面上成核,力图减少由于系统表面能增加所造成的障碍,结果是原有的界面被"消除",而净表面能的变化就可获得某种程度的减少。

由于亚稳相中存在着这些不均匀性,例如各种杂质、容器壁或坑洞等,而这些不均匀性皆有效地降低了成核时的表面能位垒,晶核也就优先在这些不均匀处形成,这就是我们要讲的非均匀成核。凡是能有效地降低成核位垒促进成核的物质统称为成核促进剂。存在成核促进剂的亚稳系统,系统中空间各点的成核概率当然也就不同了。

1. 熔体的表面张力——表面能

表面能是指将表面增大一个单位面积所需要做的功,以 σ 表示之,单位是 erg/cm^2($1erg$ $=10^{-7}J$)。如果作用于液体表面单位长度周界上的一个力,其方向是沿周界的内法线并与界面相切,这样向外拉,于是就增大了液体表面而做了功,在长为 $1cm$ 的周界上作用一力,此力将周界拉长 $1cm$,使液体表面积增加 $1cm^2$,若此力所做功为 σerg,则此力大小正好为 $1N$。这个力是用来抵消表面单位长度上的收缩表面之力的。这个力我们称之为表面张力,其单位是 dyn/cm($1dyn/cm^2=0.1Pa$)。表面能的单位经过简化后其单位也可以表示成 dyn/cm^2。因此,液体的表面能和表面张力的数值与量纲是相同的。以后涉及表面能时往往就用表面张力来代替。

熔体表面张力的大小会直接影响液-固表面的浸润程度。一些熔体的表面张力数值列于表 3-5 中。其中,B_2O_3 熔体的表面张力很小,这是由于硼熔体中硼氧三角体平面可以按平行于表面的方向排列。这样,熔体内部和表面之间能量差别就比较小。因此,B_2O_2 常常用作降低表面张力的组分。各种氧化物添加剂对熔体表面张力的影响很不相同,如 Al_2O_3、CaO、MgO、SiO_2 等能提高表面张力;而 K_2O、PbO、B_2O_3、Sb_2O_3、Cr_2O_3 等引入量较大时,均能显著降低熔体的表面张力。

表 3 - 5 熔体的表面张力

熔体	温度/℃	σ	熔体	温度/℃	σ
H_2O	0	70	ZrO_2	1 300	350
B_2O_3	900	80	GeO_2	1 150	250
P_2O_3	100	60	SiO_2	1 300	290
PbO	1 000	128	FeO	1 420	585
Na_2O	1 300	200	钙钠熔体 Na_2O：CaO：SiO_2 =16：10：74(重量)	1 000	316
Li_2O	1 300	450	钠硼酸盐熔体 Na_2O：B_2O_3：SiO_2 =20：10：70(重量)	1 000	285
Al_2O_3	2,150	550	瓷器中玻璃相	1 000	320
	1 300	380	瓷釉	1 000	250～280

另外,熔体内原子(离子或分子)的化合键型对其表面张力也有很大影响。其规律是:具有金属键的熔体表面张力 ＞ 共价键 ＞ 离子键 ＞ 分子键。当两种熔体混合时,一般不能单纯将它们各自的表面张力值用加合法计算。由于表面张力小的熔体在混合后会聚集在表面上,因此,即使少量的加入也可以显著地降低混合熔体的表面张力。

大多数熔体的表面张力都是随温度升高而降低(负的温度系数)。有资料表明,一般,当温度提高 100℃时,表面张力减少 1％左右。

2. 接触角

为了定量描述相交接处的具体情况,我们引入接触角的概念,先从大家熟悉的液滴开始讨论。

液体与固体表面相接触时,使固体的表面能下降的现象称为浸润。浸润的程度与两相的表面张力有关。

当把一液体滴在固体表面上时,就形成了一个固—液—气系统。平衡时,液滴可能会出现 3 种不同的情况,如图 3 - 32 所示

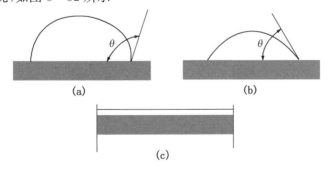

图 3 - 32 浸润与液滴的形状
(a) 不浸润;(b) 浸润;(c) 完全浸润;液体铺开

浸润程度通常用接触角 θ 来表示,它是指液体表面张力 γ_{LV} 和固—液界面张力 γ_{SL} 之间

的夹角。固—气界面张力 γ_{SV} 是力图把液体拉平,掩盖固体的表面以使表面能得到下降。而液体的表面张力 γ_{LV} 和固—液界面张力 γ_{SL} 是力图使液体变成球形。当平衡时,在三个相的交点处,作用力应达到平衡,可成立下式:

$$\gamma_{SV} = \gamma_{SL} + \gamma_{LV}\cos\theta \text{ 或 } \cos\theta = \frac{\gamma_{SV} - \gamma_{SL}}{\gamma_{LV}} \qquad (3-63)$$

根据式(3-63)可知:①如果 $\gamma_{SV} - \gamma_{SL} = \gamma_{LV}$,则有 $\cos\theta = 1$,$\theta = 0$ 完全浸润,液体在固体表面铺开来,当 $\gamma_{SV} - \gamma_{SL} > \gamma_{LV}$ 时,θ 角也是等于零,相当于图3-28中(c)的情况;②如果 $\gamma_{SV} - \gamma_{SL} < \gamma_{LV}$ 时,则有 $1 > \cos\theta > 0$,$\theta < 90$,固体能被液体浸润,相当于图3-28中(b)的情况;③当 $\gamma_{SV} < \gamma_{SL}$ 时,则 $\cos\theta < 0$,$\theta > 90$,固体不被液体所浸润,相当于图3-28中(a)的情况。

若干两相系统的接触角及界面能如表3-6所示。

表3-6 几种二相系统的接触角及界面能

液相	固相	温度/℃	周围气氛	$\theta/°$	界面能/(erg·cm^{-2})		
$Na_2Si_2O_5$	Ag	900	He 或 H_2	70	275	1 440	1 045
			空 气	0			
	Cu	900	He 或 H_2	60	275	1 650	1 510
$SiO:Na_2O:CaO$ $=74:16:10(ut\%)$	Pt	1 080	$N_2 + H_2$	64			
			空 气	25 或 0			
Al_2O_3	W	2 150	真 空	50			
			N_2	36			
			H_2	17			
Ag	Al_2O_3	1 100	N_2	115	920	900	1 300
			空 气	95			

我们再来看看在液相中于基底上形成一固相晶核的情况,如3-33图所示。

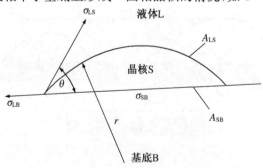

图3-33 非均匀成核示意图

在以下的讨论中,认为表面张力在数值上就等于表面自由能,同时定义如下:

σ_{LS} ——晶体与流体相之间的比表面自由能;

σ_{SB}——晶体与基体之间的比表面自由能；

σ_{LB}——基底与流体之间的比表面自由能。

在三相交接点处，为了满足力学平衡条件，同样有：

$$\sigma_{LB} = \sigma_{SB} + \sigma_{LS}\cos\theta \quad \text{或} \quad \cos\theta = \frac{\sigma_{LB} - \sigma_{SB}}{\sigma_{LS}} \tag{3-64}$$

在无机材料中，主晶相与其同一系统的低共熔物所组成的系统，都是浸润的。例如，Al_2O_3 被 $MgO-Al_2O_3-SiO_2$ 系统的低共熔物所浸润。

3. 成核功及临界半径

在讲非均匀成核时，多是以球冠形晶核的形成为例来说明。当然，如果晶核不是球冠形的，对下述的讨论及结论也并无实质性的影响。

若假定形成晶核的固体基底为一平面，诸界面能亦为各向同性，流体于基底上形成如图 3-33 所示的一个球冠形晶核。

由初等几何可以求出球冠状晶核的体积 V_s、晶核与流体相之间的界面面积 A_{LS} 及晶核与基底之间的界面面积 A_{SB} ，即

$$V_s = \frac{\pi r^3}{3}(2+\cos\theta)(1-\cos\theta)^2$$

$$A_{LS} = 2\pi r^2(1-\cos\theta) \tag{3-65}$$

$$A_{SB} = \pi r^2(1-\cos^2\theta)$$

式中，r 为球冠状晶核的半径。当球冠状晶核在基底上形成之后，系统中吉布斯自由能的变化为

$$\Delta G^*(r) = -\frac{V_s}{\Omega_S}\Delta g + (A_{LS}\sigma_{LS} + A_{SB}\sigma_{SB} - A_{SB}\sigma_{LB}) \tag{3-66}$$

此即球冠状晶核的成核功，以"*"表示之。

将式(3-65)代入式(3-66)，并利用式(3-64)的关系，可以得到：

$$\Delta G^*(r) = \left(-\frac{4\pi r^3}{3\Omega_S}\Delta g + 4\pi r^2\sigma_{LS}\right) \cdot \frac{(2+\cos\theta)(1-\cos\theta)^2}{4} \tag{3-67}$$

将式(3-67)对 r 求微商，并令 $\dfrac{\partial \Delta G^*(r)}{\partial r} = 0$ ，可得球冠状晶核的临界曲率半径 r_c 为

$$r_c = \frac{2\sigma_{LS}\Omega_S}{\Delta g} \tag{3-68}$$

将式(3-68)中的 r_c 值代入式(3-67)，则可求得形成球冠状临界晶核所需要的成核功：

$$\Delta G^*(r) = \frac{16\pi\Omega_S^2\sigma_{LS}^3}{3\Delta g^2} \cdot \frac{(2+\cos\theta)(1-\cos\theta)^2}{4} \text{，或记为}$$

$$\Delta G^*(r) = \frac{16\pi\Omega_S^2\sigma_{LS}^3}{3\Delta g^2} \cdot f(\theta) \tag{3-69}$$

式中，$f(\theta) = \dfrac{(2+\cos\theta)(1-\cos\theta)^2}{4}$ 。

比较式(3-53)和式(3-69)，可以得到 $\Delta G_c^*(r_c^*) = \Delta G_c(r_c) \cdot f(\theta)$ 。由于接触角 $0° \leqslant \theta \leqslant 180°$ ，故 $-1 \leqslant \cos\theta \leqslant 1$ 。由 $f(\theta)$ 的表示式可以看出，有 $0 \leqslant f(\theta) \leqslant 1$ ，因此可得到：

$$\Delta G_c^*(r_c^*) \leqslant \Delta G_c(r_c) \tag{3-70}$$

式(3-70)是一个很重要的关系式，它告诉我们为什么非均匀成核要比均匀成核容易些

的原因。非均匀成核所需要的能量起伏较小,所以它可以在较小的过冷度下发生。

非均匀成核时的成核速率表达式与均匀成核的相似,只是由于 $\Delta G_c^*(r_c^*) \leqslant \Delta G_c(r_c)$,才使得非均匀成核在较小的过冷度下获得较高的成核速率。图 3-34 为均匀成核与非均匀成核时的 $N-\Delta T$ 曲线示意图。曲线表明,非均匀成核的成核速率在过冷度不大时的增长较为平缓,与最大成核速率相对应的 ΔT 较小,而在成核速率达到最大值后曲线下降并且中断,可以认为是由于非均匀成核的"基底"有限,在成核过程中它们不断被消耗而迅速减少所致。曲线也表明,当非均匀成核的成核速率达到相当可观的程度时,均匀成核仍是微不足道的。究其原因,就是因为不溶性固体(杂质、坩埚壁等)基底平面的存在,直接影响晶核的比表面自由能,从而影响晶核的形成功。

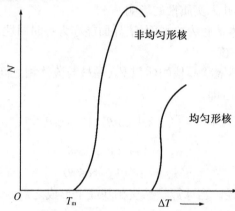

图 3-34　成核率随过冷度变化的曲线

如果将式(3-68)代入临界球冠状晶核表面自由能的表达式中,可以得到:

$$\Delta \varphi_c^* = \frac{16\pi\Omega_S^2\sigma_{LS}^3}{\Delta g^2} \cdot f(\theta) \tag{3-71}$$

比较式(3-69)和式(3-71),可知:

$$\Delta G_c^*(r_c^*) = \frac{1}{3}\Delta \varphi_c^* \tag{3-72}$$

这一结论同均匀成核时完全相同。

由式(3-68)和式(3-71)可以看出,非均匀成核的临界半径同均匀成核的临界半径是完全相同的。这并不奇怪,因为弯曲界面的平衡条件告诉我们,只要相变驱动力的条件相同,则表面上任何一部分的平衡就仅仅取决于该部分的曲率半径,而与其表面形状无关。

下面,对式(3-69)进行几点讨论:

(1) 当 $\theta = 0°$ 时,$f(\theta) = 0$,$\Delta G_c^*(r_c^*) = 0$,这是完全浸润的情况,此时在无过冷度的情况下晶体即可成核生长,即在基底平面上形成晶核所需要的成核功为零,在基底上的流体相可直接转变成晶体。这也是比较容易理解的,因为 $\theta = 0°$,表示完全浸润,在基底上将覆盖一层具有宏观厚度的晶体薄层,这种情况可等价于籽晶生长或同质外延。

(2) 当 $\theta = 180°$ 时,$f(\theta) = 1$,$\Delta G_c^*(r_c^*) = \Delta G_c(r_c)$,这是完全不浸润的情况,此时晶核只与基底相切于一点;球冠状晶核完全变成球形晶核,基底对成核不再起任何催化作用。

(3) $0° < \theta < 180°$ 时,$-1 < \cos\theta < 1$,$\Delta G_c^*(r_c^*) < \Delta G_c(r_c)$,这是比较一般的情况。此时,基底平面上形成晶核所需的成核功小于在自由空间形成球状晶核所需要的成核功。

　　由于含有一定数目原子的晶核,它在基底表面形成一个球冠体时要比形成一个体积与球冠体体积相同的完整球体具有更大的曲率半径,因此在一定的过冷度下,具有临界半径的附着在基底表面上形成球冠体的晶核,要比在液相中形成一个具有同样的曲率半径的球体晶核所含的原子数目少很多。所以,当附着在适当的界面上成核时,体积较小的晶核便有可能达到临界半径,因此在较小的过冷度下,非均匀成核便开始了。

　　当在基底表面形成球冠状晶核时,在球冠体体积一定的情况下,接触角越小,球面的曲率半径将越大。因此,在一定的过冷度下,液相中可能出现的最大晶核的体积折合成同样大小体积的球冠体时,球冠体的曲率半径将随 θ 角而异;θ 角越小,与其相应的曲率半径将越大,这样,在较小的过冷度下便可出现达到临界半径条件的晶核。图 3-35 为有不同的接触角时过冷度与曲率半径 r 的关系。它们与临界半径 r_c^* 和 ΔT 的关系曲线的交点,即为该 θ 角相应的成核过冷度。从图 3-35 中可知,θ 角越小,成核过冷度越小,即表示这样的基底界面对成核的催化效能就越高。但上述情况必须有几个先决条件,首先是接触角和温度无关,其次是基底面积要大于晶核接触所需要的面积,最后是晶核和基底的接触面为平面。

　　由此可见,在生长系统中具有不同接触角的基底材料在成核过程中所起的作用是不同的。据此可以根据实际需要来选择基地材料。例如,为了防止在坩埚和容器壁上结晶,可使用接触角接近 180° 的坩埚材料。又如在外延生长中,则尽量选用接触角接近于 0° 的材料作为基底。当然,这里强调的原则是来自成核理论,实际上坩埚或基底材料的选择还要考虑其他许多重要因素的影响。

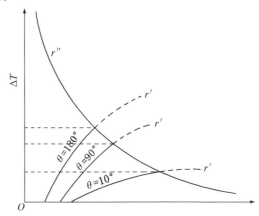

图 3-35　均匀成核的成核过冷度与接触角的关系

　　下面我们来讨论质及形状对非均匀成核的影响。

　　从上述分析可以看出,晶核与基底之间的接触角是一个很重要的参数。但是究竟有哪些因素影响接触角的大小,目前还不太清楚。

　　从非均匀成核的成核功表达式可以看出,接触角趋于零时,成核的效能最高,甚至在没有过冷度的情况下也能成核。从式 $\cos\theta = \dfrac{\sigma_{LB} - \sigma_{SB}}{\sigma_{LS}}$ 可知,当 $\theta \to 0°$ 时,$\cos\theta \to 1$,即 σ_{SB} 趋于最小,因为通常总是 $\sigma_{LB} > \sigma_{LS}$,这是由于液体和晶核间的原子排列较为接近的缘故。为使 $\cos\theta$ 不出现负值,σ_{SB} 应小于 σ_{LB},而且是越小越好,因为 σ_{SB} 越小,则 $\cos\theta$ 值越有可能趋近于 1。因此,晶核和基底间的表面能越小,就越有利于非均匀成核。根据表面能产生的原因,不难理解,两个相互接触的晶面结构(点阵类型、晶格常数、原子大小)越近似,它们之间的表面能就越小,即使只在接触面的某一方向上结构排列配合得比较好,也会使表面能有所降低。这个规律称为"结构相似,尺寸相似"原理,也称为点阵匹配原理。凡是满足点阵匹配原理的界面,就可能对成核起到催化作用。通常用错位度 δ 来表示界面上晶核原子与基底原子相互间的匹配情况,即 $\delta = \dfrac{a_c - a_N}{a_N}$,式中,$a_c$ 为基底的晶格常数;a_N 为晶核的晶格常数。

δ 值越小,说明两者匹配得越好,其间的表面能就越低。因此,非均匀成核的过冷度也就越低。当 δ 值很小时,过冷度 ΔT 与 δ 之间有如下关系:$\Delta T \propto \delta^2$

有许多实验证明,如果单纯从晶体学的角度来认识上述问题是很不全面的。例如研究发现,纯金小液滴在碳化物或氧化物基底上成核时,尽管氧化物在结构及晶格常数方面与金差别较小,但促进非均匀成核的作用却远不及碳化物。为此有人提出了一种静电作用理论,认为表面能中含有一项恒为负值的静电能,当基底导电性较高时,静电能的绝对值越大,从而可以使晶核和基底间的表面能越小。这种基底促进非均匀成核的作用较大。碳化物之所以有较强烈的促进成核作用,正是由于它的导电性较好。

另外,假若供成核的界面不是平面,而是曲面,则界面的曲率大小与方向(凸、凹)会影响界面的催化效果。图 3-36 表示在三个不同形状的基底界面上形成的三个晶核,它们具有相同的曲率半径和相同的 θ 角,但三个晶核的体积却不一样。凸面上形成的晶核体积最大,平面上次之,凹面上最小。由此可见,在曲率半径、接触角相同的情况下,晶核体积随界面的曲率不同而不同。凹面成核效能最高,它的成核过冷度比之平面、凹面上的成核过冷度都要小。

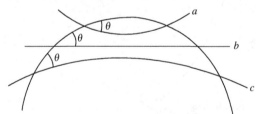

图 3-36　θ 角与曲率半径相同时,不同类型面上形成的核的体积
(a) 凹面;(b) 凸面;(c) 平面

第4章 金属的凝固

金属的凝固，是材料科学与材料工程研究的重要内容。液态金属的凝固过程决定着其凝固以后的凝固组织，并且影响到凝固过程中产生的偏析、气孔、缩孔、裂纹等凝固缺陷。因此，研究金属的凝固过程对获得具有良好性能的铸件具有非常重要的指导作用。

金属凝固时各组元将按一定规律进行分配，并对最后凝固组织的形成起到重要作用。按照液态金属凝固过程中晶体形成的特点，合金可以分为单相合金和多相合金两类。单相合金是凝固过程中只析出一个固相的合金，如固溶体、金属间化合物等；多相合金是凝固过程中同时析出两个以上新相的合金，如具有共晶、包晶或偏晶转变的合金。

本章将讨论凝固过程的基本原理。

4.1 单相合金的凝固

单相合金是指在凝固过程中只析出一种固相的合金，这类合金的凝固过程是最基本的凝固过程，掌握其基本规律是我们了解凝固过程的基础。

4.1.1 平衡凝固过程中的溶质再分配

除纯金属外，单相合金的凝固过程一般是在一个固液两相共存的温度区间内完成的。在从液相转变为固相的这个温度区间内的任一点，生成的固相和残留的液相具有不同的成分，因此，凝固过程中固相和液相之间必然存在着传质过程，整个凝固过程中，固－液界面两侧将不断地进行着溶质元素的再分布过程，这称作合金凝固过程中的溶质再分配。

1. 平衡分配系数

如图 4-1 所示，固－液界面两侧溶质成分分离的系统势力学特征可以用平衡分配系数 k_0 来表示，k_0 的定义是在某一给定温度下（如图 4-1 中的 T_0），平衡固相溶质浓度 C_S 与液相溶质浓度 C_L 之比为

$$k_0 = \frac{C_S}{C_L} \tag{4-1}$$

k_0 的实质是合金凝固过程中，在固、液两相共存的条件下，用来描述溶质原子在固－液界面两侧的平衡分配特征的。当近似地将合金的固相线和液相线看作直线时，容易证明对于某给定的合金系统，k_0 是一常数。

在图 4-1(a) 中，合金的熔点随着溶质浓度的增加而降低，$C_S < C_L$，$k_0 < 1$；在图 4-1(b) 中，合金的熔点随着溶质浓度的增加而升高，$C_S > C_L$，$k_0 > 1$。而对于大多数单相合金而言，$k_0 < 1$。下面将就 $k_0 < 1$ 的情况进行说明，其结论对 $k_0 > 1$ 的情况也适用。

事实上，凝固是一个非平衡的过程，界面不可能处于绝对的平衡状态。但是，单相合金的固液界面绝大多数是连续生长的粗糙界面，生长过程中的能障小，非常小的动力学过冷度便可以使界面产生可观的生长速度，因此可以近似地认为，在凝固时的传热、传质和界面反

应这三个过程中,单相合金晶体的生长可以忽略原子通过界面时的阻力,而仅取决于传热和传质,界面处的固、液两相始终处于局部平衡状态之中,这就是所谓的界面平衡假设,这是后面讨论合金凝固过程问题的重要基础。它对一般凝固条件下的具有粗糙界面凝固相的生长和速度缓慢的单晶体可控生长表现出良好的近似。对平整界面凝固相的一般生长,与实验结果有一定偏离。

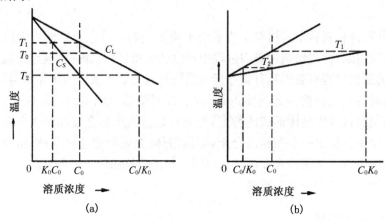

图 4-1 单相合金的平衡分配系数

(a) $k_0 < 1$;(b) $k_0 > 1$

2. 平衡凝固时的溶质再分配

实际情况下,晶体的凝固过程几乎不可能达到平衡凝固,如果想达到平衡凝固,必须具备 $R^2 \langle (D_S/t$ 的条件。D_S 为溶质在固相中的扩散系数,t 为时间)。即便如此,了解合金平衡凝固时的溶质再分配,将对后面学习非平衡凝固时的溶质再分配规律有所帮助。

如果单相合金在其凝固的任一时刻,固、液两相都可以通过充分的传质过程而使各自的成分(溶质浓度)变化按照其平衡相图进行,那么,这种凝固过程就称作单相合金的平衡凝固。如图 4.1 所示,假设合金的原始成分为 C_0,固、液两相在某一瞬间(如温度为 T_0 时)的平衡成分为 C_S 和 C_L,各自的质量分数为 f_S 和 $f_L (f_S + f_L = 1)$,由溶质原子守恒规律,将有:

$$C_S f_S + C_L f_L = C_0 \tag{4-2}$$

结合公式 4-1,可以得出平衡凝固时的溶质再分配规律:

$$C_S = \frac{C_0 k_0}{1 - f_S(1 - k_0)}$$

$$C_L = \frac{C_0}{k_0 - f_L(1 - k_0)} \tag{4-3}$$

当单相合金开始凝固时,$C_L = C_0$,$C_S = C_0$;在凝固进行过程中的任一瞬间,新生成固相将多余的溶质排到液相中,使新生成固相的溶质浓度随平衡相图中的固相线变化,而液相的溶质浓度同样将随平衡相图中的液相线变化,且有 $C_S = C_L$,如图 4-1(a)所示;凝固将要结束时,$C_S \approx C_0$,$C_L \approx C_0/k_0$。平衡凝固时,虽然有溶质再分配现象,但是凝固完成之后,将获得与原始液态合金成分完全相同的单相均匀固溶体组织。

4.1.2 非平衡凝固的溶质再分配

在实际的凝固过程中,铸件的热扩散系数在 $10^{-2} \text{cm}^2/\text{s}$ 数量级,而溶质原子在液态金属

中的扩散系数 D_L 只有 $10^{-3} \sim 10^{-5} \, cm^2/s$ 数量级，溶质原子在固相中的扩散系数更小，在 $10^{-8} \, cm^2/s$ 数量级。这就意味着，在合金的凝固过程中，扩散过程是远远落后于凝固过程的，因此，平衡凝固的条件是很难实现的，实际的凝固过程都是非平衡凝固。

在非平衡凝固过程中，溶质再分配的规律主要取决于液相的传质条件，下面讨论一个恒截面单相合金的水平圆棒自左向右的凝固过程。假设其原始成分为 C_0，界面前方为正温度梯度，界面处的固、液两相始终处于局部平衡状态之中，且始终忽略溶质原子在固相中微乎其微的扩散过程。

1. 固相无扩散、液相均匀混合时的溶质再分配

假设液态金属的凝固过程较为缓慢，其固相中无溶质扩散，液相在任何时刻均可通过扩散、对流或强烈搅拌而使溶质完全均匀，如图 4-2 所示，当液态金属左端温度到达 T_L 时，凝固开始。此时，固相成分为 k_0C_0，液相成分近似为 C_0；温度继续下降，界面在推移的过程中，其两侧的固、液成分也不断发生变化。由于液相均匀混合，其平均成分与界面处的平衡成分相同。此时，设固、液两相的质量分数分别是 f_S 和 f_L，由质量守恒定律可得：

$$\overline{C_S} f_S + \overline{C_L} f_L = C_0 \tag{4-4}$$

如果对固相的溶质浓度取平均值 $\overline{C_S}$，则固相的半均成分将沿着虚线 1～2 变化，而与原来平衡条件下的固相线发生偏离，如图 4-2(d) 所示，以致在到达平衡凝固结束温度 T_2 时，仍然有一部分液相残余。如果虚线 1～2 所示成分在温度 T_E 时仍小于 C_0，则残留液相将以共晶成分凝固成共晶组织。

对此过程的溶质再分配规律可作如下推导[1]：

在凝固过程中的某一瞬间，固、液两相在界面处的成分分别是 C_S^* 与 C_L^*（由于液相均匀混合，其成分为 $C_L = C_L^*$），相应的质量分数为 f_S 和 f_L，当界面处的固相增量为 df_S 时，其排出的溶质量为 $(C_L^* - C_S^*)df_S$，相应地使剩余液相 $1-f_S$ 的浓度升高 dC_L^*，则有

$$(C_L^* - C_S^*)df_S = (1-f_S)dC_L^* \tag{4-5}$$

由于 $C_L^* = C_S^*/k_0$，代入上式可得：

$$\left(\frac{C_S^*}{k_0} - C_S^*\right)df_S = (1-f_S)\frac{dC_S^*}{k_0}$$

$$\frac{1}{1-k_0}\frac{dC_S^*}{C_S} = \frac{df}{1-f_S}$$

$$\frac{1}{1-k_0}\int\frac{dC_S^*}{C_S} = \int\frac{df_S}{1-f_S}$$

$$\frac{1}{1-k_0}\ln C_S^* = -\ln(1-f_S) + A \tag{4-6}$$

解得：

$$C_S^* = A(1-f_S)^{k_0-1} \tag{4-7}$$

在初始条件 $f_S = 0$ 时，$C_S^* = k_0C_0$，得：

$$C_S^* = k_0C_0(1-f_S)^{k_0-1} \tag{4-8}$$

或

$$C_L = C_0 f_L^{k_0-1} \tag{4-9}$$

此即著名的夏尔（Scheil）公式，或非平衡凝固时的杠杆定律，描述的是固相无扩散、液相均匀混合情况下的溶质再分配规律。但是当 f_S 趋向于 1，即凝固过程临近结束时，该表达式

是不适用的。

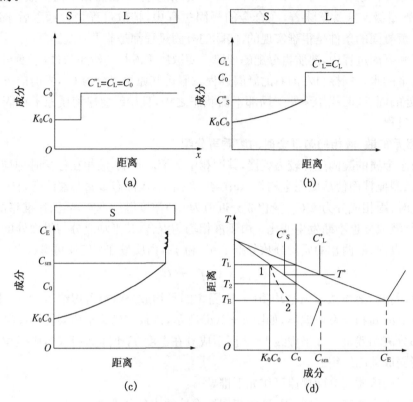

图 4-2 溶质在液相中均匀混合时的溶质再分配
(a) 开始凝固;(b) 温度为 T^* 时的情况;(c) 凝固结束;(d) 平衡相图

2. 固相无扩散、液相只有有限扩散而无对流或搅拌时的溶质再分配

现在分析固相无扩散、液相只有扩散而无对流或搅拌时的单相合金凝固过程。如图 4-3 所示,当金属液的温度到达 T_L 时,凝固开始进行,析出成分为 k_0C_0 的固相(见图 4-3(a)),随着晶体的生长,将不断向界面前沿排出溶质原子并通过扩散向液相内部传递。

设 R 为界面生长速度,x 是以界面为原点沿其法向伸向液相的动坐标,$C_L(x)$ 为液相中沿 x 方向的浓度分布,$\left. \dfrac{\partial C_L(x)}{\partial x} \right|_{x=0}$ 为界面处液相中的浓度梯度。单位时间内单位面积界面处排出的溶质量 q_1 和扩散走的溶质量 q_2 分别为

$$q_1 = R(C_L - C_S) = RC_L(1 - k_0) \tag{4-10}$$

$$q_2 = -D_L \left. \frac{\partial C_L(x)}{\partial x} \right|_{x=0} \tag{4-11}$$

凝固初期,$q_1 > q_2$,结果是使溶质原子在界面前沿进一步富集,从而降低了界面处液相线温度(参见相图),即降低了界面处液相凝固时要达到的温度,只有温度进一步下降时界面才会继续生长。这一时期的凝固特点是,随着界面的向前推进,界面处固、液两相平衡浓度 C_S^* 与 C_L^* 持续上升,这是初期过渡阶段(见图 4-4);随着凝固的继续进行,由于溶质在界面前沿的富集,使液相中的浓度梯度急剧上升,使 q_2 增大的速率比 q_1 快,两者之间的差值迅速减小,当 $q_1 = q_2$ 时,界面上排出的溶质量与扩散走的溶质量相等,此时晶体进入稳定生长阶段

（见图 4-5）。由于界面处的溶质富集不再增大，界面处固、液两相将会以恒定的平衡成分向前推进，界面前方的液相中会维持一个稳定的溶质分布状态；凝固继续进行，在临近结束时，富集的溶质集中在残余液相中无法进一步扩散，于是界面前沿溶质富集加剧，界面处固、液两相的平衡浓度上升，形成了晶体生长的最后过渡阶段。凝固完成后的固相浓度分布见图 4-3(b)。

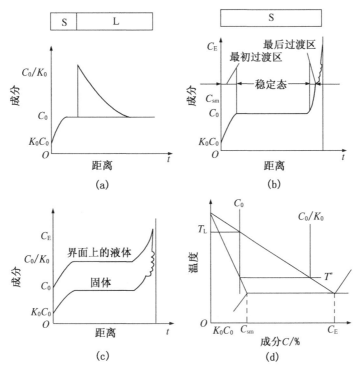

图 4-3 溶质在液相中只有有限扩散时的溶质再分配曲线

(a) 稳定阶段；(b) 凝固的三个阶段；(c) 凝固过程固、液相成分变化；(d) 平衡相图

对于界面前方液相中的浓度分布 $C_L(x)$，可以作如下考虑：当界面以速度 R 从左向右推进时，相当于有 $RC_L(x)$ 的溶质，从右向左地输入界面，同时，由于扩散作用，有 $D_L \dfrac{\partial C_L(x)}{\partial x}$ 的溶质自界面从左向右的输出，故溶质在界面上的总通量为

$$J = -R - C_L(x) - D_L \frac{\partial C_L(x)}{\partial x} \quad (4-12)$$

由菲克第二定律得：

$$-\frac{\partial J}{\partial x} = \frac{\partial C}{\partial t} \quad (4-13)$$

将(4-12)代入上式，有：

$$\frac{\partial C_L(x)}{\partial t} = D_L \frac{\partial^2 C_L(x)}{\partial x^2} + R \frac{\partial C_L(x)}{\partial x} \quad (4-14)$$

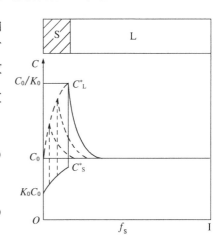

图 4-4 初期过渡阶段

在稳定生长阶段，$\frac{\partial C_L(x)}{\partial t}=0$，边界条件为 $x=0,q_1=q_2,x=\infty,C_L(x)=C_0$，再结合式 (4-10)、式(4-11)，最终可以求得：

$$C_L(x) = C_0\left[1 + \frac{1-k_0}{k_0}\mathrm{e}^{\frac{R}{D_L}x}\right] \tag{4-15}$$

这便是稳定生长阶段，固相无扩散、液相只有有限扩散而无对流或搅拌的条件下，界面前方液相中溶质浓度分布规律。

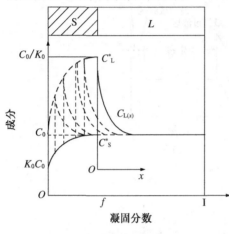

图 4-5 稳定生长阶段

不难看出，$C_L(x)$ 随 x 的增加而迅速下降为 C_0，从而在界面前方形成一个急速衰减的溶质富集边界层。当 $x=0$ 时，可求得界面处液相平衡浓度 $C_L* = C_0/k_0$，相应的固相平衡浓度 $C_S* = C_0$，正如图 4-5 所表示的情况。稳定生长的结果，可以获得中间为均一 C_0 成分的单相合金。

3. 固相无扩散、液相部分混合的溶质再分配

以上是两种极端情况下的溶质再分配。实际上，液相既不可能达到完全均匀的混合，也不可能只存在扩散，所以实际的晶体生长过程是介于上述两者之间的：在紧靠界面的前方，存在着一薄层对流作用不到的液体，称作扩散边界层。在边界层内，溶质原子只能依靠扩散进行传输，而在边界层外，液相可以借助对流或搅动来达到完全混合。其溶质再分配情况介于上述两种极端情况之间（见图 4-6(b)）。边界层厚度 δ 起着决定性的作用：δ 随着液相流动作用的加强而减小，当对流或搅动作用非常微弱时，$\delta\to\infty$，其溶质再分配规律接近于液相只有有限扩散的情况（见图 4-6(a)）；相反地，当对流或搅动作用非常强，以致使 $\delta\to0$ 时，其溶质再分配规律又与液相完全混合时相同（见图 4-6(c)）。一般情况下，溶质再分配的规律略为复杂，其具体溶质再分配的规律请参阅相关文献。为了简便计，在以下相关的讨论内容中，我们仅以液相中只存在扩散传质的情况为例来研究界面前沿溶质再分配对晶体生长过程的影响。

4.2 界面稳定性与晶体形态

要讨论合金的凝固过程，必须涉及到凝固过程中熔体的过冷。固、液界面前方熔体中的过冷状态将强烈地影响着界面的生长方式和晶体的形态。本节将以单相合金为例，重点说明凝固过程中的成分过冷及其对凝固过程的影响。

4.2.1 凝固过程中的成分过冷

凝固过程中的溶质再分配引起固、液界面前沿的溶质富集，导致界面前沿熔体的液相线改变，从而可能产生所谓的"成分过冷"。本小节主要介绍成分过冷的形成条件、成分过冷的判据等。

经过前面的讨论，我们已经了解到，在凝固过程中，固、液界面处的液相中的溶质含量与远离界面处的液相中的溶质含量是不同的，这种溶质分布的不均匀，必然会引起熔体各部分液相线温度（开始凝固的温度）的不同。在图 4-6 所示的合金中，近似地把液相线看作直线,则其斜率 m 为常数(当 $k_0 < 1$ 时,$m < 0$;当 $k_0 > 1$ 时,$m > 0$;这里讨论 $k_0 < 1$ 的情况)。液相线温度 T_L 与其相应成分 C_L 之间的关系为:$T_L = T_0 + mC_L$,T_0 为纯金属熔点。结合式(4-15)得出界面前沿熔体中液相线温度的变化规律为

$$T_L = T_0 + mC_L = T_0 + mC_0\left[1 + \frac{1-k_0}{k_0}e^{\frac{R}{D_L}x}\right] \tag{4-16}$$

又,界面前沿液相的实际温度为

$$T_x = T_0 + \frac{mC_0}{k_0} + xG_L \tag{4-17}$$

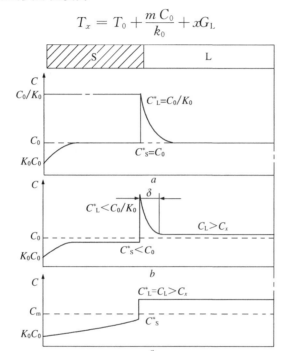

图 4-6　液相传质条件对溶质再分配规律的影响

(a) $\delta \to \infty$;(b) 一般情况;(c) $\delta \to 0$

只要熔体某处的实际温度低于同处的液相线温度 T_L,就能在界面前方的熔体中获得过冷,这种由溶质再分配导致的界面前方的熔体成分及其凝固温度发生变化,从而引起的过冷称为成分过冷。

由图 4-7 可以看出,若要产生成分过冷,则需要满足界面液相一侧的温度梯度 G_L 必须小于曲线 T_L 在界面处的斜率,即 $G_L < \dfrac{dT_L}{dx}\Big|_{x=0}$,由式(4-16)得:

$$\frac{dT_L}{dx}\Big|_{x=0} = -\frac{mC_0(1-k_0)}{D_Lk_0}R \tag{4-18}$$

故有

$$\frac{G_L}{R} < -\frac{mC_0(1-k_0)}{D_Lk_0} \tag{4-19}$$

这就是由查默斯(Chalmers)等人提出的著名的成分过冷判据,从而给出了成分过冷产生的临界条件。

在上述假设下,成分过冷值为

$$\Delta T_C = T_L - T_x \tag{4-20}$$

将式(4-16)和式(4-17)代入式(4-20)有:

$$\Delta T_C = -\frac{mC_0(1-k_0)}{k_0}(1-e^{\frac{R}{D_L}x}) - xG_L \tag{4-21}$$

在界面前方 x_0 处, ΔT_C 变为0,代入式(4-21),可求出成分过冷区宽度为

$$x_0 = \frac{2D_L}{R} + \frac{2k_0 G_L D_L^2}{mC_0(1-k_0)R^2} \tag{4-22}$$

由式(4-19)、(4-22)可见,成分过冷的过冷值 ΔT_C 和过冷区宽度 x_0 既取决于凝固过程中的工艺条件 G_L 与 R,也与合金本身的性质如 C_0、k_0、m 以及 D_L 有关,R、C_0、m 越大,G_L、D_L 越小,k_0 偏离1越远,则成分过冷值就越大,成分过冷区就越宽,反之亦然。又

$$\Delta T_0 = T_L(C_0) - T_S(C_0) = T_0 + mC_0 - (T_0 + \frac{mC_0}{k_0}) = -\frac{mC_0(1-k_0)}{k_0} \tag{4-23}$$

也就是说,单相合金对成分过冷的影响可以归结为凝固温度范围 $[T_L(C_0) - T_S(C_0)]$ 大小的作用。因此,在相同条件下,宽凝固温度范围的合金更易获得大的成分过冷,反之成分过冷就小。

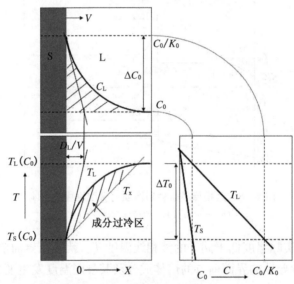

图4-7 界面前方熔体中成分过冷的形式

4.2.2 成分过冷对单相合金凝固过程的影响

对于纯金属的凝固过程而言,当其处于正温度梯度下时,固、液界面前方熔体过冷度很小,固、液界面通常为平直状态,而且是等温面,界面将以平面方式稳定地向前推进,即以平面生长的方式长大;在负温度梯度下,界面前方的熔体有较大的过冷,凝固界面将产生不稳定的形态,晶体将以树枝晶方式生长。纯金属凝固所需要的过冷度 ΔT 仅与传热过程有关,这种仅由熔体存在的实际负温度梯度分布而造成的过冷,被称作"热过冷"。

对于合金的凝固过程而言,除了要受"热过冷"的影响外,更重要的是要受成分过冷的影响。成分过冷对一般单相合金的影响与"热过冷"对纯金属的影响本质上是相同的,但由于同时存在传质过程的制约,情况将更加复杂:在无成分过冷时,其界面生长类似于纯金属,以

平面生长方式长大；随着成分过冷的出现，界面生长方式将转变为胞状生长，随着成分过冷继续增大，界面生长方式变为柱状枝晶生长；当成分过冷增大到一定程度时，界面前方的熔体内相继出现新的晶核并不断长大，合金的宏观凝固状态将会发生由柱状枝晶的外生生长到等轴枝晶的内生生长的转变。下面对成分过冷对单相合金凝固过程的影响进行逐一分析。

1. 无成分过冷的平面生长

当一般单相合金晶体生长满足式(4-24)时，界面前方不存在成分过冷，界面将以平面生长方式长大，如图 4-8(b) 所示。在这种情况下，除了在晶体生长初期过渡阶段和最后过渡阶段，生长界面要发生相应的成分和温度变化外，在整个稳定生长阶段其生长过程与纯金属的平面生长没有本质上的区别。宏观平坦界面等温且以恒定的平衡成分向前推进，最后会在其稳定生长区内获得成分完全均匀的单相固溶体柱状晶甚至是单晶体。

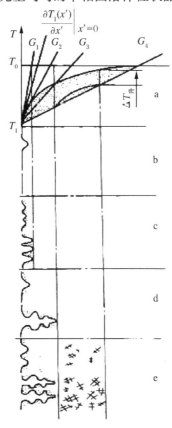

图 4-8 不同成分过冷对晶体生长的影响

(a) 不同的成分过冷；(b) 平面生长；(c) 胞状生长；(d) 柱状晶生长；(e) 等轴枝晶生长

$$\frac{G_L}{R} \geqslant \frac{mC_0(1-k_0)}{D_L k_0} \qquad (4-24)$$

该稳定生长阶段的界面生长速度 R 可以通过界面处的热量关系求出。由于界面等温，界面处液态金属温度下降和析出潜热的总热量等于固相导出的热量，即

$$G_S\lambda_S = G_L\lambda_L + R\rho L \qquad (4-25)$$

其中，G_S、G_L——固、液两相在界面处的温度梯度；

λ_S、λ_L——固、液两相的导热系数；

ρ——合金的密度；

L——凝固潜热。

从而得到：

$$R = \frac{G_S\lambda_S - G_L\lambda_L}{\rho L} \tag{4-26}$$

对于纯金属的平面生长，$G_L > 0$，其生长速度 $R_{纯平} < \dfrac{G_S\lambda_S}{\rho_L}$；对一般的单相合金的平面生长，$G_L$ 应该受式（4-24）的约束，故

$$R_{纯平} \leqslant \frac{G_\lambda S\lambda\lambda_\lambda S\lambda}{\rho_\lambda L\lambda - \dfrac{mC_0(1-k_0)}{D_\lambda L\lambda k_0}\lambda_\lambda L\lambda} \text{ 或} \left(\leqslant \frac{G_\lambda S\lambda\lambda_\lambda S\lambda}{\rho_\lambda L\lambda + \dfrac{T_\lambda L\lambda(C_0) = T_\lambda S\lambda(C_0)}{D_\lambda L\lambda}\lambda_L} \right) \tag{4-27}$$

可见，对于单相合金的平面生长，在界面前方不出现成分过冷的前提下，其生长速度不能超过某一极限值，且在其他条件相同时，一般单相合金平面生长的极限生长速度要比纯金属小得多。

一般单相合金的晶体生长过程要同时受到传质过程的影响，因此，只有在更高的温度梯度 G_L 和更低的界面生长速度 R 下，才能实现。合金的 C_0、$|m|$ 越大，k_0 偏离 1 越远（或者说凝固温度范围 $T_L(C_0) - T_S(C_0)$ 越宽），扩散系数 D_L 越小，实现平面生长的工艺控制就越严格。

2. 窄成分过冷区的胞状生长

当一般单相合金晶体生长满足式（4-28）时，

$$\frac{G_L}{R} \leqslant -\frac{mC_0(1-k_0)}{D_L k_0} \text{ 或} \left(\leqslant \frac{T_L(C_0) - T_S(C_0)}{D_L} \right) \tag{4-28}$$

界面前方存在一个狭窄的成分过冷区，如图 4-8(c)所示。成分过冷区的出现将会破坏平面界面的稳定性，这时，在宏观平坦界面上产生的偶然扰动而产生的任何突起，都将面临较大的过冷而以更快的速度进一步长大，同时不断向周围熔体中排出溶质（$k_0 < 1$ 时）。由于相邻凸起之间的凹入部位溶质浓度积累比凸起前端要快，且溶质扩散到熔体深处较凸起前端更为困难，从而导致凹入部位溶质进一步富集，这样，降低了其液相线温度和过冷度，从而抑制了凸起处的横向生长，并且形成一些由低熔点溶质汇集区所构成的网络状沟槽。而凸起前端的生长由于成分过冷区宽度的限制，不能自由地向熔体前方伸展，当由于溶质的富集而使界面各处的液相成分达到相应温度（严格地说，是比液相成分所确定的平衡温度低 ΔT_k）下的平衡浓度时，界面形态趋于稳定。

在窄成分过冷区作用下，不稳定的平坦部分就破裂成一种稳定的、由许多近似于旋转抛物面的凸出圆胞和网络状的凹陷沟槽所构成的界面形态，称为胞状界面。以胞状界面向前推进的生长方式称为胞状生长，胞状生长的结果形成胞状晶。

试验表明，形成胞状界面的成分过冷区的宽度约为 0.01～0.1cm。由胞状界面生长而成的每一簇胞状晶都是一些平行排列的亚结构，它们由同一晶粒分裂而成，彼此间为小角度晶界。每个胞状晶的横向成分很不均匀，$k_0 < 1$ 的合金，晶胞中心溶质含量最低，向四周逐渐增高。

规则的胞状晶的形貌如图4-9所示。

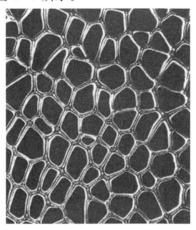

图4-9 规则胞状晶的横截面

3. 较宽成分过冷区的柱状枝晶生长

在胞状生长中,晶胞凸起垂直于等温面生长,其生长方向与热流方向相反而且与晶体学特性无关。随着G_L/R减小和C_0的增加,界面前方的成分过冷区逐渐加宽,如图4-8(d)中温度梯度G_3所示,晶胞凸起将伸向熔体更深处,面临着新的成分过冷。原来胞晶前端近似于旋转抛物面的界面逐渐变得不稳定,凸起前端逐渐偏向于某一择优取向,而横向界面也开始偏离原有的形状并形成凸缘结构(见图4-10(b)),当凸起前端所面临的新的成分过冷进一步加强时,凸缘上开始形成短小的锯齿状二次分枝(见图4-10(c)),胞状生长就转变为胞状树枝晶或柱状枝晶生长,如图4-10(d)所示。

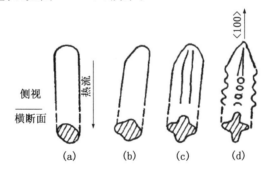

图4-10 胞状生长向柱状枝晶生长的转变

如果成分过冷区足够大,二次分枝在其随后的生长中又会在前端分裂出三次分枝,与此同时,继续伸向熔体的主干前端又会有新的二次分枝形成。这样不断分枝的结果,在成分过冷区内迅速形成了枝晶的骨架。此后随着等温面的向前推移,一次分枝继续不断向前伸展、分裂,在构成枝晶骨架的固、液两相区内,随着分枝的生长,剩余液相中溶质不断富集,熔点不断降低,使分枝周围熔体的过冷很快消失,分枝便停止分裂和延伸。由于没有成分过冷的作用,分枝侧面往往以平面生长方式完成其凝固过程。柱状枝晶形貌如图4-11所示。

同纯金属在$G_L<0$下的柱状枝晶生长不同,单相合金柱状枝晶的生长是在$G_L>0$的情况下进行的,如同平面生长和胞状生长一样,是一种热量通过固相散失的约束生长。生长过程中,主干彼此平行地向与热流方向相反的方向延伸,相邻主干的高次分枝往往互相连接起来排列成方格网状,构成柱状枝晶特有的板状阵列,从而使材料的性能表现出强烈的各向异性。

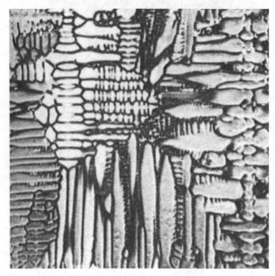

图 4-11　铝铜合金的柱状枝晶形貌

4. 宽成分过冷区的等轴枝晶的内生生长

如图 4-8(e)所示,当温度梯度变为 G_4,界面前方的成分过冷区进一步加宽时,成分过冷的极大值 ΔT_{CM} 将大于熔体中非均匀形核最有衬底的大量形核所需要的过冷度 $\Delta T_{非}$,于是在柱状枝晶生长的同时,界面前方这部分熔体也将发生新的形核过程,导致晶体在过冷的熔体中($G_L<0$)自由生长,从而形成了方向各异的等轴枝晶。等轴枝晶的存在阻碍了柱状枝晶的延伸,此后的凝固过程便是等轴晶区不断向熔体内部推进的过程。

就合金的宏观凝固状态而言,平面生长、胞状生长和柱状枝晶生长都属于一种晶体自型壁形核,然后由外向内单向延伸的生长方式,称为外生生长。而等轴枝晶是在熔体内部自由生长的,称为内生生长。可见,成分过冷区的进一步扩大促进了晶体生长方式由外生生长向内生生长的转变。这取决于成分过冷度的大小和外来质点非均匀形核的能力这两个重要的因素。大范围的成分过冷和强形核能力的外来质点都有利于内生生长和等轴枝晶的形成。

5. 枝晶的生长方向和枝晶间距

1) 枝晶的生长方向

从上面的分析知道,枝晶生长具有鲜明的晶体学特征:其主干和分枝的生长方向均与特定的晶向相平行。图 4-12 是立方晶系枝晶生长方向的示意图。小面生长的枝晶结构,以立方晶系为例,其生长表面均被慢速生长的密排面(111)所包围,由四个(111)面相交而成的锥体尖顶所指方向<100>就是枝晶的生长方向,如图 4-12(a)所示。而对于如何把非小面生长的粗糙界面的非晶体学性质与其枝晶生长中的鲜明的晶体学特征联系起来,尚无完善的理论。

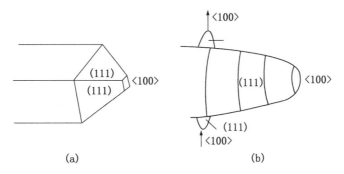

图 4 - 12　立方晶系枝晶的生长方向

(a) 小面生长；(b) 非小面生长

一些晶系的枝晶生长方向如表 4 - 1 所示。

表 4 - 1　枝晶生长方向表

结构	枝晶取向	实例
面心立方	$\langle 100 \rangle$	Al
体心立方	$\langle 100 \rangle \delta\text{-Fe}$	
体心正方	$\langle 110 \rangle \text{Sn}$	
密排六方	$\langle 10\bar{1}0 \rangle$	$H_2O(snow)$
	$\langle 0001 \rangle$	$Co_{17}Sm_2(Cu)$

2）枝晶间距

枝晶间距指的是相邻同次分枝间的垂直距离，是枝晶组织细化程度的表征，一般可以用金相观察测得的各相邻同次分枝间的距离来表示。而枝晶的间距越小，组织就会越细密，分布于其间的元素偏析范围也就越小，显微缩松组织中非金属夹杂物分散也更加细小，铸件越容易经过热处理而均匀化，从而提高性能。

表征枝晶间距的通常有一次枝晶间距 d_1 和二次枝晶间距 d_2。前者是柱状枝晶间距的重要表征参数，后者对柱状枝晶和等轴枝晶间距的表征均具有重要意义。

对于 d_1，冈本平确定的一次枝晶间距表达式为

$$d_1 = \alpha_0 \left[\frac{mC_0(k_0 - 1)D_L}{G_L R} \right]^{\frac{1}{2}} \tag{4-29}$$

其中，α_0 为枝晶形态关系系数。

一般地，可以认为

$$d_1 = a\left(\frac{1}{G_L R}\right)^{n_1}; d_2 = b\left(\frac{\Delta T_S}{G_L R}\right)^{n_2} \tag{4-30}$$

式中，a、b——与合金性质有关的常数；

G_L——测量枝晶间距的部位在凝固期间界面液相一侧的温度梯度；

R——界面的生长速度；

ΔT_S——该处的非平衡凝固温度范围；

$n_1 \approx 1/2, n_2 \approx 1/3$。

从上式(4-30)中不难看出：

(1) G_L 与 R 是决定枝晶间距的重要因素，它们对 d_1 和 d_2 总的影响趋势相同。而 $G_L R$ 项实际上就等于该处的冷却速度 v，即 $v=G_L R$。因此，可以直接采用冷却速度 v 来描述上述关系，可以说铸件某处局部冷速越快，其枝晶间距则越小。

(2) 除了 G_L 与 R 外，晶体非平衡凝固的温度范围 ΔT_S 也将影响到 d_2。而实际上，$\dfrac{\Delta T_S}{G_L R}$ 就是晶体在该处的局部凝固时间 t，即 $t=\dfrac{\Delta T_S}{G_L R}$。从而，晶体某处的非平衡凝固温度范围 ΔT_S 越小，或者说局部凝固时间 t 越短，则二次枝晶间距 d_2 就越小。

(3) 常数项 a、b 表明合金本身的性质对其枝晶间距将产生影响。关于溶质元素和第三组元物质对枝晶间距影响的研究较多，但是有分歧。目前较统一的看法是：随着溶质含量的增加、平衡分配系数与1之间差值的增大以及液相线斜率绝对值的增大，二次枝晶间距 d_2 减小，但程度随试验条件和合金种类而异。至于溶质含量对一次枝晶间距 d_1 的影响，冈本平等[4]认为，d_1 随 $[mC_0(k_0-1)D_L]^{1/2}$ 的增大而增大；Spittle 等[5]在研究 Pb-Sb 合金时发现，d_1 或随 Sb 的含量增加而减小，或与其含量无关，具体情况视柱状枝晶是否处于稳定状态及 C_0 的大小而定。其作用机理尚待探讨。

实践表明，大多数合金在一般铸造条件下是按照枝晶生长方式凝固的，而枝晶结构和铸件质量有着非常密切的关系。

最后，单相合金凝固特点与工艺条件间的关系如图 4-13 所示。$C_0=0$ 时，凝固将以平面生长的方式进行；当 C_0 一定时，随着 G_L/R 的减小，或者 G_L 与 R 一定时，随着 C_0 的增大，单相合金的凝固形貌将由平面晶依次转变成胞状晶、胞状树枝晶、柱状树枝晶和等轴晶。

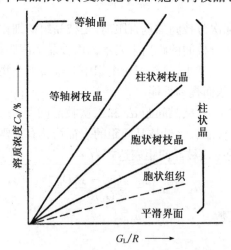

图 4-13 单相合金凝固特点与工艺条件的关系

4.3 多相合金的凝固

多相合金是指在凝固过程中同时析出两个以上新相的合金。其凝固主要包括共晶合金、偏晶合金和包晶合金的凝固。其中偏晶和包晶合金的凝固相对较简单，而共晶合金的凝固具有复杂性和多样性的特点,且工业应用较普遍。

4.3.1 共晶合金的凝固

1. 共晶合金的组织特点及分类

共晶合金形成的两相混合物具有多样的组织形态。其宏观形态,即共晶体的形状与分布,随着凝固条件的改变而呈现从平面生长、胞状生长到枝晶生长,从柱状晶(共晶群体)到等轴晶(共晶团)的不同变化,规律同单相合金类似。其微观形态,即共晶体内两相析出物的形状与分布,则与组成相的凝固特性、它们在凝固过程中的相互作用及具体条件有关。

根据共晶合金的微观形态,可以将其分为层片状、棒状、球状、针状和螺旋状等。

当两个固相都是金属性较强的相时,共晶体一般生长成层片状;当两相的相对数量比相差悬殊时,在界面能的作用下,数量较小的相将收缩为条、棒状;更少时为纤维状,甚至为点(球)状(见图 4-14)。

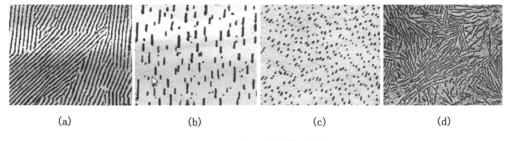

(a)   (b)   (c)   (d)

图 4-14 共晶合金微观结构

(a) 层片状;(b) 棒状;(c) 球状;(d) 针状

当有一相或两相都具有较强的非金属性时,它们表现出较强的各向异性,不同方向的生长速度不同,并且具有特定的角度关系。同时,生长过程要求的过冷度也有差异,往往有一个相在生长中起主导作用,它决定了两相的分布,其共晶体的形态也具有独特性。这时,常见的形态有针状、骨肋状、蜘蛛网状、螺旋状等(见图 4-15)。

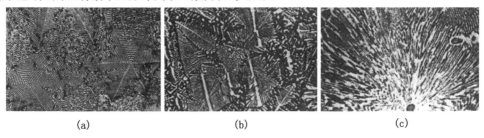

(a)   (b)   (c)

图 4-15 共晶合金微观结构

(a) 螺旋状;(b) 蛛网状;(c) 放射状

除了微观结构上的区别外,根据固—液界面结构的不同,共晶合金又可以分为以下两类:

1) 规则共晶合金

该类合金在凝固过程中,共晶两相均具有非小面生长的粗糙界面。由于粗糙界面的连续生长是金属状态物质凝固的基本特点,故又称为金属—金属共晶合金或非小平面—非小平面共晶合金。它包括了大多数的金属与金属之间以及许多金属与金属间化合物之间的共晶合金,如 Sb-Pb、Ag-Al3Cu 和 Al-Al3Ni 等。

2) 非规则共晶合金

该类合金在凝固过程中,一个相的固—液界面为非小平面生长的粗糙界面,另一个相则为小平面生长的平整界面,故又称为金属—非金属共晶合金或非小平面—小平面共晶合金。它包括了许多由金属和非金属以及金属和亚金属所组成的共晶合金,如 Fe—C、Al—Si 以及 Pb、Sb—Bi 和 Al—Ge 等共晶合金。许多金属—金属氧化物(碳化物)共晶也属此类合金。

此外,就共晶系本身而言,还存在另一类小面—小面共晶,即非金属—非金属共晶。

下面将着重介绍规则共晶合金的凝固过程。

2. 规则共晶合金的凝固

这类共晶合金的两相性质相近,具有大致对称的共生区。两相生长中的固—液界面都是各向同性、连续生长的非晶体学界面,故界面的生长取决于热流的传导和两组元在液相中的扩散。因此,这类共晶合金在一般情况下均按典型的共生生长方式进行凝固。生长中由于两相具有彼此合作的性质,每一相的生长都受到另一相存在的影响,故两相并排析出且垂直于固—液界面长大,形成了两相规则排列的层片状、棒状(即纤维状)或介于两者之间的条带状(即碎片状)共生共晶组织。在特殊情况下,这类共晶合金也能形成晶间偏析型离异共晶组织。

1) 层片状共晶

层片状共晶组织是最常见的非小面—非小面共生共晶组织。一般情况下,非小面—非小面共晶的长大速度在四周各个方向上是均一的,因此它具有球形长大的前沿,但在共晶组织内部两相之间却是层片状的。这就是说在非方向性凝固的情况下,共晶体是以球形方式长大的,而球形的结构是由两相的层片所组成的,并且向外散射。球的中心有一个核心,它是两相中的一相,起着一个共晶凝固核心的作用。

下面结合图 4-16 讨论层片状共晶组织的形核与长大过程。

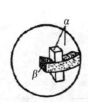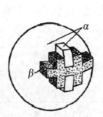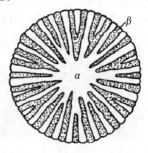

图 4-16 层片状共晶凝固形核过程示意图

根据形核理论可知,在液相中析出呈球状的 α 领先相。α 相的析出,一方面促进界面前沿 β 组元原子不断富集,另一方面又为新相的析出提供了有效衬底,从而导致 β 相固溶体在 α 相球面上析出。β 相的析出又促进 α 相依附 β 相侧面长大,如此交替搭桥式地长大,形成了具有两相沿着径向并排生长的球形共生界面的双相核心。

片状共晶组织的重要参数是层间距 λ,即同一相层片之间的中心距离,它在数值上等于相邻两相层片厚度之和(见图 4-17)。

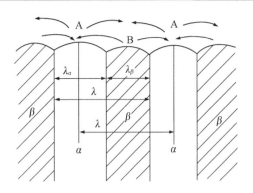

图 4 - 17　层片状共晶微观结构

为研究共晶间距需要建立共晶生长模型。共晶生长的经典模型是 Jackson-Hunt 模型。由模型可知,层间距 λ 很小时,在长大过程中以横向扩散为主。如图 4 - 18(b)、4 - 18(c)所示,α 相生长排出组元 B,使得 B 元素在 α 相前沿富集。由于 α 相中央前沿距离 β 相较远,排出的 B 原子无法像两相交界处前沿那样快速扩散,因而这里的 B 原子富集较多。越靠近 α 相边缘,B 原子扩散越快,富集得越少,而在两相交界处几乎没有富集,为共晶成分 W_F。同理,β 相生长排出组元 A,使得 β 相中央前沿富集着较多的 A 原子,越靠近 β 相边缘,富集的 A 原子越少,成分越接近共晶成分。

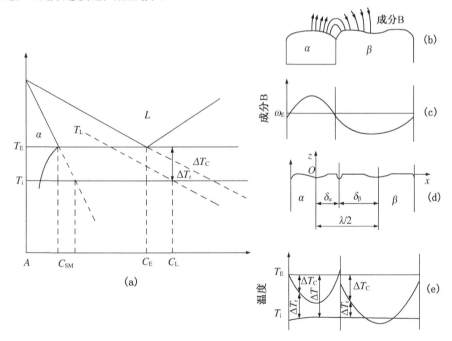

图 4 - 18　共晶生长模型

由于 α 相和 β 相边缘成分接近 W_E,其生长速度大于中央的生长速度,形成如图 4 - 8(d)所示的界面,其边缘的曲率半径 r_1 小,中央的曲率半径 r 大。界面前沿溶质的再分配将产生过冷,其过冷度 ΔT_c 与浓度差 $C_E - C_L^*$ 和液相线 $T_L\infty$ 的斜率 m_L 有关。其表达式为

$$\Delta T_c = m_L(C_E - C_L^*)　　　　　　(4-31)$$

ΔT_c 呈抛物线分布,两相中央界面的液体过冷度大,而两相的交界处几乎不产生过冷,如图 4-18(e)所示。

这样,Jackson-Hunt 模型将凝固归结为对凝固界面前沿液相扩散场的求解和对过冷度的分析。经求解后得到凝固界面的过冷度为

$$\Delta T = T_E - T^* = T_E - T_i = \Delta T_C + \Delta T_r = \frac{m_L(\omega_a - \omega_\beta)}{\pi^2 D_L} - R\lambda + \frac{\sigma}{\Delta S \lambda} \quad (4-32)$$

式中,ΔT_r——因曲率半径作用而引起的过冷;

ω_a 和 ω_β——界面处饱和相成分;

σ——固液相界面张力;

ΔS——熔化比熵;

λ——层间距。

从式子(4-32)中可看出 ΔT、R、λ 三者间的关系。当共晶相层间距很小时,ΔT_r 很大,故曲率半径所引起的过冷的影响是主要的。反之,当共晶相层间距较大时,ΔT_c 的影响大于 ΔT_r 的影响,即成分差产生的过冷影响是主要的。

式(4-32)给出了共晶生长温度和共晶相层间距的关系,但过冷度不确定,为此引入最小过冷度原理。即当生长速率给定后,共晶相生长的实际兼具使生长过冷度获得最小值的作用。令 $\frac{\partial \Delta T}{\partial \lambda} = 0$,求出的共晶相层间距为

$$\lambda^2 = \frac{D_L \sigma \pi^2}{m_L R \Delta_s (\omega_a \omega_\beta)} \quad (4-33)$$

即

$$\lambda = AR^{\frac{1}{2}} \quad (4-34)$$

其中,$A = \sqrt{\dfrac{D_L \sigma \pi^2}{m_L R \Delta_s (\omega_a \omega_\beta)}}$。

由式(4-34)可见,共晶相层间距与凝固速率 R 的平方根成反比,即凝固速度越大,层间距越小。

上述共晶固-液界面前沿成分及过冷度的不均匀分布,仅限于界面前几个层片厚度的液体内,超过此范围,液相成分急剧均匀化而成共晶成分 C_E。

2) 棒状共晶

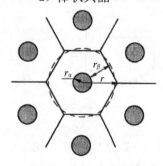

图 4-19 棒状共晶组织
微观结构

棒状共晶是另一种常见的非小面—非小面共生共晶组织。在该组织中,一个组成相以棒状或纤维状形态沿着生长方向规则地分布在另一相的连续基体中,形成棒状共晶组织(见图 4-9)。棒状共晶与层片状共晶的凝固过程基本上相似,决定其组织形态的基本因素是两个固相之间的总界面能以及第三组元(杂质)的存在。

两相间总界面能的影响:相间总界面能是支配上述两种组织形态的重要因素。在相同条件下,共晶合金总是倾向于凝固成总界面能最低的组织形态。总界面能 G_b 等于两相间各界面的面积 S_i 与相应的单位界面能 $(\sigma_{\alpha\beta})_i$ 的乘积之和,即 $G_b =$

$\sum_i S_i(\sigma_{\alpha\beta})$。当界面各向同性时，$\sigma_{\alpha\beta}$ 为常数，则总界面能完全取决于两相间的界面总面积。界面总面积与两相的相对体积有关，因而共晶组织的形态将由两相所占的体积分数所决定。当某一相的体积分数小于 $1/\pi$ 时，则该相呈棒状结构的界面总面积小于呈层片状结构的界面总面积，故易于形成棒状共晶组织。反之，如果某一相的体积分数在 $1/\pi$ 和（$1-1/\pi$）之间时，易于形成层片状凝固组织。

但必须指出，在不同组织的不同相界面处，两相间的晶体学位向关系并不完全相同，因而其 $\sigma_{\alpha\beta}$ 也不尽相同。一般而言，片状共晶中两相间的位向关系比棒状共晶中两相间的位向关系更强。因此，在片状共晶中，相间界面更可能是低界面能的晶面。在这种情况下，即使一相的体积分数小于 $1/\pi$，也会出现片状共晶而非棒状共晶。

第三组元对共晶结构的影响：当第三组元在共晶两相中的分配数相差较大时，其在某一相的固—液界面前沿的富集，将阻碍该相的继续长大；而另一相的固—液界面前沿由于第三相组元的富集较少，其长大速率较快。于是，由于搭桥作用，落后的一相将被长大快的一相隔成筛网状组织，继续发展则成棒状组织，如图 4-20 所示。通常，在层片状共晶的交界处看到的棒状共晶组织就是这样形成的。

图 4-20　层片状共晶转变为棒状共晶示意图

4.3.2　包晶和偏晶合金的凝固

1. 包晶合金的凝固

很多工业上常用的合金都具有包晶反应。典型的包含包晶反应的平衡相图如图 4-21 所示。其特点是：①液相完全互溶，固相中部分互溶或完全不互溶；②有一对固、液相线的分配系数大于 1。以图 4-21 中成分为 C_0 的合金为例，在冷却到 T_1 时析出 α，冷却到 T_p（包晶反应温度）时发生包晶反应：

$$\alpha_p + L_p \rightarrow \beta_p \tag{4-35}$$

在包晶反应过程中，α 相要不断分解，直至完全消失；与此同时，β 相要形核长大。β 相的形核可以以 α 相为基底，也可以从液相中直接形成。平衡凝固要求溶质组元在两个固相及一个液相中进行充分的扩散，但实际上穿过固、液两相区时冷却速度很快，非平衡凝固则是经常的。

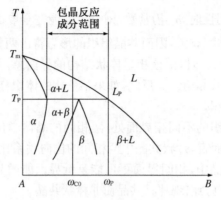

图 4 – 21　包晶平衡相图

2. 偏晶合金的凝固

偏晶合金系的相图如图 4 – 22 所示，具有偏晶成分的合金 C_m，冷却到偏晶反应温度 T_m 以下时，即发生偏晶反应：

$$L_1 \rightarrow \alpha + L_2 \tag{4-36}$$

反应的结果是从液相 L_1 中分解出固相 α 和新的液相 L_2。L_2 在 α 四周形成并包围着 α。其凝固特点与棒状共晶非常相似。

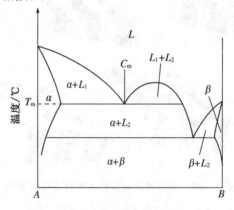

图 4 – 22　偏晶平衡图

根据偏晶合金中固相 α 与液相 L_1 的界面能 σ_{SL_1}、固相 α 与液相 L_2 的界面能 σ_{SL_2} 及液相 L_1、L_2 的界面能 $\sigma_{L_1 L_2}$ 间的相互关系，将偏晶合金的凝固分三种情况讨论。

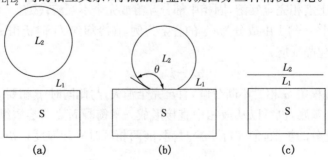

图 4 – 23　偏晶的凝固方式

1) $\sigma_{SL_2} > \sigma_{SL_1} + \sigma_{L_1L_2}$

此时,液相 L_2 不能润湿固相 α(见图 4 - 23(a)),新析出的液相将不依赖于固相进行异质形核,而是在固—液界面的前沿液相中形核,并因两种液体密度的不同而出现上浮或下沉现象。在由下而上的定向凝固时,若 L_2 液滴上浮的速度大于固-液界面推进速度 R,L_2 将上升到液相 L_1 的顶部,结果下部全为 α 相,上部全为 β 相。利用这种原理可以制取无偏析和成分过冷的 α 单晶。如半导体化合物 HgTe 单晶,就是利用这一原理由偏晶系 Hg-Te 制取的,因为在这种情况下不会形成棒状结构。但当固-液界面的推进速度大于 L_2 液滴的上浮速度时,则液滴 L_2 将紧紧地与 α 相相结合,且液滴 L_2 将被 α 相包围,而排出的 B 组元原子继续供给 L_2 长大,从而使液滴在长度方向拉长,使生长进入稳定态,结果形成棒状结构,例如 Cu-Pb 偏晶合金定向凝固就能获得这样的组织结构。

2) $\sigma_{SL_2} = \sigma_{SL_1} + \sigma_{L_1L_2} \cos\theta$

此时,液滴 L_2 可部分地润湿固相(见图 4 - 23(b),$0° < \theta < 180°$),并在生长过程中被固相拉长,形成棒状凝固组织。

3) $\sigma_{SL_2} < \sigma_{SL_1} - \sigma_{L_1L_2}$

此时,液滴 L_2 可完全润湿固相(见图 4 - 23(c),$\theta = 0°$),固相被液相 L_2 封闭时,不可能出现稳定状态,α 相只能继续地在 $L_1—L_2$ 界面上形成,最终获得 α 相和 β 相交替的分层组织。然而在实际凝固过程中,这种情况是少见的。

第5章　定向凝固技术

定向凝固方法或称定向凝固工艺是实现定向凝固的手段,不同的工艺适合于不同的材料和不同形状的铸件或试样,工艺方法的不断改进,使之可以适合更多种材料,所以了解定向凝固工艺方法对于了解定向凝固是至关重要的。根据成分过冷理论,要使合金定向凝固得到平面凝固组织,主要取决于合金的性质和工艺参数的选择。前者包括溶质量(合金成分)、液相线斜率和溶质在液相中的扩散系数,后者包括温度梯度和凝固速率。如果研究的合金成分已经确定,则要靠工艺参数的选择来控制凝固组织,其中固—液界面液相一侧的温度梯度又是最关键的,所以人们都致力于提高温度梯度。可以说,定向凝固技术的发展历史是不断提高设备温度梯度的历史。大的温度梯度一方面可以得到理想的合金组织和性能,另一方面又可以允许加快凝固速率,提高设备利用率。下面简单介绍定向凝固的几种工艺。

5.1　传统定向凝固技术

5.1.1　发热剂法

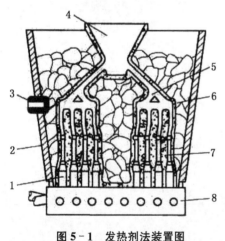

图 5-1　发热剂法装置图

1—起始段;2—隔热层;3—光学测温架;4—浇口杯;5—浇道;6—发热剂;7—零件;8—水冷铜底座

发热剂法(EP法)又称炉外结晶法,是定向凝固工艺中最原始的一种方法,Versnyder 等[1]早在20世纪50年代就将它应用于实验中。其基本原理是,为了造成一个温度梯度,零件模壳放在一个水冷铜底座上,并在顶部加发热剂(见图5-1)。这样,将在金属液与已凝固金属之间建立一个自上而下的温度梯度,实现金属或合金的定向凝固。这种方法无法调节温度梯度和凝固速度,同时单向热流条件难以保证. 只适合于特殊的小批量的小型件生产。这种工艺生产简单,成本低,但无法保证重复性,难以生产高质量的大型铸件。

5.1.2　功率降低法

图5-2为定向凝固功率降低法(PD法)装置示意图。该办法是 Versnyder 等[2]在20世纪60年代提出的。这种方法是把一个开底的模壳放在水冷底盘上,石墨感应发热器放在分上、下两部分的感应圈内,加热时上、下两部分感应圈全通电,在模壳内建立起所要求的温度场,然后注入过热的合金熔液。此时下部感应圈停电,通过调节输入上部感应圈的功率,使之产生一个轴向温度梯度。在功率降低法中. 热量主要通过已凝固的部分及冷却底盘由冷却水带走。

由于其散热条件无明显改善,因此利用这种方法获得的凝固组织仍不很理想,所获得的定向排列组织部分较短。这种工艺可达到的温度梯度较小,在 10℃/cm 左右。因此,制备出的合金叶片,其长度受到限制,并且柱状晶之间的平行度较差,甚至产生放射形凝固组织,合金的显微组织在不同部位差异较大,故应用不很广泛。

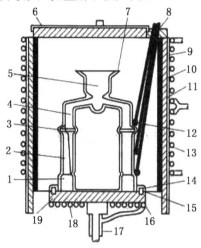

图 5-2 功率降低法装置图

1—叶片根部;2—叶身;3—叶冠;4—绕道;5—浇口杯;6—模盖;7—精铸模壳;8—热电偶;9—袖套;10—炭毡;11—石墨感应器;12—Al_2O_3 管;13—感应圈;14—Al_2O_3 管泥封;15—模壳缘盘;16—螺栓;17—轴;18—冷却水管;19—铜

5.1.3 高速凝固法

功率降低法的缺点在于其热传导能力随着离结晶器底座距离的增加而明显下降。为了改善热传导条件.发展了高速凝固法(HRS 法)。高速凝固法是 Erickson 等[3] 于 1971 年提出的,其装置和功率降低法差不多,不过多了一个拉锭机构,可使模壳按一定速度向下移动。用移动模壳(或移动加热器)的方法来加强散热条件,将底部开口的模壳置于水冷底座上,并置于石墨加热器中。加热模壳后,注入过热的合金熔液,浇注后保持几分钟,使之达到热稳定状态.并开始使冷却底座表面生成一薄层固态金属,然后将模壳以预定速度经过感应器底部的辐射挡板从加热器中移出。为得到最好的效果,在移动模壳时,凝固面应保持在挡板附近。图 5-3 为高速凝固法装置图。

在凝固初期,其热量的散失以通过水冷底座的对流传热为主,离开结晶器某一距离后,对流传热方式减小,转为以辐射传热为主,这样,使凝固仍以较快速度进行。把传热用 h_∞ 和 h_m 两种等效热交换系数来表示.则散热热流密度为

$$q = (h_\infty + h_m)(T - T_0) \qquad (5-1)$$

式中,h_∞——对流传热的等效热交换系数;

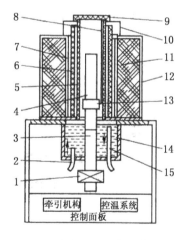

图 5-3 定向凝固设备示意图

1—牵引机构;2—进水管;3—牵引棒;4—瓷管坩埚;5—内瓷管;6—硅碳管;7—外瓷管;8—热电偶;9—炉盖;10—散热保护罩;11—保温材料;12—炉壳;13—套台;14—水槽;15—出口

h_m——辐射传热的等效热交换系数;

T——温度;

T_0——冷却底座温度。

凝固开始时,$h_\infty \gg h_m$,但凝固至离冷却底座一定距离时,$h_\infty = h_m$。此后可以认为已建立起稳态凝固。

利用热平衡边界条件,则

$$G_{TL} = \frac{1}{\lambda_L}[\lambda_s G_{TS} - \rho_s \Delta h \nu] \tag{5-2}$$

式中,λ_L 和 λ_s——分别为液相和固相的热导率;

G_{TL}、G_{TS}——分别为液相和固相的温度梯度;

Δh——凝固潜热;

ρ_s——固相密度;

ν——凝固速率。

可以看出,G_{TL} 对 ν 和 G_{TS} 是很敏感的,而 G_{TS} 是随小铸锭和铸锭半径的减小而减小,所以慢速凝固造成界面处液相中出现较高的温度梯度。因此,在高速凝固法中,稳态凝固的最大温度梯度取决于辐射特性和铸锭的尺寸。

通过上面简单的推导.可以找到如何增大 G_{TL} 的途径:

(1)增大温度梯度。通过增大 G_{TS} 来实现加强固相的散热强度。采用热容量大的冷却剂,导出结晶潜热,以便增大 G_{TL}。

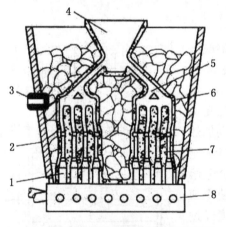

图 5-4   温度梯度和生长速率对点状偏析的影响

(2)提高液相温度。这是一种直接增大 G_{TL} 的办法,当然液相温度不能无限止地提高,要注意模壳的高温强度以及高温下模壳和液态金属的反应。把靠近凝固前沿的熔体局部加热到更高的温度也是可行的。另一种办法是加辐射挡板,把高温区和低温区分开.从而加大界面附近的 G_{TL},挡板能起到以下两个作用:

① 模壳移动时,辐射热的损失降至最小,使加热器内维持相对均匀的温度场。

② 使感应圈到铸件凝固部分表面的辐射热保持最小,从而加强了传热。

点状偏析是定向凝固材料中的主要缺陷之一,经常在铸件的外层出现。这种缺陷会造成横向晶界和配合度不好的晶粒形成,空隙度大,偏析严重,易析出有害相。低的生长速率和小的温度梯度会促进点状偏析的形成。树枝间因局部熔池密度不一样,产生熔液对流,撞断枝晶轴,引起这种缺陷的形成,如图 5-4 所示。

所以,高速凝固法与功率降低法相比,有以下几个优点:

(1)有较大的温度梯度 G_L,能改善柱状晶质量和补缩条件,在约 300mm 高度内可以全是定向排列组织。

(2)由于局部凝固时间和糊状区都变小,显微组织致密,偏析减小,从而可改善合金组织,提高力学性能。

（3）提高凝固速率 2～3 倍,可达 300mm/h。高速凝固法的主要缺点仍然是温度梯度 G_L 不够大;而且在凝固阶段初期热量散失以通过水冷底座的对流传热为主,随着铸型的下降,凝固界面与水冷底座距离增大,对流传热作用减小,转为以凝固层的辐射散热为主。因此,高速凝固法凝固过程中温度场不稳定,并且当凝固层辐射散热起主导作用时,温度梯度 G_L 有所下降,凝固速率随之下降。

5.1.4 液态金属冷却法

在提高排热能力和增大固—液界面液相温度梯度方面.功率降低法和高速凝固法都受到一定条件的限制。液态金属冷却法(LMC 法)以液态金属代替水,作为模壳的冷却介质,模壳直接浸入液态金属冷却剂中,散热大大增强.以至在感应器底部迅速发生热平衡,造成很高的 G_{TL},几乎不依赖浸入速度。该方法是 Giamei 等[4] 于 1976 年提出的,其装置如图 5－5 所示。冷却剂的温度,模壳传热性、厚度和形状,挡板位置,熔液温度等因素都会影响温度梯度。

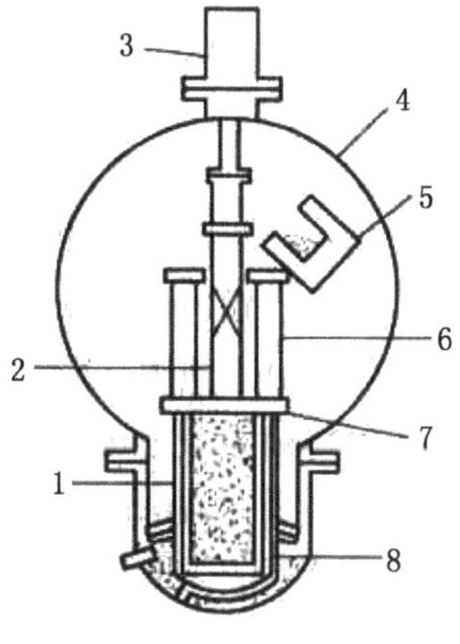

液态金属冷却剂的选择条件如下:
① 有低的蒸汽压,可在真空中使用;
② 熔点低,热容量大,热导率高;
③ 不溶解于合金中;
④ 价格便宜。

图 5－5 液态金属冷却法装置图

1—液态 Sn;2—模壳;3—浸入机构;4—真空室;5—坩埚;6—炉高温区;7—挡板;8—加热线圈

工艺过程和高速凝固法相似,当金属熔液浇注入模壳后,按预定速度将模壳逐渐浸入液态金属中,使液态金属冷却剂的液面保持在合金凝固面附近。在一定的温度范围内.传热不因凝固的进行而变小.也不受模壳形状的影响。液态金属可以是静止的,也可以是流动的。

常用的液态金属有 Ga-In 合金和 Ca-In-Sn 合金及 Sn 液,前两者熔点低,但价格昂贵,因此只适用于在实验室条件下使用。Sn 液熔点稍高(232℃),但由于价格相对比较便宜,冷却效果也比较好,因而适用于工业应用。该法已被美国、前苏联等国用于航空发动机叶片的生产中。

无论是局部凝固时间,还是糊状区宽度,液态金属冷却法都最小,功率降低法的最大,高速凝固法介于其间,具体比较见表 5－1。很明显,液态金属冷却法的 G_{TL} 和 v 都是最大的,从而冷却速率也最大,特别是局部凝固时间和糊状区宽度最小,因此用液态金属冷却法定向凝固的高温合金的显微组织比较理想。

表 5－1 生产 Mar-M200 合金的 3 种定向凝固工艺比较

工艺参数	功率降低法	高速凝固法	液态金属冷却法
过热度/℃	120	120	140
循环周期/min	170	45	15
模子直径/cm	3.2	3.2	1.43

（续表）

工艺参数	功率降低法	高速凝固法	液态金属冷却法
$G_{IL}/℃ \cdot min^{-1}$	7～11	26～30	73～103
$v/cm \cdot h^{-1}$	12	23～30	53～61
糊状区宽度/cm	10～15	3.8～5.6	1.5～2.5
局部凝固时间/min	85～88	8～12	1.2～1.6
冷却速率/℃ · h^{-1}	90	700	4 700

5.1.5　流态床冷却法

由于液态金属冷却法采用的低熔点合金含有有害元素.而且成本高,有可能使铸件产生低熔点金属脆性。为了避免这种不足,Nakqawa 等[5]采用了流态床冷却法(FBQ法)来获得很高的 G_{TL} 进行定向凝固,即以悬浮在惰性气体(通常为氩气)中的稳定陶瓷粉末,如流态化的 150 号 ZrO_2 粉作为冷却介质,其原理如图 5-6 所示。由于采用了流态化颗粒作为冷却介质,激冷能力下降.在冷却介质保持相同的温度下,液态金属冷却法与流态床冷却法的凝固速率和糊状区高度接近相同.分别为 50～80cm/h 和 1cm,流态床冷却法得到的温度梯度要略小于液态金属冷却法得到的温度梯度。液态金属冷却法的温度梯度 G_{TL} 为 100～300℃/cm,而流态床冷却法为 100～200℃/cm。

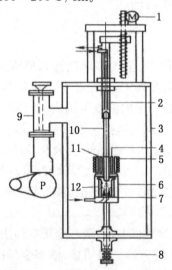

图 5-6　流态床冷却法装置图

1—驱动装置;2—水冷杆;3—融化室;4—感应器;5—感应炉;6—粉粒容器;7—过滤器;8—高度调节器;
9—真空系统;10—试样;11—热电偶;12—流态化颗粒

5.1.6　单晶制备

高温合金单晶制备基本上用快速凝固法,因为其工艺简单。用功率降低法,温度梯度太低;用液态金属冷却法又怕低熔点液态金属进入高温合金,降低力学性能;用流态床冷却法,应防止粉末进入合金中成为夹杂物;用区域熔化液态金属冷却法,对变截面的叶片是否合适需要做进一步深入研究。图 5-7 为单晶制备装置图,制备单晶叶片需要选晶器。选晶器有各种形状,常用螺旋状选晶器,因为其便于制备模壳。如要获得一定的晶体取向,就要用籽晶法。除了用感应线圈加热外,对某些高熔点合金或陶瓷材料单晶的制备,可用椭球面镜反射炉,如图 5-8 所示。为了获得优质的单晶材料,和定向结晶合金一样,要有高的温度梯度,它能改善和细化组织结构,减少偏析,减少显微疏松,减小晶体生长偏离度,提高瞬时拉伸断裂强度、持久寿命和低频和高频疲劳强度。制备单晶时,除选晶器外,精密铸造模型要薄,模壳材料中杂质要低,内壁表面应光滑。

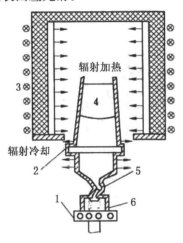

图 5-7　单晶制备装置

1—水冷底座;2—陶瓷型;3—感应圈;4—合金液;5—单晶选晶器;6—柱状晶起始段

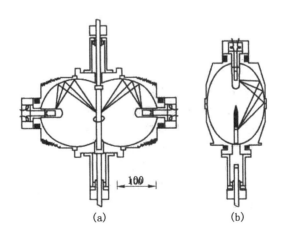

图 5-8　椭球面镜反射炉

(a) 双椭球;(b) 单椭球

5.2　新型的定向凝固技术

表 5-2 给出了 3 种主要的传统定向凝固方法的工艺参数。传统的定向凝固技术存在着温度梯度和冷却速度低的弱点。由于散热速度小,为保证界面前沿液相中没有稳定的结

晶核心形成,熔体凝固速度不能太大,一般接近平衡结晶状态,这样势必导致凝固界面上的溶质再分配,形成成分偏析。由于温度梯度不高,所获得的冷却速度低,凝固过程中的组织有较充分的时间长大和粗化,造成组织粗大,降低铸件力学性能。这两个因素成为限制定向凝固技术进一步应用的主要原因。在充分吸收其他凝固技术优点的基础上发展了许多新型的定向凝固技术。

表 5 - 2　几种传统定向凝固方法的工艺参数

参数	PD 法	HRS 法	LMC 法
温度梯度/℃·cm⁻¹	7~11	26~30	73~103
生长速度/cm·h⁻¹	8~12	23~27	53~61
冷却速率/℃·h⁻¹	90	700	4 700
局部凝固时间/min	85~88	8~12	1.2~1.6

5.2.1　区域熔化液态金属冷却法

加热和冷却是定向凝固过程的两个基本环节.并对定向凝固过程的温度梯度产生决定性的影响。定向凝固技术从高速凝固法发展到液态金属冷却法,使温度梯度大幅度提高,这是因为改进了冷却方式,同时也发挥了冷却环节的最大潜力。进一步提高定向凝固的温度梯度,改变加热方式是一条有效的途径。

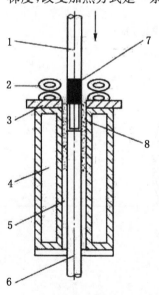

图 5 - 9　区域熔化液态金属冷却法装置

1—试样;2—感应圈;3—隔热板;4—冷却水;5—液态金属;6—拉锭机构;7—熔区;8—坩埚

分析一下液态金属冷却法定向凝固过程不难发现,以下两个问题限制了温度梯度的提高,一是凝固界面并不处于最佳位置,当抽拉速率较低时,界面相对于挡板上移,使凝固界面远离挡板;二是未凝固液相中的最高温度面远离凝固界面,界面前沿温度分布平缓。如果改变加热方式,采用在距冷却金属液面极近的特定位置强制加热,将凝固界面位置下压.同时使液相中最高温度区尽量靠近凝固界面,使界面前沿液相中的温度分布变陡,可进一步提高温度梯度。如果采用区域熔化法加热并结合液态金属冷却,就可形成区域熔化—液态金属冷却(ZMLMC 法)定向凝固法(见图 5 - 9)[6]。采用这种方法,G_{TL} 可达 1 270K/cm。

区域熔化—液态金属冷却法的冷却部分与液态金属冷却法相同,加热部分可以是电子束或高频感应电场,两部分相对固定,且距离很小,使凝固界面不能上移,集中对凝固界面前沿液相加热,充分发挥过热度对温度梯度的贡献,从而可见区域熔化—液态金属冷却定向凝固过程熔区宽度对温度梯度有重要影响,熔区越窄,在相同加热温度(过热度)下,温度梯度越高。该方法又称亚快速定向凝固技术或超高温度梯度定向凝固法。

细化枝晶组织有多种方法,而效果最为显著的是增大凝固过程中的冷却速率,对于定向凝固和单晶铸件来说,就是要提高凝固过程的温度梯度和生长速率。定向凝固技术正伴随着温度梯度的逐渐增大而发展。目前,用于生产的定向凝固方法,其温度梯度一般不超过 150K/cm,获得的高温合金定向凝固组织一次枝晶间距的典型值大于 200μm,侧向分枝仍很发达。利用区域熔化—液态金属冷却法可在较快的生长速率下进行定向凝固,获得一种侧向分枝生长受到抑制、一次枝晶间距超细化的定向凝固组织,即超细柱状晶组织。对镍基铸造高温合金 K403 的研究表明[7],一次枝晶间距与工艺参数即温度梯度 G_L 和凝固速率 v 的对应关系为:$\lambda_1 = 0.0032 + 0.655 G_L^{-0.5} \cdot v^{-0.25}$。

由于具有这种特殊的超细微组织特征,定向结晶合金和单晶合金的性能都有明显提高,以 K10 钴基合金为例,持久寿命提高了 3 倍[8]。对于定向结晶的 DZ22 镍基合金也能明显提高其持久强度;随着冷却速度的增加,持久强度提高。单晶镍基合金是当代高性能先进发动机叶片的主要材料,采用区域熔化—液态金属冷却后,NASAIR100 单晶镍基合金的持久性能可提高到 1 050℃、160MPa 时的 228.3h。

亚快速定向凝固技术的一个显著特点是,通过提高温度梯度,扩大所允许的凝固速度范围.可提高冷却速度,达到细化组织、减小偏析和提高使用性能的目的。但是,单纯采用强制加热的方法来提高温度梯度从而提高凝固速度,仍不能获得很大的冷却速度,因为需要散发掉的热量相对而言更多了,故冷却速度提高有限,一般很难达到亚快速凝固。这种方法如果要广泛应用,还有待于进一步的改进。

5.2.2　深过冷定向凝固

液态金属深过冷定向凝固技术(5DS)即通过采取人为措施,最大限度地消除器壁和熔体中非自发形核质点的异质形核作用,使熔体的形核过冷度大幅度提高。深过冷快速凝固严重偏离热力学平衡状态,从而使晶体的形核、生长及最终的凝固组织和力学性能均发生较大的变化[9]。20 世纪 80 年代初,国外学者通过改进冷却条件获得了近 100K 的动力学过冷熔体,在施加很小温度梯度后,最终获得了 Mar-M200 高温合金试棒,并分别测试了动力学过冷定向凝固所得的试样与传统定向凝固试样的拉伸、蠕变强度等。结果显示,动力学过冷定向凝固试样的室温、高温力学性能相似于或优于传统试样的拉伸、蠕变强度等。不久后,西北工业大学李德林等开展了深过冷激发快速定向凝固技术研究,并且取得了较为满意的实验结果。深过冷熔体凝固速度很快,凝固时间很短,达到了快速凝固范围,可大幅度提高生产效率,改善组织和性能。谢发勤等采用深过冷定向凝固方法制备得到的 Cu-Ni 合金定向凝固样件,其一次枝晶间距比 LMC 法获得的组织还要小[10,11]。

当熔体获得很大的热力学过冷,即在形核前就处于深过冷亚稳状态时,由于固、液两相的吉布斯自由能相差很大,一旦形核,生长速率就非常快,在深过冷消失前基本不受外部散热条件限制。深过冷度的获得原则上不受液态金属体积的限制,故可以采用较慢的冷却速度来进行,这样,便于施加各种控制措施,克服动力学过冷度受试样尺寸的限制。正是这个特点,为深过冷定向凝固技术的发展注入了活力[12]。

但是,深过冷熔体激发快速定向凝固技术如果要成为一种实用的凝固技术(或工艺),还需要解决两个问题:一个是研究不同过冷度条件下过冷熔体激发形核后晶体生长方式和组织形成规律,确定适用于形成枝晶系列微观组织的试验条件和工艺因素;另一个是在上述研究结果的基础上最终解决大体积深过冷熔体激发快速定向凝固技术,使深过冷熔体凝固速度很快,凝固时间很短,达到快速凝固范围,这样可大幅度提高生产效率,改善组织和性能。

但在实用化进程中,深过冷定向凝固法仍面临着重大的技术难题需要解决。大体积深过冷熔体合金的获得通常是采用电磁悬浮熔炼及玻璃净化法熔炼等,而铸件的成形通常采用熔模精铸型壳,这样,容易导致异质形核结晶,从而大大降低过冷度。因此.如何解决深过冷熔体的获得与铸件凝固成形之间的矛盾,是深过冷定向凝固由实验室走向实际生产的关键问题之一[13]。

5.2.3 电磁约束成形定向凝固

电磁约束成形定向凝固技术是指将电磁约束成形技术和高梯度定向技术相结合的新型材料制备技术[13]。它将电磁场对材料的加热和电磁力作用这两种效应耦合起来,在对材料加热熔化的同时施加约束力,约束合金液相的形状,可进行材料的无坩埚熔炼、无铸型成形与凝固。同时,冷却介质与铸件表面直接接触,增强铸件固相的冷却能力,让固—液界面附近的熔体内产生很高的温度梯度,可使凝固组织细化。电磁成形定向凝固技术特别适用于高熔点、易氧化、高活性的特种合金的多种截面形状、中小尺寸坯件的无污染熔化、成形和凝固组织控制及其短流程制备。利用电磁成形定向凝固技术处理高温合金时,由于合金密度大,电磁参数低,约束相同高度熔体所需的电磁压力将是铝的 6.7 倍,而钢及高温合金的导热性只有铝的 1/6,这样,由于导热性的差异,使得钢及高温合金熔体的内外温差增大,极不利于液体金属的稳定与成形。同时,真空下冷却受设备及环境条件的限制远大于非真空条件下所受到的限制,电磁场在对坯料加热的同时.对冷却介质也有一定的加热作用.可使其冷却能力降低。根据这一特点,对最初的设备进行改进,制造了感应器—熔体—屏蔽罩耦合系统,有效地解决了真空下特种合金电磁约束成形过程中的加热熔化和约束成形的耦合问题[14],成功地获得了具有柱状晶组织的不锈钢、高温合金圆形和近矩形截面铸件。实现电磁约束成形控制的核心问题是解决加热熔化功率与电磁约束力的耦合问题。电磁加热功率与约束力合理匹配,才能使温度控制与形状控制同时满足凝固过程的要求。单频电磁约束成形中无法分别调节加热功率和约束力的大小,两者之间匹配范围很窄。为了能独立地实现固态金属快速加热熔化及液态金属的电磁约束成形这两个相互关联的过程.提出了真空下特种合金电磁约束成形的双感应器—熔体—屏蔽罩耦合的方法,建立了相应的技术工艺方案(见图 5-10)[15],实现了分别调节电磁约束成形过程中加热功率和约束力场的大小目的,克服了单频电磁约束成形过程中的工艺参数范围窄的缺点。在实验室采用双频电磁约束成形的方法,获得了具有定向凝固组织的大宽厚比(48mm×12mm)的 K3 高温合金的板状件。

在电磁约束成形法获取板状件等复杂形状铸件时,由于拐角处的曲率半径小.导致熔体的表面张力增大.特别是在具有凹截面形状的铸件成形时,熔体表面张力指向熔体外表面。这些因素不利于熔体的精确成形。由于电磁力的辅助作用使熔体与模壳接触时间短,接触面积小,所以受到模壳材料的污染较小。熔体的形状取决于磁模的形状。因此,电磁软接触约束成形可以实现各类复杂形状的坯件,且构件能精确成形,现已在实验室成功制备出叶片状高温合金样件。

电磁约束成形定向凝固技术为先进材料成形加工技术的发展开辟了一个新的途径,对于高熔点、易氧化、高活性特种合金的成形制备具有特别重要的意义。但复杂熔体形状的精确成形涉及三维电磁场、流场、温度场的耦合及稳定性分析,相关理论还需要做更深入的研究,而且如何进行复杂形状成形的自动控制仍是需要解决的问题。

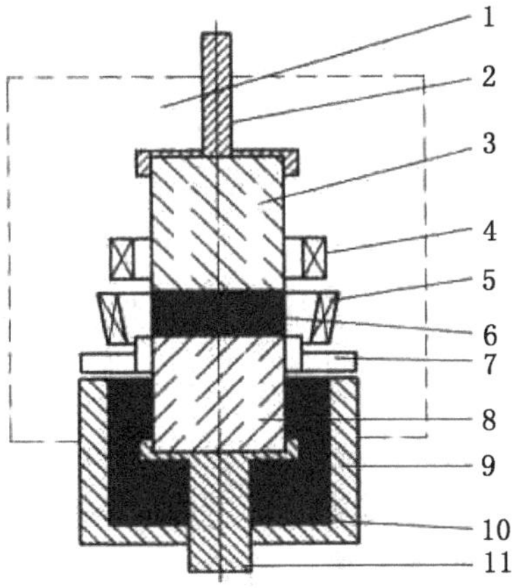

图 5 - 10 双频点刺成形定向凝固原理图

1—真空室;2—送料机构;3—固态坯料;4—预热感应器;5—成形感应器;6—熔体;7—屏蔽罩;8—已凝固件;9—液态金属;10—冷却器;11—拉出机构

5.2.4 连续定向凝固技术

人们很早就开始使用与连续定向凝固技术类似的凝固技术制造电力机车的输电线,此类技术是上引法制造纯铜输电线技术[15-17]。

连续定向凝固技术,或称单晶连铸技术,可以称之为一种近成品形状生产技术,与传统的连续铸造方法的主要不同之处在于将传统连铸中的冷却铸型改为加热铸型和冷却器两部分。在这种连铸方法中,由于采用加热铸型,消除了在铸型内壁形核的可能性。这样,只有在引锭棒端部形核的晶体才可以逆着热流单向生长。

单晶材料的制备方法有 Czochralski 法、Bridgeman 法和区域熔炼法等,但这些方法生产的单晶铸件长度均受到设备和坩埚尺寸的限制,不能生产近终形、任意断面形状和长度的单晶线、棒和板等型材。

20 世纪 80 年代初,日本千叶工业大学大野笃美将传统连铸中冷铸型改为加热铸型,发明了一种新的连续铸造方法,即 OCC 法[18]。该方法将先进定向凝固技术和高效连续铸造技术相结合,其技术原理是将传统连铸中的水冷结晶器改变为加热铸型和一个与之分离的冷却器两部分,使铸型内壁温度高于所铸金属的熔点,以阻止在型壁形核。这样,在铸型和冷却点之间产生较大温度梯度,形成定向凝固条件,有利于得到定向生长的柱状晶组织。同以往的单晶生产方法相比,这种方法具有铸件长度不受限制、工艺简单和高效等特点,能生产近终形、无限长的单晶线、棒材。

相比之下,国内在这方面的研究则要晚得多。从 1994 年开始,西北工业大学凝固技术国家重点实验室对单晶连铸技术的原理进行探索研究,研制出国内首台单晶连铸设备,并成功地拉制出纯金属铝和铜的单晶线材。甘肃工业大学、广东工业大学等也进行了大量的研究并取得了很好的效果,但他们大多采用的是水平连铸方法,很少采用具有多方面优点的竖直下引连铸法。水平连铸铸锭的尺寸受到限制,气体、夹杂物易卷入铸锭,易产生气孔夹杂、偏析等缺陷,而且铸锭上下方冷却不均匀,造成组织分布不均匀,从而进一步影响铸锭的性能,而竖直下引连铸法完全可以避免以上缺点[19]。通过理论研究和实验验证,西北工业大学解决了水平单晶连铸技术的两个技术关键,即固—液界面的形状位置控制和液体金属液面高度控制问题。通过分析研究,明确了单晶组织演化的机制及其影响因素。

结合连续定向凝固的上述特点,上海大学和北京科技大学等开发研制了垂直连续定向凝固技术。同时,北京科技大学还将这种设备置于真空环境下,形成真空连续定向凝固技术,使之适合更广泛的材料种类,其原理如图 5-11 所示[20,21]。在极限真空度较高的连续定向凝固设备中充氩气对熔化进行保护,这样就能很好地解决高温易氧化金属、贵金属、对成分和组织要求比较严格的金属的连续定向凝固工艺问题。

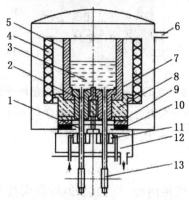

图 5-11 真空连续定向凝固实验装置原理示意图

1—引锭杆;2—铸锭;3—金属熔体;4—感应加热线圈;5—石墨坩埚;6—真空罩;7—结晶器;8~10—耐火材料隔离块;11—水冷装置;12—水冷室;13—驱动轮

5.3 定向凝固技术存在的问题及展望

初步的实验结果表明,虽然深过冷定向凝固技术、电磁约束成形定向凝固技术以及激光超高温度梯度快速定向凝固技术具有广阔的应用前景,但是目前都存在一些问题需要解决。例如,如何在深过冷状态下保证定向凝固组织的获得,如何获得多元合金的深过冷。

目前,深过冷的研究还局限于纯金属或简单的二元合金。如何通过深过冷定向凝固获得具有一定外形的零件是关系到该技术能否实用化的主要问题。

电磁约束成形定向凝固技术是一项涉及电磁流体力学、冶金、凝固及自动控制等多学科的技术,各种工艺参数,如电磁压力、加热密度、抽拉速度等的选择,将决定铸件的表观质量和性能,目前还处于研究阶段。

激光超高温度梯度快速定向凝固技术存在的主要问题,是如何控制热流的方向,使固—液界面的生长方向与激光束的扫描方向一致,实现传统意义上的定向凝固。目前,该工作正在进行之中。

定向凝固技术发展的历史就是温度梯度和凝固速度不断提高的历史。随着实验技术的改进和人们的努力,新一代的定向凝固技术必将为新材料的制备和新加工技术的开发提供广阔的前景,也必将使凝固理论得到完善和发展。

第6章　材料加工过程中的化学冶金

6.1　概述

6.1.1　材料加工过程中的化学冶金问题

除切削加工和冷作成形外,很多加工方法如铸造、焊接、表面改性和锻造等热加工方法,在加工过程中均需要把金属加热到高温或熔化状态,金属将与其周围介质发生各种各样的冶金反应,其结果必然导致金属成分和性能的变化。反应程度及其引起的化学成分和性能的变化除与加热温度有关外,还受两个重要的因素影响:其一为加工时金属所接触的介质的特性,如熔炼中的熔渣和焊接熔渣的酸碱性、周围气体的成分及其氧化还原性,浇注时铸型材质和表面特性等;其二为金属本身的活性,如活性金属钛在 300℃ 以上就能快速吸氢,600℃ 以上就能快速吸氧,700℃ 以上就能快速吸氮,因此它的熔炼和浇铸需在真空或氩气保护等的特殊条件下进行。它在焊接时所要求的保护范围比钢材焊接时大,除了液体熔池需要用氩气保护外,其熔池周围 400℃ 以上的区域均需用氩气保护,以免金属吸收气体杂质后变脆。同样,镁合金在液态下会发生剧烈氧化和燃烧,所以镁合金必须在熔剂覆盖下或保护气氛中进行熔炼。

热加工过程中金属与周围介质的冶金反应引起的各种变化大多数情况下是有害的,但通过控制可以减小或避免这些有害反应,并促使其进行一些有益的反应。例如,当金属直接暴露在大气中进行加热和熔化时(如无保护的焊接),必将引起金属的强烈氧化和吸氮吸氢等反应,使金属中含氧、含氮和含氢量急剧增加。相反,一些有益的合金元素则被氧化烧损,并在金属中形成氧化物夹杂,使金属的成分和性能发生恶化。但若在加工过程中采取一些相应的冶金措施(如焊接时采用带有药皮的焊条)后,结果就能得到很大的改善。表 6-1 中所列的资料正好说明了这一问题。由表 6-1 可知,当用光焊丝在大气中对低碳钢进行无保护的手工电弧焊时,熔敷金属中的 C,Si 和 Mn 等元素都会出现明显得烧损现象,而气体杂质的含量则大幅度提高。由于大气主要是由氮气和氧气组成的,因此其中氮含量增加约 27 倍,氧含量增加约 9 倍,从而使金属的塑性和冲击韧性降到低于要求的水平。当采用带有药皮的焊条进行焊接时,通过保护和冶金处理等措施使熔敷金属的性能达到了要求。

上述情况表明,热加工与冷加工不同,它不仅改变了材料的外形,而且在加工过程中还伴随有材料内部成分和性能的变化。因此,它不仅是一个简单的机械加工过程,而且是一个复杂的冶金过程。为确保加工过程中金属不被有害杂质严重污染和性能不被恶化,就必须对加工过程中可能出现的各种冶金反应进行分析和研究,以便予以控制。因此,研究材料热加工过程中的化学冶金反应并掌握其一般规律,为分析金属在加工过程中可能产生的冶金缺陷和性能变化,以及采取有效的冶金防护措施和制定合理的加工工艺提供重要的理论依据。

表 6-1 相同焊丝不同保护条件下的低碳钢熔敷金属成分及性能

分析对象		各化学成分的质量分数/%						常温力学性能			
		C	Si	Mn	N	O	H	σ_y /MPa	σ_b /MPa	δ_5 /%	E_{kv} /J
焊丝		0.13	0.07	0.66	0.005	0.021	0.0001	—	—	—	—
钢板		0.20	0.18	0.44	0.004	0.003	0.0005	235	412	26	102
熔敷金属	无保护光焊丝	0.03	0.02	0.20	0.140	0.210	0.0002	302	410	7.5	12
	酸性焊条	0.06	0.07	0.36	0.013	0.099	0.0009	321	460	25	75
	碱性焊条	0.07	0.23	0.43	0.026	0.051	0.0005	345	459	29	121

6.1.2 材料加工过程中的化学冶金特点

1. 焊接过程中的化学冶金特点

焊接冶金过程与一般钢铁的冶炼过程相比,无论在原材料方面还是在反应条件方面都有很大的不同,因此不能完全用普通的化学冶金规律来研究焊接化学冶金问题。在各种焊接方法中,手工电弧焊的冶金反应过程最为复杂,这里主要以手工电弧焊(药皮焊条)的冶金反应为例,介绍焊接过程的化学冶金反应特点。

焊接冶金反应过程是分区域或分阶段连续进行的,且各区的反应条件(如反应物的性质、浓度、温度、反应时间、相接触面积、对流和搅拌的程度等)存在较大的差别,因而反应的可能性、进行的方向及反应进行的程度等也各不相同。一般来讲,反应开始于焊接材料(焊条、焊丝)的起弧熔化阶段,经熔滴过渡最后到达熔池之中,且各阶段又是互相依赖的。手工电弧焊的化学反应大体可分为 3 个冶金反应区,即药皮反应区、熔滴反应区和熔池反应区。

(1) 药皮反应区。药皮反应区的加热温度较低,药皮的熔点一般为 100℃(对于钢焊条约为 1 200℃),反应部位在焊条前端的套筒附近。在药皮反应区所发生的冶金反应,主要是各种形式的水(吸附水和结晶水)的蒸发和药皮中某些碳酸盐(如菱苦土—$MgCO_3$、大理石—$CaCO_3$)和高价氧化物(如赤铁矿—Fe_2O_3 和锰矿—MnO_2 等)及有机物如木粉、纤维素和淀粉等的分解,形成 CO_2,CO,O_2,H_2 和 H_2O 等气体。除此之外,还有铁合金的先期脱氧反应等。因此,药皮反应区是焊接冶金反应的准备阶段,为冶金反应提供了气体和熔渣。

(2) 熔滴反应区。从熔滴形成、长大到过渡至熔池中都属于熔滴反应区,从反应条件上看,该反应区存在如下特点:

① 熔滴的温度高:焊接区的弧柱空间温度可达 5 000～6 000℃(等离子弧可达30 000℃),采用电焊条焊接钢时熔滴允许的平均温度因焊接规范的不同而不同,一般在1 800～2 400℃范围内变化,而气体保护焊和埋弧焊时的熔滴平均温度均可接近钢的沸点,约为 2 800℃。

② 熔滴金属与气体和熔渣的接触面积大:由于熔滴的尺寸小,其比表面积可达 103～104cm²/kg,比炼钢时大 1 000 倍左右。比表面积大可促进冶金反应的进行,因此熔滴反应区是焊接冶金反应最激烈的部位,许多反应可达到终了程度,对焊缝的化学成分影响很大。

③ 各相之间的反应时间(接触时间)短:熔滴在焊条端部的停留时间只有 0.01～0.1s。熔滴向熔池过渡的速度高达 2.5～10m/s,经过弧柱区间的时间极短,只有 0.000 1～

0.001s。在此区间,各相之间接触的平均时间约为 0.01～1s。由此可知,熔滴阶段的反应主要在焊条末端进行。

④ 熔滴金属与熔渣发生强烈的混合:在熔滴形成、长大和过渡过程中,它不断改变自己的形状,使其表面不断发生局部收缩或扩张。这时总有可能拉断覆盖在熔滴表面的渣层,使熔渣被熔滴金属所包围。这种混合作用增加了相的接触面积,有利于反应物进入或离开反应表面,从而促使反应的进行。在熔滴反应区进行的冶金反应有:气体的分解和溶解、金属的蒸发、金属及其合金元素的氧化与还原,以及合金化等。但由于反应时间短,一般少于 1s,故不利于冶金反应达到平衡状态。

(3) 熔池反应区。熔滴和熔渣落入熔池后,与熔化的母材金属混合或接触,并向熔池尾部和四周运动;与此同时,各相之间进一步发生物理化学反应,直至金属凝固,形成固态焊缝金属。

由于熔池的平均温度比熔滴低(钢的熔池温度约为 1 600～1 900℃,平均可达(1 770±100)℃,比表面积相对较小(300～1 300cm^2/kg),所以熔池中的化学反应强烈程度要比熔滴反应区小一些。此外,由于熔池中的温度分布极不均匀,在熔池的不同部位,液态金属存在的时间不同,因而冶金反应进行的程度也不相同,尤其是头部和尾部更为复杂。熔池的头部处于升温阶段,有利于发生金属的熔化和气体的吸收等吸热反应。而熔池的尾部温度低,有利于发生金属的凝固和气体的逸出等放热反应。

熔池反应区反应物的相对浓度要比熔滴反应区小,故其反应的速度也比熔滴反应区小一些。但由于熔池区的反应时间较长,一般为几秒或几十秒(如手工电弧焊时为 3～8s,埋弧焊时为 6～25s),并且熔池中存在着对流和搅拌现象,这有助于熔池成分的均匀化和冶金反应的进行。因此,熔池反应区对焊缝的化学成分具有决定性的影响。

总之,焊接化学冶金过程是分区域连续进行的,熔滴阶段所进行的反应,多数会在熔池阶段中继续进行,但也有少数会停止或向相反的方向进行。各阶段冶金反应的综合因素才能决定焊缝金属的最终成分。

2. 铸造过程中的化学冶金特点

铸造的化学冶金反应,主要发生在金属的熔炼阶段。以电弧炉炼钢为例,其工艺过程包括装料、熔化期、氧化期、还原期和出钢期。主要的化学冶金反应有气体杂质的溶入与污染、金属及其合金元素的氧化烧损和脱氧,金属的脱磷、脱硫、脱碳和渗合金反应等。由于金属在熔炼过程中的温度较低,一般比金属的熔点温度稍高(如熔炼碳钢的温度为 1 600～17 00℃),温度变化的范围不大,而且,与焊接熔池相比,液态金属的体积较大,熔炼的时间相对较长,因此冶金反应进行得较充分,可以采用物理化学中的平衡方程式来进行计算与分析,能较为容易地控制钢铁中各种元素的含量,保证钢铁的化学成分达到设计的要求。

此外,铸造在浇注时液态金属还会与铸型表面进行物理化学反应,主要是水蒸气与合金元素反应导致合金元素氧化,以及固态碳和有机物的燃烧反应导致金属表面增碳等。通过系列物理化学反应,在金属与铸型之间的界面和铸型中会形成 H_2O、H_2、CO、CO_2、N_2 和 CH_4 等混合气体的平衡。

3. 其他热加工方法的化学冶金特点

热处理和热塑性成形过程的化学冶金反应主要是指在加热过程中金属表面与周围介质(主要是气体)之间的氧化、脱碳与增碳、渗硫等,其反应过程相对比较简单。粉末冶金的化学冶金反应主要发生在粉末的制备过程和烧结过程中。其中,烧结是决定粉末烧结体密度和强度的关键环节。对于液相烧结方法,其烧结温度一般为 $0.67\sim0.80T_m$(T_m 为粉末基体的熔点)。烧结过程中将发生扩散和生核,以及液相与固相之间的化学冶金反应。

6.2 气体与液态金属的反应

6.2.1 气体的来源

1. 熔焊时焊接区的气体及其来源

焊接区内的气体主要来源于焊接材料,如焊条药皮、焊剂及药芯焊丝中的造气剂、高价氧化物和水分等都是气体的重要来源;气体保护焊时焊接区内的气体主要来自所采用的保护气体及其中的杂质(如氧、氮、水气等);热源周围的空气也是一种难以避免的气体源;被加工金属表面与加工工具表面的氧化膜、吸附水、油污及一些有机物等,在焊接加热时也会释放出气体。值得注意的是,一般情况下,焊丝和母材中因冶炼而残留的气体是很少的,对气相的成分影响不大。

除了直接进入焊接区内的气体(如空气、保护气体等)外,焊接区内的气体主要是通过以下物理化学反应而产生的。

(1) 有机物的分解和燃烧。制造焊条时常用的淀粉、纤维素等(它主要是作为造气剂和涂料的增塑剂),焊丝和母材表面的油污、油漆等,这些物质被加热到 $200\sim250℃$ 后,将发生复杂的分解和燃烧,生成的气态产物主要是 CO_2,还有少量的 CO、H_2、烃和水汽。

(2) 碳酸盐和高价氧化物的分解。焊接材料中常用的碳酸盐有 $CaCO_3$、$MgCO_3$、白云石〔$CaMg(CO_3)_2$〕及 $BaCO_3$,当这些物质加热到一定温度后,开始发生分解并放出 CO_2 气体(分解反应式如式(6-1)和式(6-2)所示):

$$CaCO_3 = CaO + CO_2 \qquad (6-1)$$

$$MgCO_3 = MgO + CO_2 \qquad (6-2)$$

在空气中,$CaCO_3$ 开始分解的温度为 $545℃$,$MgCO_3$ 为 $325℃$,而 $CaCO_3$ 激烈分解的温度为 $910℃$,$MgCO_3$ 为 $650℃$。可见,在焊接条件下,它们能完全分解。

焊接材料中常用的高价氧化物主要有 Fe_2O_3 和 MnO_2,它们在焊接过程中将发生逐级分解(见反应式(6-3)~式(6-7)),反应结果生成大量的氧气和低价氧化物,如 FeO 和 MnO。

$$6Fe_2O_3 = 4Fe_3O_4 + O_2 \qquad (6-3)$$

$$2Fe_3O_4 = 6FeO + O_2 \qquad (6-4)$$

$$4MnO_2 = 2Mn_2O_3 + O_2 \qquad (6-5)$$

$$6Mn_2O_3 = 4Mn_3O_4 + O_2 \qquad (6-6)$$

$$2Mn_3O_4 = 6MnO + O_2 \qquad (6-7)$$

(3) 材料的蒸发。焊接过程中,除了焊接材料中的母材表面的水分发生蒸发外,金属及其合金元素和熔渣中的各种成分也在电弧的高温作用下发生蒸发,并形成相当多的蒸汽。进入焊接区内的气体,如 N_2,H_2,O_2,CO_2 和 H_2O 等,在电弧的高温(一般在 $6\,000℃$ 左右)作用下还将发生分解(见图 6-1),如:

$$H_2 = H + H \qquad (6-8)$$

$$CO_2 = CO + 1/2 \ O_2 \qquad\qquad (6-9)$$
$$H_2O = 2H + O \qquad\qquad (6-10)$$

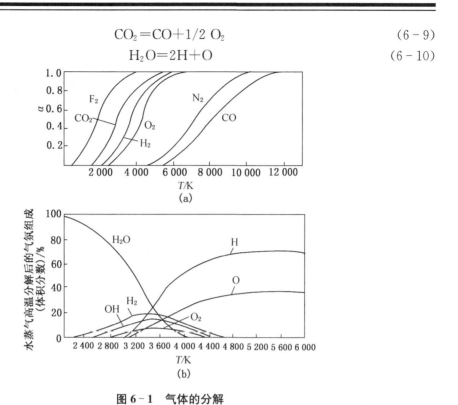

图 6 - 1　气体的分解

(a) 气体的分解度;(b) 水蒸气的分解($p_{H_2O} = 100\text{kPa}$)

某些气体还能发生电离,由分子或原子变为离子,如 $H \rightarrow H+$、$N \rightarrow N+$,$NO \rightarrow NO-$。

综上,焊接区内的气体是由 CO,CO_2,H_2O,O_2,H_2,N_2 和金属蒸汽,以及它们分解或电离的产物所组成的混合物。几种焊条焊接区气氛的组成如表 6 - 2 所示。可见,低氢型焊条气相中含 H_2 最低,即 pH 最小;所有酸性焊条的 pH 均较高,其中纤维素型焊条的 pH 最大。

表 6 - 2　各类钢焊条的焊接气氛组成(烘干条件为 120℃,2h)

药皮类型	CO	CO_2	H_2	H_2O
高钛型(J421)	46.7	5.3	34.5	13.5
钛钙型(J422)	50.7	5.9	37.7	5.7
钛铁矿型(J423)	48.1	4.8	36.6	10.5
氧化铁型(J424)	55.6	7.3	24.0	13.1
纤维素型(J325)	42.3	2.9	41.2	12.6
低氢型(J427)	78.9	16.9	1.8	

2. 铸造过程中的气体及其来源

铸造过程中的气体来源主要有如下三个方面:

(1) 熔炼过程:主要来自各种炉料的铁锈和水分,以及周围环境气氛中的水分、空气、CO_2、CO、SO_2、H_2 及有机物燃烧产生的碳氢化合物,如表 6 - 3 所示。

表 6-3　铸造合金熔炼过程中气体的来源

气体种类	气体来源
氢	ⓐ炉气中的水分、氢气；ⓑ炉前附加物(孕育剂等)所含的氢、水分及有机物等；ⓒ炉料中的水分、氢氧化合物及有机物；ⓓ炉衬及炉前工具的水分；ⓔ出炉时周围气氛中的水分
氧	ⓐ炉料中的氧化物；ⓑ熔炼石使用的氧化剂；ⓒ炉气及出炉时周围气氛中的氧和水汽；ⓓ潮湿的炉衬及熔炼用具所带来的水分
氮	ⓐ炉料中的氮；ⓑ炉气及出炉时周围气氛中的氮气

(2) 铸型。来自铸型中的气体如表 6-4 所示。烘干的铸型在浇注前的吸水,粘土在液态金属的热作用下其结晶水的分解。此外,有机物的燃烧分解也能放出大量气体。

表 6-4　铸型中气体的来源

气体种类	气体来源
氢	ⓐ混砂时加入的水分；ⓑ各种有机粘结剂及附加剂的分解；ⓒ粘土砂中的结晶水；ⓓ铸型返潮
氧	ⓐ粘土砂中加入碳酸盐等的分解；ⓑ各种有机粘结剂及附加剂的分解；ⓒ型砂空隙中的氧气；ⓓ型砂空气中的水分
氮	含氮的各种树脂粘结剂

(3) 浇注过程。浇包未烘干,当铸型的浇注系统设计不当时,型腔内的气体不能及时排出,也会进入液态金属。

由上述分析可知,金属在高温加工过程中,即使采取了一定的保护措施,但总是难免要和一些气体相接触。其中能引起金属中气体杂质(N,H,O)含量增加的气体有 N_2, H_2, O_2 和水蒸气(H_2O),有时还有 CO_2 等。但这些分子状态的气体都不能直接溶入金属,只有分解成氮、氢、氧的原子或离子后才能溶入金属,而金属在高温加工时(如熔炼、浇注、焊接以及激光表面重熔和表面合金化等)刚好为它们的分解和溶入创造了有利的温度条件。一般情况下,温度越高则溶入金属的气体杂质也越多。因此,当加工过程中采用的工艺不恰当时就可能有大量的气体溶入液态金属,使金属的性能变坏或形成气孔、裂纹等缺陷。

6.2.2　氮对金属的作用

1. 氮的溶解

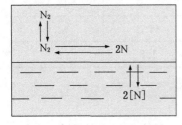

图 6-2　氮的溶解示意图

除少数金属如铜和镍外,氮能以原子的形式溶于大多数的金属中。但由于氮分子分解为原子时所需的温度很高(见图 6-1(a)),因此即使在电弧焊的高温下(5 000～6 000K),它的分解度也很小。所以一般加工条件下气相中很少存在能直接溶于金属的原子态氮。此时,它的溶解过程较为复杂,包括如下 4 个阶段:首先是气相中的氮分子向金属表面移动,之后被金属表面吸附,被吸附的分子在金属表面分解为原子态的氮,最后原子穿过金属表面层向金属深处扩散即溶入液态金属中,如图 6-2 所示。因此,这是一种纯化学溶解的过程,符合化学平衡法则。

其反应式为

$$N_2 = 2[N] \tag{6-11}$$

因此,一定温度和一定氮分压的条件下,氮在金属中达到平衡时的浓度即溶解度 $\omega_{[N]}$ 为

$$\omega_{[N]} = K_{N_2} \sqrt{p_{N_2}} \tag{6-12}$$

式中,K_{N_2}——氮溶解反应的平衡常数;

p_{N_2}——气相中分子氮的分压。

式(6-12)就是一般双原子气体在金属中溶解度的平方根定律。它说明了平衡状态下,高温时双原子气体 N_2 在液态金属中所达到的浓度与该气体分压的平方根成比例。

式(6-12)中的 K_{N_2} 与温度、金属的种类及其状态和结构有关。当金属为液态铁时,K_{N_2} 与温度的关系为

$$\lg K_{N_2} = \frac{-1\,050}{T} - 0.815 \tag{6-13}$$

将式(6-13)代入式(6-12)得:

$$\lg[N] = \frac{-1\,050}{T} - 0.815 + \frac{1}{2}\lg p_{N_2} \tag{6-14}$$

当 $p_{N_2} = 100 \text{kPa}$ 时,氮在铁(含 $1\%\text{Mn}$)中的溶解度与温度的关系如图所 6-3 示。由图 6-3 可知,在液态铁中氮的溶解度随温度升高而增加,但当温度超过 2 300℃以后溶解度反而急剧减少,直至铁的沸点(2 750℃)时减至零值。其原因是由于金属大量蒸发而引起 p_{N_2} 减小的结果。另外,从 6-3 图中还可以看到在凝固和冷却过程中由于相结构发生变化而引起溶解度的突变。此外,当气相中存在有原子和离子状态的氮时,其溶解度就要比仅为分子状态的氮时高得多。此时,氮在金属中的溶解量已不受平方根定律的限制。因此,在用高能量密度的热源(如激光束)加工金属时,熔化金属吸收的气体量比用上述平方根定律计算出来的溶解度高得多。

氮在金属中的溶解度除了与其分压和温度有关外,还与金属的种类和合金的成分有关。一般来说,在活性金属中氮的溶解度更大,在钢中加入不同合金元素时也会影响到它的溶解度(见图 6-4)。

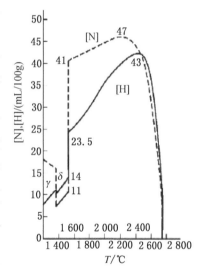

图 6-3　氮与氢在铁(Fe-1%Mn 合金)中的溶解度($p_{H_2} \cdot p_{N_2} = 100\text{kPa}$)

2. 氮的作用

(1) 氮的有害作用。氮经常作为一种有害杂质存在于金属中,其有害作用主要是引起气孔和金属的脆化。

①形成氮气孔:氮是促使铸件或焊缝产生气孔的主要原因之一。液态金属在高温时可以溶解大量的氮,而在凝固时氮的溶解度突然下降,这时,过饱和的氮以气泡的形式从液态金属中逸出,当液态金属的结晶速度大于气泡的逸出速度时,就会形成气孔(如铁液中含氮量超过 0.01%时,易导致铸件中形成气孔缺陷),并导致铸件或焊缝承载能力的下降,甚至由

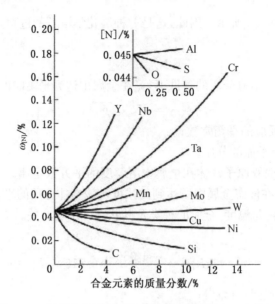

图 6-4   钢中合金元素对氮的溶解度的影响(1 600℃)

于应力集中而成为断裂的裂纹源。

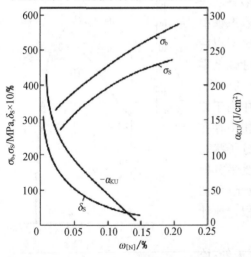

图 6-5   氮对焊缝金属常温力学性能的影响

②引起金属脆化:氮引起金属脆化的主要原因是由于高温下溶入了大量的氮,在冷却过程中由金属内直接析出粗大的氮化物而引起脆化,如含氮量高的钢冷到 590℃以下时,过饱和的氮会以针状 Fe_4N 析出,分布于晶界和晶内,引起金属脆化,其脆化作用随含氮量的增加而增加(见图 6-5),这对低温韧性的影响更为严重。此外,当氮以过饱和固溶体存在于钢中时,在随后的加工过程中会引起时效脆化(见图 6-6)。例如,对含有过饱和氮的钢材(如含氮量高的沸腾钢)进行冷冲、滚圆和弯边等工序后再进行焊接时,会在焊接热的作用下引起钢材的时效脆化。这种情况下冷作引起的塑性变形和焊接引起的再次加热是促使氮的过饱和固溶体发生时效脆化的外界条件。

(2)氮的有益作用。在一些低合金高强正火钢如 15MnVN 钢中,氮可以与一些合金元素生成氮化物弥散质点,起沉淀强化作用和细化晶粒的作用。为满足大线能量焊接的需要,在一些大线能量焊接用钢中加入微量钛,形成微小的氮化钛质点,起阻止晶粒长大的作用。另外,在有些含镍量低的奥氏体钢中常采用氮来稳定奥氏体,如 1Cr18Mn8Ni5N 钢。

3. 氮的控制

(1)加强保护:对氮的控制主要是加强对金属的保护,防止空气的侵入。因为氮一旦进入液态金属,脱氮就比较困难。在金属熔炼时,应根据不同的冶炼期配制不同组成和数量足

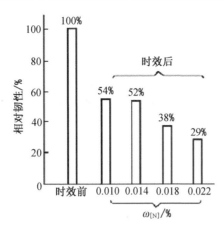

图 6-6 应变时效前后低碳钢(0.11%~0.17%C)冲击韧性的变化(预拉形变量 10%)

够的熔渣,以加强对液态金属的保护。液态金属出炉后应在浇包的液面上用覆盖剂覆盖,以免液态金属与空气接触。

在焊接时,采用不同的焊接方法其保护效果不同,可以从焊缝的氮含量反映出来,如表6-5所示。保护效果主要与不同焊接方法所采用的保护方式(如气保护、渣保护或气渣联合保护)、焊条药皮的成分和数量等有关。

表 6-5 用不同方法焊接低碳钢时焊缝的氮含量

焊接方法		$\omega_{[N]}/\%$	焊接方法	$\omega_{[N]}/\%$
手弧焊	光焊丝电弧焊	0.08~0.228	埋弧焊	0.002~0.007
	纤维素焊条	0.015	CO_2 气体保护焊	0.008~0.015
	钛型焊条	0.013	气焊	0.015~0.020
	钛铁矿型焊条	0.014	熔化极氩弧焊	0.006 8
	低氢型焊条	0.010	药芯焊丝手弧焊	0.015~0.04
			实芯合金焊丝自动保护焊	<0.12

(2) 适当加入氮化物形成元素:若在液态金属中加入 Ti,Al,Zr 等能固定氮的元素,形成稳定的氮化物,则可显著降低气孔形成倾向和时效脆化倾向,如铝镇静钢的时效倾向小。

(3) 控制加工工艺:以焊接为例,焊接工艺参数对焊缝的含氮量有明显的影响,如电弧电压增加,导致保护作用变差,使焊缝含氮量增加。焊接电流增加时,由于熔滴过渡频率的增加,导致氮与熔滴作用时间减小,使焊缝的氮含量减少。

6.2.3 氢对金属的作用

1. 氢的溶解

氢分子在高温下比氮容易分解为原子氢(见图 6-1(a))。当热加工温度较高时,如处在焊接电弧温度(5 000~6 000K)环境中,氢分子几乎全部分解为原子氢。而当热加工温度较低时,如在普通的熔炼温度(熔炼炉中的温度为 1 600~1 700℃)条件下,大部分氢还是处于分子状态。

氢能溶于所有金属。根据与氢的相互作用和吸氢规律的不同,金属可分为两大类:与氢不形成稳定化合物的第Ⅰ类金属及与氢能形成稳定化合物的第Ⅱ类金属。

(1) 氢在第Ⅰ类金属中的溶解。第Ⅰ类金属包括 Fe,Ni,Cu,Cr,Mo,Al,Mg 和 Sn 等,所吸收的氢都溶解于金属。因此,这类金属所能吸氢的量或称"吸容氢"(即某温度条件下能被金属吸收的氢总含量)与其溶解度(即某温度条件下氢在金属中形成溶液或形成固溶体的最大值)是一致的,且氢的溶解是吸热反应。

分子态的氢必须分解为原子态的氢或离子态的氢(主要是 H^+)才能溶解于金属中。在一般熔炼条件下,当气相中的氢以分子状态存在时,这类金属的吸氢规律服从一般双原子气体在金属中溶解的平方根定律,即 $\omega_{[H]} = K_{H_2}\sqrt{p_{H_2}}$,此时氢在金属中的溶解过程如图 6-7(a)所示。在电弧焊条件下,因为弧柱温度高,弧柱气氛中存在大量的氢原子和离子,因此焊接熔池中液态金属的吸氢量不受平方根定律的控制,大大超过了一般熔炼时的吸氢量,其溶解过程以图 6-7(b)的方式为主。从图 6-3 中可以看到氢在铁(含 1‰Mn)中的溶解度变化与氮基本类似。铁在凝固点时,氢的溶解度有突变,在随后的冷却过程中,发生点阵结构改变时,氢的溶解度还有跳跃式的变化,即在面心立方点阵的 γ-Fe 中,比在体心立方点阵的 δ-Fe 及 α-Fe 中,能溶解更多的氢。

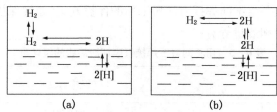

图 6-7 氢在金属过程中的溶解示意图
(a) 较低温度如熔炼时的溶解过程;(b) 较高温度如电弧焊时的溶解过程

氢在这类金属中的溶解度随温度提高而增加(见图 6-8、图 6-9 和图 6-10)。因此,它们在加工过程中温度越高吸氢越多。另外,金属中的合金元素也会不同程度地影响氢的吸收量。Ti,Ta,Cr,C,Si 等合金元素对铁中氢的溶解度影响如图 6-11 所示。

(2) 氢在第Ⅱ类金属中的溶解。第Ⅱ类金属包括 Ti,Zr,V,Nb 和稀土等,它们的吸氢能力很强,其吸氢过程为放热反应。在温度不太高的固态下就能吸氢,首先与氢形成固溶体,当吸氢量超过了它的固溶度后就以氢化物析出。

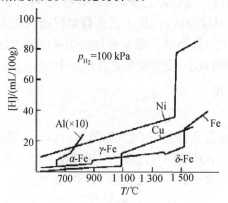

图 6-8 氢在第Ⅰ类金属中的溶解度变化

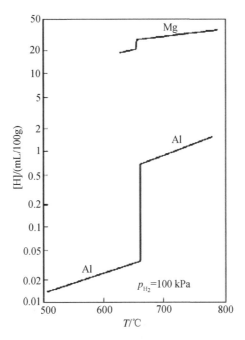

图 6 - 9　氢在铝和镁中的溶解度

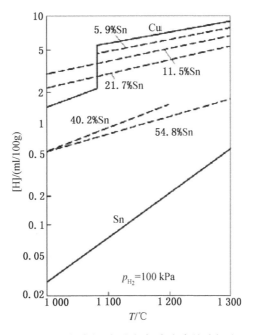

图 6 - 10　氢在铜、锡和铜锡合金中的溶解度

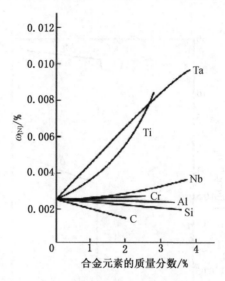

图 6 - 11　合金元素对氢在铁中溶解度的影响(1 600℃)

因此,这类金属所能吸收氢的量超过了它的溶解度。但当温度超过了氢化物稳定的临界温度后(相应于图 6 - 12 上溶解曲线的拐点温度),氢化物分解为自由氢原子,并扩散外逸。所以,这类金属的吸氢量比第Ⅰ类金属的大得多,而且在加热到不太高温度的固态时就能吸氢。因此,在加工这类金属时要特别注意氢的污染。除了焊接和铸造这类金属及其合金时必须在真空或惰性气体保护下进行外,锻造加热时也要防止吸氢,如钛合金在加热、酸洗及模锻过程中与油等碳氢化合物接触时都可能产生吸氢现象。当合金中氢含量超过一定数量(0.015%)后,便会发生氢脆。

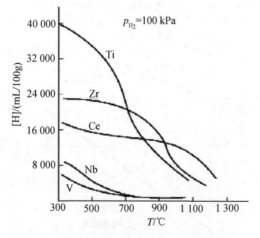

图 6 - 12　氢在第 II 类金属中的溶解度变化

2. 氢的有害作用

一般来说,氢的有害作用主要是导致脆化和形成气孔,体现在如下 4 个方面。

(1)氢脆。金属的氢脆一般可分为两类。

① 第 1 类脆化是由氢化物引起的。例如,在钛及其合金中,当含氢量超过了它的溶解度后,在冷却过程中会由于溶解度降低而在金属中析出脆性的片状氢化物 TiH_2,成为脆断

时的裂纹源。这类脆化的特点是其脆化程度随加载变形速度加大而增大,而且温度越低脆化越严重。

　　② 第 2 类脆化是由于过饱和的氢原子在金属慢速变形时的扩散聚集及与位错的交互作用而引起的。其脆化机制为:在试件拉伸过程中,金属的位错发生运动和堆积,从而形成显微空腔;与此同时,溶解在晶格中的原子氢,不断沿位错运动方向扩散,最后聚集于显微空腔内,并形成分子氢,使空腔内产生很高的压力,加速微裂纹的扩展,而导致金属的变脆。它产生于一定的温度范围内和小的变形速度下。当温度较高时氢易扩散外逸;当温度很低时氢的活动能力太低,不易扩散聚集。一般低碳钢和低合金钢在室温附近时氢脆最明显,如图 6-13 所示。当加载速度很大(如冲击试验)时,位错运动的速度很大,而氢的扩散聚集来不及进行,因此不会出现脆化。与第一类脆化相反,其特点为脆化程度随加载变形速度加大而减小。

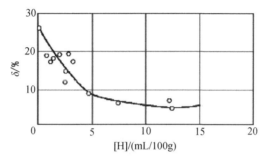

图 6-13　氢含量对低碳钢塑性的影响

　　(2)白点。白点是指钢材内部氢脆引起的微裂纹,其纵向断口为表面光滑的圆形或椭圆形银白色斑点,故称为白点(俗称鱼眼)。白点的直径一般为零点几毫米到几毫米,或更大一些,其周围为塑性断口,故用肉眼即可辨识。许多情况下,白点的中心存在小尺寸的夹杂物或气孔。白点一般容易产生于具有珠光体、贝氏体及马氏体组织的中、大型截面的锻件中,尤其是存在于含 Cr,Ni 和 Mo 的材料如 Cr-Ni,Cr-Ni-W,Cr-Ni-Mo 钢以及含碳量高于 0.4%~0.5% 的碳钢中。

　　(3)氢气孔。一般情况下,在金属熔点温度,氢在金属中的溶解度有明显的突变,即液态金属吸收氢的能力大,而在固态金属中的溶解度明显小,如表 6-6 所示。由于合金通常是在一定的温度范围内熔化或凝固,而气体溶解度的突变也正是发生在液相线和固相线之间的温度范围内,因而当液态合金中含有饱和的氢时,在合金降温凝固过程中,因溶解度的突然降低而超过溶解饱和极限,就会有大量氢气析出。一旦合金表面已凝固,在其内部析出的氢就不能逸出,从而在工件内部形成气孔缺陷。例如,由表 6-6 可知,溶于铝液内的氢虽然少于溶于其他液态金属中的氢,但其在固态铝中的溶解度非常小,液相和固相中的溶解度相差悬殊,其 $(C_L - C_S)/C_S = 16.5$。这就是铝及其合金铸造过程中容易出现氢气孔的主要原因。为防止合金过多吸氢,加工时合金不宜过热及长期保温。

　　(4)冷裂纹。冷裂纹是金属冷却到较低温度下产生的一种裂纹,这种裂纹也是由于氢的扩散引起的,有时在工件运行过程中都有可能发生,危害性很大。

表 6-6　熔点温度时氢在金属中的溶解度

金属	熔点/℃	溶解度/(ml/100g)		$(C_L - C_S)/C_S$
		液态(C_L)	固态(C_S)	
Al	660	0.7	0.04	16.5
Cu	1 083	5.5	2.0	1.75
Mg	650	26	18	0.44
Fe	1 536	27.7	7.81	2.55

3. 氢的控制

(1) 限制氢的来源。金属熔炼时，必须确保炉料干净、少锈和无油。对于严重生锈的废金属，使用前应进行喷砂除锈处理；潮湿的金属炉料入炉前需要预热；表面有油污的金属炉料必须经过预热或除去油污。对于造渣材料，要严格控制水分的含量，如要求石灰的含水量小于 0.5%，并置于桶内封存，入炉前需进行预热。炉膛、出钢槽、浇包等均应充分干燥。

金属焊接时，须限制焊接材料中的水含量，如焊条、焊剂、药芯焊丝必须进行烘干处理，尤其是低氢型焊条，烘干后应立即使用或放在低温(100℃)烘箱内，以免重新吸潮。另外，还需要清除焊丝和焊件表面的杂质。当焊接铝和钛及其合金时，因常形成含水的氧化膜，焊接前必须用机械或化学方法进行清除。

(2) 冶金处理。在金属熔炼过程中，常通过加入固态或气态除气剂进行除气，如将氯气通入铝液后，氯气与氢就能发生如下化学反应：

$$2Al + 3Cl_2 = 2AlCl_3 \tag{6-15}$$

$$H_2 + Cl_2 = 2HCl \tag{6-16}$$

由上述反应可知(上述反应放热)，铝液中的氢不仅可以氯化生成氯化氢气体，逸出铝液表面，还可以通过扩散作用，进入氯化铝气泡内，并通过 $AlCl_3$ 气体的逸出，达到良好的去氢效果。

在实际生产中，也可以采用通入混合气体的方法除气，如氮-氯混合气体或氯-氮-氧化碳(由其他反应生成)的混合气体等，以减少氯气对熔炼设备的腐蚀作用。

在焊接中，常通过调整焊接材料的成分，使氢在高温下生成比较稳定的不溶于液态金属的氢化物(如 HF,OH)来降低焊缝中的氢含量，如在焊条药皮和焊剂中加入氟化物。氟化物的去氢机制有以下两种：

① 在酸性熔渣中，渣中 CaF_2 和 SiO_2 同时存在时能发生如下化学反应：

$$2CaF_2 + 3SiO_2 = 2CaSiO_3 + SiF_4 \tag{6-17}$$

上述反应生成的气体 SiF_4 沸点很低(90℃)，并与气相中的原子氢和水蒸气发生如下反应：

$$SiF_4 + 3H = SiF + 3HF \tag{6-18}$$

$$SiF4 + 2H_2O = SiO_2 + 4HF \tag{6-19}$$

② 在碱性药皮焊条中，CaF 首先与药皮中的水玻璃发生如下反应：

$$Na_2O \cdot nSiO_2 + mH_2O = 2NaOH + nSiO_{2(m-1)}H_2O \tag{6-20}$$

$$2NaOH + CaF_2 = 2NaF + Ca(OH)_2 \tag{6-21}$$

$$K_2O \cdot nSiO_2 + mH_2O = 2KOH + nSiO_{2(m-1)}H_2O \tag{6-22}$$

$$2KOH + CaF_2 = 2KF + Ca(OH)_2 \tag{6-23}$$

与此同时,CaF 与氢和水蒸气发生如下反应:

$$CaF_2 + H_2O = CaO + 2HF \tag{6-24}$$

$$CaF_2 + 2H = Ca + 2HF \tag{6-25}$$

上述反应生成的 NaF 和 KF 又与 HF 发生如下反应:

$$NaF + HF = NaHF_2 \tag{6-26}$$

$$KF + HF = KHF_2 \tag{6-27}$$

生成的氟化氢钠和氟化氢钾进入焊接烟尘,从而达到了去氢的目的。

此外,适当增加熔池中的氧含量,或提高气相的氧化性,也可以减少熔池中氢的平衡浓度。因为气相中的氧可以夺取氢生成较稳定的 OH,如:

$$O + H = OH \tag{6-28}$$

$$O_2 + H_2 = 2OH \tag{6-29}$$

$$2CO_2 + H_2 = 2CO + 2OH \tag{6-30}$$

上述反应结果使气相中的氢分压减小。有研究表明,熔池中氢的平衡浓度计算式如下:

$$\omega_{[H]} = \sqrt{\frac{p_{H_2} \, p_{H_2O}}{\omega_{[O]}}} \tag{6-31}$$

由式(6-31)可知,气相中氢的分压减小或熔池中氧含量增加,都可以减小熔池中氢的浓度。另外,在药皮或焊芯中加入微量稀土元素钇或表面活性元素碲、硒,也可以大大降低焊缝中扩散氢的含量。

（3）控制工艺过程。铸造时,适当控制液态金属的保温时间、浇注方式、冷却速度;焊接时,调整焊接工艺参数,控制熔池存在时间和冷却速度等,均能减少金属中的氢含量。

（4）脱氢处理。焊后把焊件加热到一定温度,促使氢扩散外逸的工艺称为焊后脱氢处理。将焊件加热到 350℃,保温 1h,可使绝大部分的扩散氢去除。在实际生产中对易产生冷裂纹的焊件,常常要求进行焊后脱氢处理。

6.2.4　氧对金属的作用

1. 氧的溶解

根据金属与氧的作用特点,可把金属分为两类。

第Ⅰ类是液态和固态都不溶解氧的金属,如 Al, Mg 等,它们氧化生成的氧化物如 Al_2O_3,MgO 以单独的相成为氧化膜或氧化物质点悬浮于液体金属中。

第Ⅱ类是能有限溶解氧的金属,如 Fe,Cu,Ni,Ti 等。第Ⅱ类金属生成的氧化物如 FeO,Cu_2O,NiO 和 TiO 都能溶于相应的金属中,直到金属中的氧浓度达到饱和为止,如铁氧化生成的 FeO 能溶于铁及其合金中,氧在这些金属中的溶解度随温度升高而增加(例如,氧在铁液中的溶解度随温度的变化如图 6-14 所示),而且液相中的溶解度大大高于固相中的溶解度。

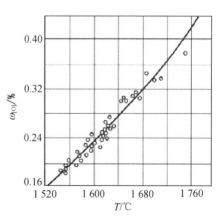

图 6-14　铁液中氧的溶解度与温度的关系

例如,固态时氧在铁中的溶解度很小,在凝固温度时(1 520℃左右)氧的溶解度降到0.16%,δ铁变为γ铁时降低到0.05%以下,室温α铁中几乎不溶解(0.001%以下)。因此,最后钢中的氧几乎全部以FeO和其他合金元素的氧化物及硅酸盐等夹杂物的形式存在。

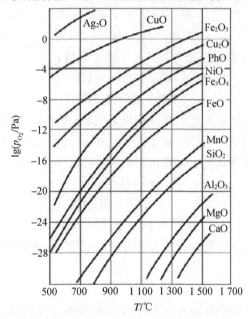

图6-15　自由氧化物的分解压与温度的关系

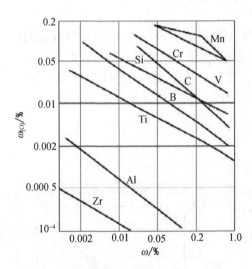

图6-16　合金元素的浓度(ω)对液态铁中氧的溶解度的影响(1 600℃)

氧在第Ⅱ类金属中的溶入方式取决于氧的分压。当氧的分压低于该金属氧化物的分解压(各种氧化物的分解压与温度的关系如图6-15所示)时,则氧化物不存在,此时全部以氧原子方式溶入;当氧分压超过金属氧化物的分解压时,在氧原子溶入的同时还有生成的氧化物一起溶入。例如,1 600℃时铁液不被氧化的氧分压为0.8×10^{-3}Pa,氧分压低于此值时,没有FeO生成,因此氧全部以原子态氧溶入铁液,与此氧分压平衡的氧溶解为0.23%;假如在1 600℃时氧的分压超过了以上压力时,则将有一部分氧以FeO的形式溶入。值得注意的是,当铁中有其他元素存在时,则将引起液态铁中氧溶解度的降低,如图6-16所示。

2. 直接氧化反应

氧是一种非常活泼的元素,在金属加工过程中氧与高温下的金属、特别是液态金属接触时,除了上面讲的少量氧能溶于金属外,还会与金属及其合金元素发生强烈的氧化反应,严重改变金属的成分和性能。这些氧化反应对金属的作用显然大于它的溶解反应,是液态金属化学冶金中的主要部分。通过氧化反应一方面会使金属中的有益元素氧化烧损,使性能变坏;另一方面,也可利用氧化反应来控制和去除一些有害的杂质。氧化的产物可以成为夹杂物残留于金属中,影响金属性能;也可以形成熔渣对金属起保护和净化作用。

金属的氧化反应是通过氧化性气体(O_2,CO_2,H_2O 等)和活性熔渣与金属发生相互作用而实现的。本小节主要讨论氧化性气体的直接氧化反应,有关活性熔渣对金属的氧化将在熔渣对金属的作用中阐述。

氧气对金属氧化的一般反应式可表示为

$$x\mathrm{M}+O_2 = \mathrm{M}_xO_2 \tag{6-32}$$

$$K_p = 1/p_{O_2} \tag{6-33}$$

$$\Delta G_f^\ominus(\mathrm{M}_xO_2) = -RT\ln K_p = RT\ln p_{O_2} \tag{6-34}$$

金属氧化物的分解压 p_{O_2}(见图6-15)及其标准生成自由焓 $\Delta G_f^\ominus(\mathrm{M}_xO_2)$ 都是金属对氧亲和力的量度,可用于衡量各种金属对氧亲和力的大小。金属氧化的热力学条件是 $\Delta G_f^\ominus(\mathrm{M}_xO_2)<0$ 以及 $p_{O_2}<p_{O_2'}$,其中 $p_{O_2'}$ 为加工环境中的氧分压,而且合金元素对氧的亲和力越大,则其 $\Delta G_f^\ominus(\mathrm{M}_xO_2)$ 的负值越大,p_{O_2} 越小。因此,根据氧化物的标准生成自由焓(或分解压)的大小,可对各种元素的氧化倾向进行比较。图6-17 中列出了一些元素在各种温度下与 1mol 氧反应时,其氧化物的标准生成自由焓。利用该图可获得一定温度范围内各元素对氧亲和力大小的次序。

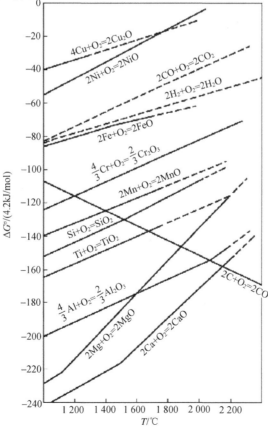

图6-17 氧化物的 $\Delta G^\ominus$ 与温度 T 的关系图(折合为 1mol O_2)

在钢铁的熔炼、铸造和焊接过程中除了基体金属铁被氧化外,凡是其氧化物的标准生成自由焓低于铁的元素都能被氧化。因此,钢铁在高温下加工时最常遇到的主要直接氧化反应有:

$$2[Fe]+O_2= \begin{matrix} [FeO] \\ | \\ 2FeO \\ | \\ (FeO) \end{matrix} \qquad (6-35)$$

$$2[C]+O_2=2CO \qquad (6-36)$$

$$[Si]+O_2=(SiO_2) \qquad (6-37)$$

$$2[Mn]+O_2=2(MnO) \qquad (6-38)$$

$$[Fe]+H_2O= \begin{matrix} [FeO] \\ | \\ FeO+H_2 \\ | \\ (FeO) \end{matrix} \qquad (6-39)$$

注:上述反应式中的符号"[ ]"和"( )"分别表示金属中和渣中的组元(下文相同的符号意义相同)。

另外,在加工一些合金钢时,除了这些常规元素外,根据钢材的成分还可能发生其他合金元素(如 Cr,V,Ti 等)的氧化。

值得注意的是,由于直接氧化发生于气相和液体金属两相的界面上,因此根据动力学分析,当气相中氧的供应足够充分时,其反应速度受液体金属中被氧化元素向界面输送环节的限制,即由液体金属中元素的对流扩散来决定其氧化反应的速度。由于实际对流扩散速度小,所以在钢铁的熔炼和热加工过程中直接氧化并非金属元素的主要氧化方式。

3. 氧对金属性能的影响

(1) 有害作用:

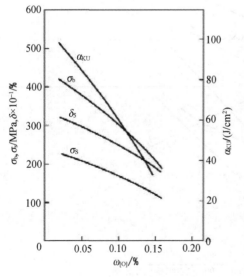

图 6-18 氧(以 FeO 形式存在)对低碳钢常温机械能的影响

①机械性能下降:氧化物极容易呈薄膜状偏析于晶粒边界并最终以夹杂物形式存在于晶界。氧在钢中无论以何种形式存在,对金属的性能都有很大的影响,并随着氧含量的增加,金属的强度、塑性、韧性都会明显下降(见图6-18),特别是低温冲击韧性急剧下降。因此,对合金钢,尤其是对低温用钢,影响更为显著。

②引起金属红脆、时效和产生裂纹。

③形成气孔:溶解在液态金属中的氧还能与碳发生反应,生成不溶于金属的 CO 气体。在液态金属凝固时,若 CO 气体来不及逸出,就会形成气孔。焊接时,当熔滴中生成 CO 气体时,因 CO 气体受热膨胀,使熔滴爆炸造成飞溅,还会影响焊接过程的稳定性。

(2) 有益作用。利用氧的强氧化性,有时在热加工过程中也能起到有益的作用。例如,炼钢过程中利用氧化把多余的碳烧掉。焊接过程中,可利用氧进行除氢,减少焊缝中的氢含量;为改变焊接电弧特性和获得必要的熔渣物理化学性能,有时在焊接材料中还需要加入少量的氧化剂。

4. 氧的控制

氧在金属中的主要作用是有害的,为此必须控制金属中的氧含量,可采用如下措施来实现:

(1) 在炼钢时采取有效的去气措施进行除氧。在铸钢的生产中采用炉外精炼技术,如氩氧脱碳和真空氩氧脱碳法等,可以保证铸钢的高强韧性。

(2) 纯化焊接材料。在焊接要求比较高的合金钢和活泼金属时,应尽量选用不含氧或含氧少的焊接材料,如采用惰性气体保护焊,采用低氧或无氧的焊条、焊剂等。

(3) 控制焊接工艺参数。焊接工艺条件的变化可能会造成保护不良的效果,如电弧电压增大时,使空气与熔滴接触的机会增多,会导致焊缝氧含量的增加。

(4) 进行脱氧处理。采用冶金方法进行脱氧,如在焊接材料(焊条及焊剂)中加入脱氧剂,或在炼钢末期向钢液中加入脱氧剂等进行脱氧处理。

6.3　熔渣与液态金属的反应

6.3.1　熔渣

在熔炼金属的过程中,固体熔渣材料如石灰石、氟石、硅砂等,在高温炉中被熔化生成的低熔点复杂化合物称为熔渣。同样,焊条药皮或埋弧焊用的焊剂,在电弧高温下也会发生熔化而形成熔渣。

1. 熔渣的作用

熔渣在金属的熔炼过程及焊接过程中具有以下作用。

(1) 机械保护作用。由于熔渣的熔点比液态金属低,因此熔渣覆盖在液态金属的表面(包括熔滴的表面),将液态金属与空气隔离,可防止液态金属的氧化和氮的渗入。熔渣凝固后形成的渣壳,覆盖在金属的表面,可以防止处于高温下的金属在空气中被氧化。

(2) 冶金处理作用。熔渣和液态金属能发生一系列的物理化学反应,如脱氧、脱硫、脱磷、去氢等,使金属净化;还可以使金属合金化等。通过控制熔渣的成分和性能,可在很大程度上调整金属的成分和改善金属的性能。

(3) 改善焊接工艺性能。在熔渣中加入适当的物质,可以使电弧容易引燃、稳定燃烧及减小飞溅,还能保证良好的操作性、脱渣性和焊缝成形等。为使熔渣能起到上述作用,需对熔渣的成分、结构及其物理、化学性能进行研究。

2. 熔渣的成分和分类

根据熔渣的成分和性能可以分为以下 3 类。

(1) 盐型熔渣。主要是由金属氟酸盐、氯酸盐和不含氧的化合物组成,其主要渣系有 CaF_2-NaF,BaF_2-$BaCl_2$-NaF,KCl-$NaCl$-Na_3AlF_6 等。由于盐型熔渣的氧化性很小,所以主要用于有色金属的熔炼和焊接,如焊接铝、钛和其他化学活泼性强的金属,也可以用于焊接高合金钢。

(2) 盐-氧化物型熔渣。主要是由氟化物和强金属氧化物组成。常用的渣系有 CaF_2-

$CaO\text{-}SiO_2$，$CaF_2\text{-}CaO\text{-}Al_2O_3$，$CaF_2\text{-}CaO\text{-}Al_2O_3\text{-}SiO_2$ 等。因其氧化性较小，主要用于铸钢熔炼和焊接用合金钢。

（3）氧化物型熔渣。主要是由金属氧化物组成。广泛应用的渣系有 $MnO\text{-}SiO_2$，$FeO\text{-}MnO\text{-}SiO_2$，$CaO\text{-}TiO_2\text{-}SiO_2$ 等。这类熔渣一般含有较多的弱氧化物，因此氧化性较强，主要用于铸铁熔炼及低碳钢和低合金钢的焊接。

上述 3 类熔渣最常用的是后两种，表 6-7 列出了不同焊条和焊剂的熔渣成分。

表 6-7 不同焊条和焊剂的熔渣成分

焊条和焊剂类型	熔渣化学成分的质量分数 $\omega/\omega\%$										熔渣碱度		熔渣类型
	SiO_2	TiO_2	Al_2O_3	FeO	MnO	CaO	MgO	Na_2O	K_2O	CaF_2			
钛铁矿型	29.2	14.0	1.1	15.6	26.5	8.7	1.3	1.4	1.1		0.88	−0.1	氧化物型
钛型	23.4	37.7	10.0	6.9	11.7	3.7	0.5	2.2	2.9		0.43	−0.2	氧化物型
钛钙型	25.1	30.2	3.5	9.5	13.7	8.8	5.2	1.7	2.3		0.76	−0.9	氧化物型
纤维素型	34.7	17.5	5.5	11.9	14.4	2.1	5.8	3.8	4.3		0.60	−1.3	氧化物型
氧化铁型	40.4	1.3	4.5	22.7	19.3	1.3	4.6	1.8	1.5		0.60	−0.7	氧化物型
低氢型	24.1	7.0	1.5	4.0	3.5	35.8		0.8	0.8	20.3	1.86	+0.9	盐-氧化物型
HJ430	38.5		1.3	4.1	43.0	1.7	0.45			6.0	0.62	−0.33	氧化物型
HJ251	18.2～22.0		18.0～23.0	≤1.0		7.0～10.0	3.0～6.0	14.0～17.0		23.0～30.0	1.15～1.44	+0.048～0.49	盐-氧化物型

3. 熔渣的结构与碱度

（1）熔渣的结构。熔渣的物理化学性质及其与金属的作用和熔渣的内部结构有密切的关系。关于熔渣的结构目前主要有分子理论和离子理论两种。

①分子理论：该理论的主要依据是室温下对固态熔渣的相分析和成分分析的结果。根据分子理论，液态熔渣是由自由状态化合物和复合状态化合物的分子所组成的。例如，钢铁熔渣中的自由化合物就是一些独立存在的氧化物（如酸性氧化物 SiO_2，TiO_2 和 ZrO_2 等；碱性氧化物：CaO，MgO，MnO，FeO 和 Na_2O 等；两性氧化物：Al_2O_3 和 Fe_2O_3 等），复合化合物就是酸性氧化物和碱性氧化物生成的盐。根据复合物中是 SiO_2，TiO_2 还是 Al_2O_3 可将复合物分为硅酸盐（$FeO \cdot SiO_2$，$(FeO)_2 \cdot SiO_2$，$MnO \cdot SiO_2$，$CaO \cdot SiO_2$，$(CaO)_2 \cdot SiO_2$ 等）、钛

酸盐($FeO \cdot TiO_2$，$(FeO)_2 \cdot TiO_2$，$CaO \cdot TiO_2$，$(CaO)_2 \cdot TiO_2$，$MnO \cdot TiO_2$ 等)和铝酸盐($MgO \cdot Al_2O_3$，$(CaO)_3 \cdot Al_2O_3$)等,而只有渣中的自由氧化物才能与液体金属和其中的合金元素发生作用。氧化物的复合是一个放热反应,所以一般来说,当温度升高时复合物均易分解,渣中自由氧化物的浓度增加。另外,各氧化物之间的结合强弱也不同,凡是生成热效应大的氧化物就易结合。强酸性氧化物最易与强碱性氧化物结合,强碱性氧化物能从复合物中取代弱碱性氧化物。但根据质量作用定律,当弱碱性氧化物的浓度很大时,也能从复合物中取代强碱性氧化物。

分子理论建立最早,由于它能简明地定性分析熔渣和金属之间的一些冶金反应,因此目前仍广泛应用。但用它无法解释一些重要的现象,如熔渣导电性,因此又出现了离子理论。

②离子理论:基于对熔渣电化学性能的研究,离子理论认为液态熔渣是由正离子和负离子组成的电中性溶液。它一般包括有:简单正离子(如 Ca^{2+}，Mn^{2+}，Mg^{2+}，Fe^{2+}，Fe^{3+}，Ti^{4+}等),简单负离子(如 F^-，O^{2-}，S^{2-} 等)及复杂的负离子(如 SiO_4^{4-}，Si_3O_9，AlO_3，Al_3O_7 等)。离子在熔渣中的分布、聚集和相互作用取决于它的综合矩即"离子电荷/离子半径"。表 6-8 中列出了各种离子在标准温度(0℃)下的综合矩。当温度升高时,离子的半径增大,综合矩减小,但它们之间的大小顺序不变。离了综合矩越大,说明离了的静电场越强,与异号离子的作用力越大。例如,正离子中 Si^{4+} 的综合矩最大,而负离子中 O^{2-} 的综合矩最大。因此,它们能牢固地结合成复杂的负离子 SiO_4^{4-},或更复杂的离子,如 Si_2O_7，Si_3O_9，Si_6O_{15}，S 等,减少了自由氧离子 O^+。此外,P,Al 和 Fe 也能与 O 形成复杂离子,如 PO_3^{3-}，AlO_3 和 FeO_2 等。

表 6-8　离子的综合矩

离子	离子半径/nm	综合矩/ (10^{-2}静库/cm)*	离子	离子半径/nm	综合矩/ (10^{-2}静库/cm)*
K^+	0.133	3.61	Ti^{4+}	0.068	28.2
Na^+	0.095	5.05	Al^{3+}	0.050	28.8
Ca^{2+}	0.106	9.0	Si^{4+}	0.041	47.0
Mn^+	0.091	10.6	F^-	0.133	3.6
Fe^{2+}	0.083	11.6	PO_4^{3-}	0.276	5.2
Mg^{2+}	0.078	12.9	S^{2-}	0.174	5.6
Mn^{3+}	0.070	20.6	SiO_4^{4-}	0.279	6.9
Fe^{3+}	0.067	21.5	O^{2-}	0.132	7.3

＊静库为静电系单位中电量的单位,1 静库 $= \dfrac{1}{3 \times 10^9}$ 库伦。

一般来说,在渣中酸性氧化物接受氧离子,如:

$$SiO_2 + 2O^- = SiO_4^{4-} \tag{6-40}$$

$$Al_2O_3 + 3O^- = 2AlO_3^{3-} \tag{6-41}$$

而碱性氧化物则提供氧离子,如:

$$CaO = Ca2^+ + O^{2-} \tag{6-42}$$

$$FeO = Fe^{2+} + O^{2-} \qquad (6-43)$$

此外,在综合矩的作用下,使综合矩较强的异号离子及综合矩较弱的异号离子分别聚集成团,使熔渣中的离子分布接近有序。例如,在含有 FeO,CaO 和 SiO_2 的熔渣中,综合矩较大的 Fe^{2+} 和 O^{2-} 形成集团。同时,在另一微区内综合矩较小的 Ca^{2+} 和 SiO_4^{4-} 形成集团。因此,熔渣实际上是一个微观成分不均匀的溶液。

根据离子理论,熔渣和金属之间的反应是离子和原子交换电荷的过程,例如熔渣中的 SiO_2 与金属 Fe 之间的下列反应:

$$(SiO_2) + 2[Fe] = 2(FeO) + [Si] \qquad (6-44)$$

用离子理论可表达为

$$Si^{4+} + 2[Fe] = 2Fe^{2+} + [Si] \qquad (6-45)$$

交换电荷的结果,铁变成离子进入熔渣,而硅则进入金属。

(2) 熔渣的碱度:

① 根据分子理论,熔渣碱度最简单的计算公式为

$$B_0 = \frac{\sum \text{碱性氧化物}}{\sum \text{酸性氧化物}} \qquad (6-46)$$

在式(6-46)中碱性氧化物和酸性氧化物分别以质量百分数计。符号 B_0 为碱度,其倒数为酸度。当 $B_0 > 1$ 时为碱性渣,$B_0 < 1$ 时为酸性渣。但用该公式计算出来的结果往往与实际不符,主要原因是在该公式中没有反映出各种氧化物酸性或碱性的强弱程度的差异。因此,又出现了一些修正后的公式,其中比较全面和精确的一个表达式为

$$B = \frac{0.018\omega_{CaO} + 0.015\omega_{MgO} + 0.014(\omega_{K_2O} + \omega_{Na_2O}) + 0.007(\omega_{MnO} + \omega_{FeO}) + 0.006\omega_{CaF_2}}{[0.017\omega_{SiO_2} + 0.005(\omega_{TiO_2} + \omega_{ZrO_2} + \omega_{Al_2O_3})]}$$
$$(6-47)$$

式(6-47)不仅考虑了氧化物酸性或碱性强弱之差,而且还考虑了 CaF_2 的影响。由于上式的系数比较复杂,为便于计算,将式中的系数进行近似处理后成为

$$B_l = \frac{\omega_{CaO} + \omega_{MgO} + \omega_{K_2O} + \omega_{Na_2O} + 0.4(\omega_{MnO} + \omega_{FeO} + \omega_{CaF_2})}{\omega_{SiO_2} + 0.3(\omega_{TiO_2} + \omega_{ZrO_2} + \omega_{Al_2O_3})} \qquad (6-48)$$

一般,

$B_l > 1.5$,为碱性熔渣;

$B_l < 1.0$,为酸性熔渣;

$B_l = 1.0 \sim 1.5$,为中性熔渣。

② 根据离子理论,熔渣碱度的表达式为

$$B_1 = \sum a_i M_i \qquad (6-49)$$

在式(6-49)中,a_i 表示第 i 种氧化物的碱度系数,这是根据电化学测定各种氧化物碱性强弱程度所取得的系数,碱性时为正值,酸性时为负值,各种氧化物的碱度系数可参见表6-9;M_i 表示第 i 种氧化物的摩尔分数。当 $B_1 > 0$ 时为碱性熔渣;$B_1 < 0$ 时为酸性熔渣;$B_1 = 0$ 时为中性熔渣。

表 6 - 9　氧化物的 a_i 值及相对分子质量

分类	氧化物	a_i 值	相对分子质量
碱性氧化物	K_2O	9.0	94.2
	Na_2O	8.5	32
	CaO	6.05	56
	MnO	4.8	71
	MgO	4.0	40.3
	FeO	3.4	72
酸性氧化物	SiO_2	−6.31	60
	TiO_2	−4.97	80
	ZrO_2	−0.2	123
	Al_2O_3	−0.2	102
	Fe_2O_3	0	159.7

4. 熔渣的物理性能

对熔渣的物理性能的影响,主要有熔点、黏度和表面张力对其保护效果、冶金反应及工艺性能等。

(1) 熔渣的熔点。熔渣是多元组成物,成分复杂,它的固液转变是在一定温度区间进行的,常将固体熔渣开始熔化的温度定义为熔渣的熔点。熔渣的熔点与熔渣的成分密切相关。图 6 - 19 为三元渣系 $FeO\text{-}CaO\text{-}SiO_2$ 的熔点与各组元组成的等熔点曲线。由图 6 - 19 可知,SiO_2 含量越高,熔点越高;当 FeO 与 SiO_2 成分大致相等时,CaO 含量为 10% 时渣的熔点最低。

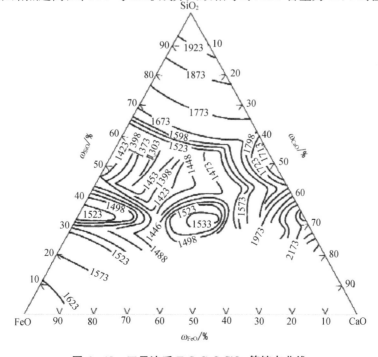

图 6 - 19　三元渣系 $FeO\text{-}CaO\text{-}SiO_2$ 等熔点曲线

熔渣的熔化温度应与金属熔点相配合。合金冶炼时,在一定的炉温下,熔渣的熔点越低,过热度越高,熔渣的流动性就越好,冶金反应越容易进行。如果熔渣熔点过低,流动性太好,熔渣对炉壁的冲刷侵蚀作用加重,且在浇注时熔渣不易与金属液分离,容易造成铸件夹杂。焊接时,若熔渣的熔点过高,就会比熔池金属过早地开始凝固,使焊缝成形不良;若熔渣熔点过低,则熔池金属开始凝固时,熔渣仍处于稀流状态,熔渣的覆盖性不良,也不能起到"成形"作用,其机械保护作用难以令人满意,使焊缝组织中的气体和夹杂物含量增加。

冲天炉炼铁要求熔渣的熔点通常为 1 300℃左右,其成分范围如表 6-10 所示。熔渣的熔点主要取决于 Al_2O_3,SiO_2 和 CaO 之间的比例,同时还受 MgO,FeO 和 MnO 等含量的影响。

表 6-10　冲天炉两种炉渣成分的质量分数

名称	SiO_2	CaO	Al_2O_3	MgO	FeO	MnO	P_2O_5	FeS
酸性渣	40~55	20~30	5~15	1~5	3~15	2~10	0.1~.5	0.2~0.8
碱性渣	20~35	35~50	10~20	10~15	≤2	≤2	≤0.1	1~5

适合于钢材焊接的熔渣熔点在 1 150~1 350℃范围内,熔渣的熔点过高或过低均不利于焊缝的表面成形。

(2)熔渣的黏度。熔渣的黏度是一个较重要的性能。如果熔渣不具备足够的流动性,则不能正常工作。由于金属与渣之间的冶金反应,从动力学考虑,在很大程度上取决于它们之间的扩散过程,而黏度对扩散速度影响很大。因此,熔渣的黏度愈小,流动性愈好,则扩散愈容易,对冶金反应的进行就愈有利。但从焊接工艺的要求出发,焊接熔渣的黏度不能过小,否则容易流失,影响覆盖和保护效果。根据黏度随温度变化的特点,可将熔渣分为"长渣"和"短渣"两类,如图 6-20 所示。随温度下降黏度急剧增长的渣称为短渣,当温度下降时黏度增大缓慢的渣称为长渣。

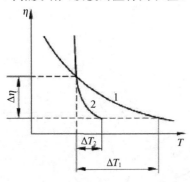

图 6-20　熔渣黏度与温度的关系曲线
1—长渣;2—短渣

黏度的变化是熔渣结构变化的宏观反应,熔渣的组成和结构即熔渣质点的大小和质点间的作用力的大小是决定熔渣黏度大小的内在因素。含 SiO_2 多的酸性渣为长渣,碱性渣为短渣。渣的结构越复杂,阴离子尺寸愈大,黏度就越大。最简单的 Si-O 离子是四面体的 SiO_4^{4-},随着渣中 SiO_2 含量的增加,使 Si-O 阴离子的聚合程度增加,形成不同结构的 Si-O 离子(如链状、环状和网状等),聚合程度越高,结构越复杂,尺寸越大,黏度越大。温度升高时黏度下降的原因是由于复杂的 Si-O 离子逐渐被破坏,形成较小的 Si-O 阴离子。在酸性渣中减少 SiO_2 增加 TiO_2 使复杂的 Si-O 阴离子减少,可降低黏度,并使渣成为短渣。

另外,在酸性渣中加入能产生 O^{2-} 的碱性氧化物(如 CaO,MgO,MnO,FeO 等)能破坏 Si-O 离子键,使 Si-O 离子的聚合程度逐渐由复杂的 $Si_9O_{21}^{6-}$,$Si_6O_{15}^{6-}$,$Si_3O_9^{6-}$,$Si_2O_7^{6-}$ 变为较小的 SiO_4^{4-} 硅酸离子,其反应式如下:

$$2Si_3O_9^{6-} + 3O^{2-} = 3Si_2O_7^{6-} \tag{6-50}$$
$$Si_2O_7^{6-} + O^{2-} = 2SiO_4^{4-} \tag{6-51}$$

随离子尺寸变小,黏度降低。当碱性氧化物继续增加时,氧对于 Si 达到饱和,于是就可以单独存在 O^{2-}。因此,由于碱性渣中的离子尺寸小,容易移动,黏度低。但碱性渣中高熔点 CaO 多时,可出现未熔化的固体颗粒而使黏度升高。渣中加入 CaF_2 可起到很好的稀释作用,在碱性渣中它能促使 CaO 熔化,降低黏度;在酸性渣中 CaF 产生的 F^- 能更有效地破坏 Si—O 键,减小聚合离子尺寸,降低黏度。因此,在焊接熔渣和熔炼钢铁的熔渣中常用 CaF_2 作为稀释剂。

（3）熔渣的表面张力。熔渣的表面张力对焊接熔渣来说也是一个较为重要的物理性能。它影响渣在熔滴和熔池表面的覆盖性能及由此引起的渣的保护性能、冶金作用及对焊缝成形的影响等。熔渣的表面张力除了与温度有关外,主要取决于熔渣组元质点间化学键的键能。具有离子键的物质其键能较大,表面张力也较大(如 FeO,MnO,CaO,MgO,Al_2O_3 等),碱性焊条药皮中含有较多的这类氧化物,焊接时容易形成粗颗粒过渡,焊缝表面的鱼鳞纹较粗,焊缝成形较差。具有极性键的物质其键能较小,表面张力也较小(如,TiO_2,SiO_2 等)。具有共价键的物质其键能最小,表面张力也最小(如 B_2O_3,P_2O_5 等)。因此,在熔渣中加入酸性氧化物 TiO_2,SiO_2,B_2O_3 等能降低熔渣的表面张力。另外,CaF_2 对降低熔渣表面张力也有显著作用。

5. 熔渣的冶金特性

熔渣对液态金属起到非常重要的冶金处理作用,能去除金属中的一些有害杂质,净化金属。对渣的冶金行为起决定性作用的是渣的碱度,它反映了渣的冶金特性。碱度对渣中以及渣和金属之间的各种冶金反应有直接和间接的重要影响,甚至可以使一些冶金反应发生方向性的变化,起到控制冶金反应的作用。例如,在碱度很低的酸性渣中,高温时不仅不会发生 Si 的氧化烧损,而且还能使反应朝着有利于渣中 SiO_2 的还原方向发展,使钢中渗 Si,如图 6-21 所示。又如渣的碱度能直接影响到钢的扩散脱氧效果(见图 6-22)。另外,渣的碱度还间接地影响到沉淀脱氧的效果,如图 6-23 所示。由于碱性渣中的 CaO 能与 Si 的脱氧产物 SiO_2 生成复合物,减少自由 SiO_2 的量,有利于 Si 的脱氧反应继续进行,从而提高了 Si 的脱氧效果。此外,渣的碱度对脱硫有着明显的作用,对脱磷也有一定的影响(见图 6-24)。

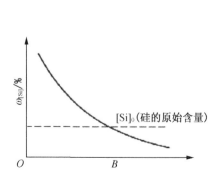

图 6-21　熔渣碱度对渗 Si 的影响

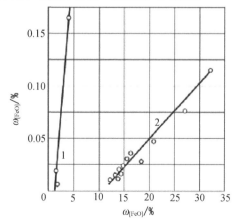

图 6-22　渣的性质与焊缝含氧量的关系

1—碱性渣;2—酸性渣

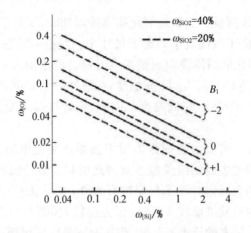

图 6-23 焊接熔渣碱度对 Si 脱氧效果的影响

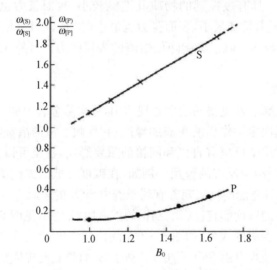

图 6-24 碱度对 S,P 在渣和金属中分配的影响(钛铁矿型焊条)

6.3.2 活性熔渣对金属的氧化

前面已阐述了氧化性气体对金属的氧化(直接氧化)。此外,活性熔渣对金属也有氧化作用。活性熔渣对金属的氧化作用有如下两种形式。

1. 扩散氧化

扩散氧化是发生于活性熔渣与金属之间的一种特殊氧化方式。FeO 是一种既能溶于铁液中,又能溶于熔渣中的氧化物。因此,这种氧化过程实际上就是将渣中的 FeO 直接转移到铁液中的过程。根据分配定律,达到平衡时 FeO 在铁液和渣中的分配比例 L 为常数,其表达式如下:

$$(\text{FeO}) \Longrightarrow [\text{FeO}] \tag{6-52}$$

$$L = \frac{\omega_{\text{FeO}}}{\omega_{(\text{FeO})}} \tag{6-53}$$

$$\lg L = \frac{-6\,300}{T} + 1.386 \tag{6-54}$$

分配常数决定了这一氧化过程,它与温度有关,并随温度升高而增加,即金属中的 FeO 随温度升高而增加。此外,分配常数还与渣的性质有很大关系。可将分配常数写成下列形式:

$$L_0 = \frac{\omega_{[O]}}{\omega_{(FeO)}} \tag{6-55}$$

在 SiO_2 饱和的酸性渣中:

$$\lg L_0 = \frac{-4\,906}{T} + 1.877 \tag{6-56}$$

在 CaO 饱和的碱性渣中:

$$\lg L_0 = \frac{-5\,014}{T} + 1.980 \tag{6-57}$$

由此可以看出,温度越高越有利于铁液的扩散氧化,而且碱性渣比酸性渣更易使铁液扩散氧化。即在 FeO 总量相同的情况下,碱性渣时液态金属中的氧含量比酸性渣时高,这种现象可以用熔渣的分子理论来解释。因为碱性渣中含 SiO_2、TiO_2 等酸性氧化物少,FeO 的活度大,容易向液态金属扩散,使其含氧量增加。因此,碱性焊条对氧较敏感,对 FeO 的含量必须加以限制。一般在药皮中不加入含 FeO 的物质,并要求焊接时需清理焊件表面的氧化物和铁锈,以防止焊缝增氧,但不应由此认为碱性焊条焊缝中的氧含量比酸性焊条的高;恰恰相反,碱性焊条的焊缝氧含量比酸性焊条低,这是因为碱性焊条药皮的氧化性较小的缘故。虽然在碱性焊条的药皮中加入了大量的大理石($CaCO_3$),在药皮反应区能形成 CO_2 气体,但由于加入了较强的脱氧剂如 Ti,Al,Mn,Si 等进行脱氧,使气相的氧化性大大削弱。

2. 置换氧化

置换氧化是发生于对氧亲和力较强元素的氧化物和对氧亲和力较弱元素的氧化物之间的一种反应,其反应结果将导致对氧亲和力较强的元素被氧化,而对氧亲和力较弱的元素则被还原。例如,在最常见的冲天炉中熔化铸铁时,铁液中的合金元素 Mn 和 Si 能被溶于铁液中的 FeO 氧化,其反应式如下:

$$[Si] + 2[FeO] =\!=\!= (SiO_2) + 2[Fe] \tag{6-58}$$

$$\lg K \frac{13\,460}{T} - 6.04 \tag{6-59}$$

$$[Mn] + [FeO] =\!=\!= (MnO) + [Fe] \tag{6-60}$$

$$\lg K \frac{6\,600}{T} - 3.16 \tag{6-61}$$

上面各式表明,反应结果将使铁液中的 Si,Mn 元素被烧损,因为这些元素的氧化反应是放热反应,随着温度的升高,平衡常数 K 减小,即反应减弱,所以冲天炉熔化铸铁时可以通过送热风来提高炉温,达到减少 Si,Mn 被烧损的目的。另外,当热风温度较高,并采用酸性炉渣时,甚至可使 Si 的置换氧化反应往相反方向进行,其结果使渣中的 SiO_2 被铁液还原,使铁液中的 Si 非但没有被烧损,反而还会增加。与此相反,铁液中的 FeO 量会有所提高,即铁被氧化。这就是熔炼和焊接时,通过熔渣中的一些氧化物使金属发生置换氧化反应的情况。

这些置换氧化反应在焊接冶金中起极为重要的作用。由于焊接时的温度非常高,特别是在熔滴和熔池的前半部(温度可在 2 000℃以上),因此当焊接熔渣中含有较多的 MnO 和

SiO_2 时就促使反应更有利于朝着渗 Mn 和渗 Si 的方向发展,使熔滴和熔池前半部液体金属中的 Mn、Si 含量增加,其增加程度除与温度和渣的成分有关外,还与金属中原始的 Mn、Si 含量和其他合金元素有关。原始 Mn、Si 含量越低,则 Mn、Si 含量的增加越多。当然,随之而来的金属中的 FeO 增多或其他元素的烧损将越多。因此,当焊接和铸造合金钢时还有一些对氧亲和力更强的合金元素会被置换氧化,其氧化反应的结果将使金属中的合金元素严重烧损和氧化物夹杂含量增加。其反应表达式如下:

$$(SiO_2) + [Ti] = [Si] + (TiO_2) \tag{6-62}$$

$$2(MnO) + [Ti] = 2[Mn] + (TiO_2) \tag{6-63}$$

$$2[FeO] + [Ti] = 2[Fe] + (TiO_2) \tag{6-64}$$

$$3(SiO_2) + 4[Cr] = 3[Si] + 2(Cr_2O_3) \tag{6-65}$$

$$3(MnO) + 2[Cr] = 3[Mn] + (Cr_2O_3) \tag{6-66}$$

$$3[FeO] + 2[Cr] = 3[Fe] + (Cr_2O_3) \tag{6-67}$$

6.3.3 脱氧处理

前面已经分析了金属高温加工过程中可能产生的一些氧化反应,其结果是引起金属和金属中有益合金元素的烧损及金属中含氧量的提高而使金属的性能变坏。因此,必须采取各种脱氧措施来降低金属中的氧含量。焊接时,脱氧按其方式和特点可分为先期脱氧、扩散脱氧和沉淀脱氧 3 种;炼钢时,脱氧的方式包括扩散脱氧和沉淀脱氧两种。

脱氧的主要措施是在金属的熔炼中或在焊接材料中加入合适的合金元素或铁合金,使之在冶金反应中夺取氧,将金属还原。用于脱氧的元素或铁合金被称为脱氧剂。在选用脱氧剂时应遵循以下原则。

(1) 脱氧剂对氧的亲和力应比需要还原的金属大。对于铁基合金,Al,Ti,Si,Mn 等可作为脱氧剂使用。在实际生产中,常采用铁合金或金属粉如锰铁、硅铁、钛铁、铝粉等。元素对氧的亲和力越大,其脱氧能力越强。

(2) 脱氧产物应不溶于液态金属,且密度小,质点较大。这样可使其上浮至液面而进入渣中,以减少夹杂物的数量,提高脱氧效果。

(3) 需考虑脱氧剂对金属的成分、性能及工艺的影响。在满足技术要求的前提下,还应考虑成本。

1. 先期脱氧

在药皮加热阶段,固态药皮受热后发生的脱氧反应叫做先期脱氧。含有脱氧剂的药皮(或焊剂)被加热时,其中的碳酸盐或高价氧化物发生分解,生成的氧和 CO_2 便和脱氧剂发生反应,反应的结果使气相的氧化性大大减弱。例如,Al,Ti,Si,Mn 的先期脱氧反应可表示如下:

$$3CaCO_3 + 2Al = 3CaO + Al_2O_3 + 3CO \tag{6-68}$$

$$2CaCO_3 + Ti = 2CaO + TiO_2 + 2CO \tag{6-69}$$

$$CaCO_3 + Mn = CaO + MnO + CO \tag{6-70}$$

$$2CaCO_3 + Si = 2CaO + SiO_2 + 2CO \tag{6-71}$$

$$MnO_2 + Mn = 2MnO \tag{6-72}$$

$$Fe_2O_3 + Mn = MnO + 2FeO \tag{6-73}$$

$$FeO + Mn = MnO + Fe \tag{6-74}$$

在先期脱氧中,由于 Al、Ti 对氧的亲和力非常大,它们绝大部分被氧化,故不易过渡到液态金属中进行沉淀脱氧。先期脱氧的效果取决于脱氧剂对氧的亲和力、本身的颗粒度及其加入的比例等,并与焊接工艺条件有一定的关系。

由于药皮加热阶段的温度较低,传质条件较差,先期脱氧的脱氧效果不完全,还需进一步进行脱氧处理。通过 Al、Ti、Mn、Si 的氧化,已经降低了药皮熔化成渣后对液态金属的氧化性能。

2. 扩散脱氧

扩散脱氧实质上就是利用前面讲过的扩散氧化的逆反应,使那种既能溶于金属又能溶于渣的氧化物,由金属中向渣中扩散转移,达到金属脱氧的目的。根据前面的式(6-53)和式(6-54),可知当温度降低时,分配系数 L 减小,即有利于发生下列扩散脱氧反应:

$$[FeO] \longrightarrow (FeO) \tag{6-75}$$

根据式(6-54)可知,当温度由 1 873K 提高到 2 773K 时,分配系数 L 值从 0.01 增加到 0.13,说明温度下降对扩散脱氧的促进作用。另外,根据式(6-56)和式(6-57),酸性渣比碱性渣有利于扩散脱氧,这是由于酸性渣中的 SiO_2 能与 FeO 进行下列反应:

$$(SiO_2) + (FeO) = (FeO \cdot SiO_2) \tag{6-76}$$

反应结果生成复合物,使渣中 FeO 的活度减少,有利于钢液中的 FeO 向渣中继续扩散。当渣中存在有碱性比 FeO 强的 CaO 时,则通常在渣中首先发生下列反应:

$$(CaO) + (SiO_2) = (CaO \cdot SiO_2) \tag{6-77}$$

反应结果减少了渣中的 SiO_2 含量,增加了渣中的游离 FeO,即增加了渣中 FeO 的活度,对扩散脱氧不利。因此,含有大量 CaO 的碱性渣不利于扩散脱氧。

另外,通过对渣的脱氧也能进一步促进扩散脱氧的进行。因为在一定的温度下,L 为常数,根据分配定律,当渣中的 FeO 量减少时,金属中的 FeO 会自动向渣中扩散,保持 L 值不变。因此,当渣中加入脱氧剂后能使渣中的 FeO 还原,减少了渣中的 FeO 含量,能促使钢液中的 FeO 继续往渣中扩散,这就间接地达到了脱去钢液中 FeO 的目的。这种脱氧方式的优点是由于脱氧反应的产物留在渣中,因此提高了金属的质量。

从动力学分析,扩散脱氧过程受渣中 FeO 的扩散环节所控制,因此它的缺点是脱氧速度慢,所需的脱氧时间长。根据菲克扩散第一定律,FeO 在渣中的扩散速度可表示为

$$\frac{dn}{dt} = \frac{DA}{\delta}(C_i - C) \tag{6-78}$$

式中,dn/dt 为单位时间内通过界面 A 向渣中扩散的 FeO 量,D 为 FeO 在渣中的扩散系数,δ 为渣一侧的有效边界层厚度,C_i 和 C 分别为渣中 FeO 的界面浓度和内部浓度。由于界面上很快就能按照两相间的分配定律达到平衡,因此界面上的浓度 C_i 可以被认为就是平衡浓度;为使扩散脱氧过程能继续进行下去,必须使渣一侧界面处的 FeO 向渣的内部不断扩散迁移。

根据公式(6-78),影响 FeO 向渣内部扩散速度的因素有扩散系数 D、接触界面积 A 以及边界层厚度 δ 和浓度差($C_i - C$)等。从提高扩散系数 D 出发,提高温度和降低渣的黏度都有利于提高扩散速度;但在扩散脱氧的条件下,提高温度受分配系数的限制,不利于 FeO 向渣中过渡。增加接触面积和减小边界层厚度都对扩散有利,但也受到很大限制。提高浓度差,即降低渣中原始 FeO 含量也有利于提高扩散速度,但随着扩散脱氧过程的进行,渣内的 FeO 含量在不断提高,因此浓度差变得越来越小,FeO 向渣内扩散的速度也就越来越低。

因此,为了保持较高的扩散脱氧速度,从保持渣中较高 FeO 浓度差出发,采用还原性渣是一种有效的措施。因为采用还原性渣时,扩散进入渣中的 FeO 很快与渣中的脱氧剂发生还原反应。由于高温条件下化学反应的速度大于扩散速度,因此通过还原反应能有效地降低渣中 FeO 的浓度 C,使渣中的 FeO 的浓度差(C_i-C)保持在较高的水平,这对加速扩散脱氧过程,提高扩散脱氧的效果无疑是有利的。在炼钢过程中,采用还原渣进行扩散脱氧的方法就是基于这一原理。它是电炉炼钢中的一个重要的脱氧环节,但在焊接和激光表面重熔等快速加工过程中,扩散脱氧在时间上受到很大限制,不可能成为主要的脱氧方式。另外,因为焊接和表面重熔时的温度很高,所以只有在液体金属熔池的后半部处于降温和凝固的区域内才有可能进行扩散脱氧,但由于时间很短,而且此时渣的黏度也较大,因此扩散过程受到了很大的限制。

3. 沉淀脱氧

沉淀脱氧实际上就是利用前面讲过的置换氧化反应,即用一种对氧亲和力大于铁的元素作为脱氧剂加入钢液中直接与其中的 FeO 起反应,将 Fe 从 FeO 中置换出来,生成的脱氧产物为不溶于金属的氧化物,沉淀析出,进入渣中,使钢液达到脱氧目的。因此,在这一反应中对 FeO 来说是脱氧还原,但对脱氧剂来说则被置换成氧化。这种方法的优点是脱氧过程进行迅速,缺点是脱氧产物容易残留在钢中成为夹杂。沉淀脱氧的反应可表示为

$$[M]+[FeO]\longrightarrow(MO)+[Fe] \tag{6-79}$$

$$\omega_{[M]}\omega_{[FeO]}=K \tag{6-80}$$

式(6-79)和式(6-80)中,M 表示某一脱氧剂;K 为平衡常数,它表示达到平衡时钢液中 M 与 FeO 之间存在一定的关系。

平衡常数 K 与温度有关。式(6-80)说明了当温度一定时,钢液中脱氧剂的残余量与残留的 FeO 量成反比,即当钢中残余的脱氧剂越多时,其中残留的 FeO 量越低,表示脱氧程度越彻底。也就是对同一种脱氧剂来说,为达到更好的脱氧效果就需加大脱氧剂的加入量,使其在钢液中的残余量得到相应的增加。

当采用脱氧能力强的脱氧剂时,为使钢液达到同样脱氧程度,所需残留于钢液中的脱氧剂量应小于脱氧能力弱的脱氧剂的残留量,如图 6-25 所示。由图 6-25 可以看出,元素按脱氧能力由小到大的排列顺序为:Cr,Mn,V,C,Si,B,Ti,Al,Zr,Be,Mg,Ca。在炼钢过程中常用的脱氧剂是 Mn、Si 和 Al。当使用多种脱氧剂进行脱氧时,应按照脱氧能力的顺序由小到大依次使用。例如,在炼钢的还原期,首先往熔池中加入锰铁进行"预脱氧",最后在出钢前或出钢时,用 Al 进行最后的脱氧(称"终脱氧"),但这种分期加入不同脱氧剂的方法,并非在所有加工条件下都能做到的。例如,焊接时只能将各种脱氧剂同时加入焊条药皮中或焊剂中。焊接时从工艺考虑加入 Al 有困难,因此常用的脱氧剂是 Mn 和 Si,有时为加强脱氧可加入 Ti。

(1)锰脱氧反应。用 Mn 脱氧时的反应为

$$[Mn]+[FeO]=[Fe]+(MnO) \tag{6-81}$$

$$K=\frac{\alpha_{MnO}}{\alpha_{Mn}\alpha_{FeO}}\frac{\gamma_{MnO}\omega_{MnO}}{\alpha_{Mn}\alpha_{FeO}} \tag{6-82}$$

式(6-82)中的 α_{MnO},α_{Mn} 和 α_{FeO} 分别为渣中 MnO、金属中 Mn 以及金属中 FeO 的活度;γ_{MnO} 表示渣中 MnO 的活度系数。

当金属中含 Mn 和 FeO 的量少时,则 $\alpha_{Mn} \approx \omega_{[Mn]}$,$\alpha_{FeO} \approx \omega_{FeO}$,故式(6-82)可表示为

$$\omega_{[FeO]} = \frac{\gamma_{MnO}\omega_{MnO}}{K\omega_{Mn}} \tag{6-83}$$

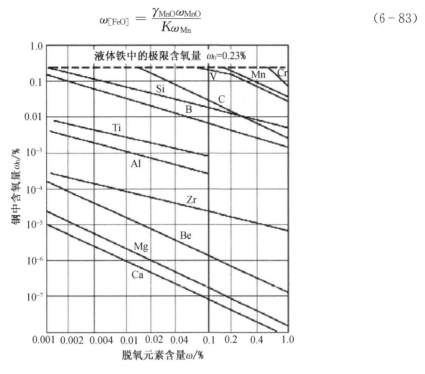

图 6-25　元素的脱氧能力

根据式(6-83)可知,为提高脱氧效果需增加金属中的含 Mn 量和减少渣中的 MnO 含量。另外,降低渣中 MnO 的活度系数 γ 也可促进 Mn 脱氧过程的进行。这与渣的酸碱性有关。在酸性渣中含有较多的酸性氧化物,如 SiO_2,它们能与脱氧产物 MnO 生成复合物,如 MnO-SiO_2,从而使 γ_{MnO} 减小,有利于 Mn 的脱氧,如图 6-26 所示。反之,在碱性渣中 γ_{MnO} 的增大,不利于 Mn 的脱氧。

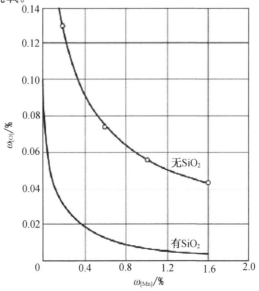

图 6-26　1 600℃ 时 SiO_2 对锰脱氧的影响

根据一些试验资料所得的结果,在酸性渣中有

$$\lg\gamma_{MnO} = -\frac{1\ 813}{T} + 0.361 \tag{6-84}$$

$$\lg\gamma_{MnO} = -\frac{2\ 273}{T} + 1.092 \tag{6-85}$$

当 $T = 2\ 000K$ 时,酸性渣和碱性渣的 γ_{MnO} 分别为 0.28 和 1.11。因此,在碱性渣中 Mn 的脱氧效果较差,而且碱度越大,Mn 的脱氧效果越差。因此,一般酸性焊条用锰铁作为脱氧剂,而碱性焊条不单独用锰铁作为脱氧剂。

(2) 硅脱氧反应。用 Si 脱氧时的反应为

$$[Si] + 2[FeO] = 2[Fe] + (SiO_2) \tag{6-86}$$

$$\omega_{[FeO]} = \sqrt{\frac{\gamma_{SiO_2}\omega_{(SiO_2)}}{K\omega_{[Si]}}} \tag{6-87}$$

与 Mn 脱氧时类似,提高金属中的脱氧剂 Si 的含量和减少渣中脱氧产物 SiO_2 的含量或降低渣中 SiO_2 的活度系数 γ_{SiO_2},均能提高其脱氧的效果,但渣的酸碱度对 γ_{SiO_2} 的影响与 γ_{MnO} 相反,即酸性渣中的 γ_{SiO_2} 高于碱性渣中的 γ_{SiO_2}。如在 CaO-SiO_2 二元渣系中,当 SiO_2 含量由 43% 增至 57% 时,活度系数 γ_{SiO_2} 由 1.5×10^{-4} 增至 88×10^{-4}。因此,提高渣的碱度对 Si 的脱氧有利。

对比 SiO_2 和 MnO 生成自由焓(见图 6-17),可以看出 Si 对氧的亲和力大于 Mn。因此,Si 的脱氧能力比 Mn 强(见图 6-25)。但其脱氧产物 SiO_2 的熔点高(1 713℃),在钢液中常处于固态,不易集聚和从钢液中浮出,易造成弥散夹杂物残留于金属中。因此焊接时一般不单独用 Si 脱氧,常采用锰硅联合脱氧的方法。

(3) 锰硅联合脱氧。锰硅联合脱氧就是将锰和硅按适当的比例加入钢液中进行联合脱氧,其目的是为了获得熔点较低的液态脱氧产物硅酸盐 $MnO\cdot SiO_2$,它的密度小,熔点低(1 270℃),容易聚合成半径大的质点(见表 6-11)而排入渣中,这样可减少金属中的夹杂物,又可降低金属中的氧含量。

表 6-11 金属中 $\dfrac{\omega_{[Mn]}}{\omega_{[S]}}$ 对脱氧产物质点半径的影响

$\dfrac{\omega_{[Mn]}}{\omega_{[S]}}$	1.25	1.98	2.78	3.60	4.18	8.70	15.90
最大质点半径/μm	7.5	14.5	126.0	128.5	183.5	19.5	6.0

在采用 CO_2 气体保护焊时,根据锰硅联合脱氧的原则,常在焊丝中加入适当比例的锰和硅,可减少焊缝中的夹杂物。目前实用的焊丝中,$w[Mn]/w[Si]$ 比值一般为 1.5～3。其他焊接材料也可利用锰硅联合脱氧的原则。例如,在碱性焊条的药皮中一般加入锰铁和硅铁进行联合脱氧,其脱氧效果较好。

4. 沉淀脱氧与扩散脱氧相结合

金属熔炼时的脱氧方式主要是沉淀脱氧和扩散脱氧,其原理与焊接过程相似,但脱氧剂的加入过程不同。沉淀脱氧是将脱氧剂直接加入到钢液中,使脱氧元素直接与钢液中的 FeO 发生作用而进行脱氧。这种方法的优点是脱氧过程快,但其缺点是脱氧产物 MnO、SiO_2、Al_2O_3 等容易留在钢液中,降低了钢的质量。扩散脱氧是将脱氧剂加到在熔渣中,使

脱氧元素与渣中的 FeO 发生反应而进行脱氧。当熔渣中的 FeO 含量减少时,钢液中的 FeO 就向熔渣中扩散,这样就间接地达到了脱去钢液中 FeO 的目的。这种方法的优点是脱氧产物滞留在熔渣中,钢的质量高,其缺点是扩散过程进行得慢,脱氧的时间较长。

电炉炼钢一般都采用沉淀脱氧与扩散脱氧相结合的方法,即先用锰(或锰铁)进行沉淀脱氧,再在熔渣中加入碳粉和硅铁,采用还原性熔渣进行扩散脱氧,再用铝进行沉淀脱氧。这种沉淀和扩散相结合的脱氧方法既能保证钢的质量,又不会使冶炼的时间过长。

在电炉炼钢的脱氧过程中,扩散脱氧是重要环节。钢液的脱氧效果好坏与造还原渣脱氧的操作有重要的关系。脱氧的过程在渣中进行,如图 6-27 所示。

前一阶段是碳起脱氧作用:

$$C + (FeO) \longrightarrow CO + [Fe] \tag{6-88}$$

后一阶段是用硅进行脱氧:

$$Si + 2(FeO) \longrightarrow (SiO_2) + 2[Fe] \tag{6-89}$$

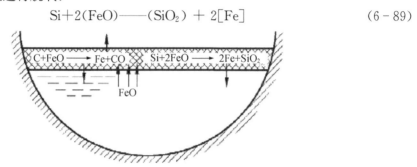

图 6-27　白渣条件下脱氧过程示意图

生成的铁返回钢液中,SiO_2 溶解在渣中,而 CO 则进入炉气中。随着还原过程的进行,熔渣中的 FeO 逐渐减小。这样就破坏了原来的平衡,于是钢液中的 FeO 就自动向熔渣中扩散转移,从而形成[FeO](FeO),达到了脱氧的目的。

6.3.4　渗合金反应

液态金属在熔炼、铸造和熔焊等高温热加工过程中不仅本身被氧化,使金属增氧,而且其中的一些有益合金元素也会被氧化烧损。因此,除了需对金属进行脱氧外,还要对烧损的一些元素进行补充,有时还需加入一些新的合金元素来改善组织、提高性能(如堆焊和激光表面合金化)。所以,往往在加工过程中还需解决金属的渗合金问题。渗合金常采用的方式有:①将合金元素(或中间合金)直接加入到液体金属中;②采用合金元素的化合物通过渗合金反应来获得,常用的办法是通过合金元素氧化物的还原反应来进行渗合金反应。前面在阐述钢液中合金元素 Si 与 Mn 的置换氧化反应时已提到,由于这些反应是放热反应,因此提高炉温能减少 Si 和 Mn 的烧损,而且当采用含 SiO_2 高的酸性渣时,还能使 Si 的置换反应朝着相反方向进行,即朝着渣中的 SiO_2 被 Fe 还原的方向进行,结果是钢液中的 Si 非但没有被氧化,而且还会渗 Si。在焊接过程中熔滴和熔池前半部都处于高温区,因此如果采用的焊接熔渣中含有高的 SiO_2 和 MnO,则可以通过 Fe 的置换反应来使钢液渗 Si 和渗 Mn。根据反应式(6-58)~式(6-60),影响渗 Si 和渗 Mn 的因素很多,主要有温度,渣中 SiO_2,MnO,FeO 含量及渣的碱度,钢液中原始含 Mn,Si 量及钢液中的一些其他元素如 Al,Ti 和 Cr 等。渣中原始含 FeO 高、碱度高及钢液中原始含 Si 较高等都对渗 Si 反应不利;渣中 SiO_2 含量高以及钢中含 Mn 较高或含有其他对氧亲和力比 Fe 强的合金元素（如 Al，Ti 和 Cr 等）都对渗 Si 反应有利。

上述渗合金还原反应不仅能用于一些稳定性较低的氧化物（如 SiO_2 和 MnO 等），而且在一定条件下也能使一些稳定的氧化物如 TiO_2，B_2O_3 和稀土氧化物（REO）等发生渗合金还原反应。实践证明，焊接低合金钢时在中性熔渣中通过加入上述稳定氧化物可向焊缝渗入微量 Ti，B 和 RE 等，细化焊缝组织，使其低温韧性有显著提高。例如，用 CaO—Al_2O_3—CaF_2—TiO_2 渣系的熔炼焊剂进行埋弧焊时，可以通过 TiO_2 还原反应来达到渗 Ti 和使焊缝变质的目的。其反应为

$$(TiO_2)+2[Fe]\Longrightarrow2(FeO)+[Ti] \tag{6-90}$$

$$K_{TiO_2}=\frac{\alpha_{Ti}\alpha_{FeO}^2}{\alpha_{TiO_2}}=\gamma_{Ti}N_{Ti}\frac{\alpha_{FeO}^2}{\alpha_{TiO_2}} \tag{6-91}$$

将克分子浓度 N_{Ti} 换算为质量百分浓度，上式转变为

$$\omega_{[Ti]}=86\frac{K_{TiO_2}+\alpha_{TiO_2}}{\gamma_{Ti}+\alpha_{FeO}^2} \tag{6-92}$$

$$lgK_{TiO_2}=-\frac{23\,210}{T}+4.31 \tag{6-93}$$

$$lg\gamma_{Ti}=-\frac{2\,076}{T}+0.094 \tag{6-94}$$

焊缝中的实际含[Ti]量和不同温度下的计算平衡浓度见图 6-28，实际含[Ti]量接近于 1 900K 时的计算平衡浓度。通过熔渣中氧化物的还原来进行渗合金的方法由于受到反应平衡条件的限制达不到高的合金化程度，而且还伴随着基本金属或其他合金元素的氧化，同时由于需要在熔渣中加入大量渗合金元素的氧化物而使渣的性能发生变化。因此，这种方法的应用受到了很大限制，但在有些情况下，如纯元素难以加入或所需加入的量很少时，采用这种渗合金反应的方式较为方便。

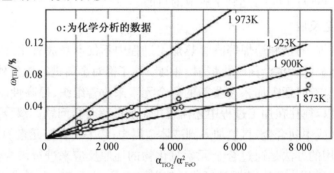

图 6-28 钛的平衡浓度（实线）和它在焊缝中的含量与 $\frac{\alpha_{TiO_2}}{\alpha_{FeO}^2}$ 的关系

除了用氧化物进行还原渗合金外，也可采用其他化合物通过与金属反应来进行渗合金。例如，Al 合金的细化晶粒处理可以通过加入含 Ti，B，Zr 的盐与 Al 液进行反应来达到渗 Ti，B 和 Zr 等的效果。例如：

$$\frac{3}{2}K_2TiF_6+2Al=\frac{3}{2}Ti+2AlF_3+3KF \tag{6-95}$$

$$2KBF_4 + 3Al = AlB_2 + 2AlF_3 + 2KF \qquad (6-96)$$
$$3K_2ZrF_6 + 4Al = 3Zr + 4AlF_3 + 6KF \qquad (6-97)$$

6.3.5　金属中硫和磷的作用及其控制

1. 硫和磷的来源

硫和磷主要来自加工过程中所用的各种材料,如锻造所用的燃料、铸造时所用的炉料及焊接时所用的焊条和焊剂碎粒等。用于锻件加热的燃气和燃油中的硫含量要控制在一定范围内,例如重油的含硫量不得超过 0.5%,否则在加热过程中会引起渗硫,严重时会引起金属红脆。在铸造时,冲天炉中的铁液会从焦炭中吸收硫,使铁液渗硫。因此,铁液中的增硫量往往随焦铁比的提高而增多(见图 6-29)。焊接时的硫和磷主要来自焊条药皮和埋弧焊焊剂中的一些原材料,如硫主要来自锰矿、赤铁矿、钛铁矿和锰铁等;磷主要来自锰矿和大理石等。因此,焊接熔敷金属中的硫和磷的含量,特别是含磷量往往高于原来焊丝中的含量,而表 6-12 中所列数据为用钛钙型焊条时的渗硫和渗磷的情况。

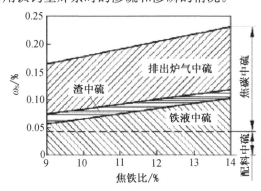

图 6-29　冲天炉熔炼中硫的分配

表 6-12　用钛钙型酸性焊条时焊丝和熔敷金属中各化学成分的质量百分数

成分	C	Mn	Si	S	P
焊丝	0.077	0.41	0.02	0.017	0.019
熔敷金属	0.072	0.35	0.1	0.019	0.035

2. 硫和磷的有害作用

硫和磷在金属中一般都是作为有害杂质,需要加以严格控制。

(1) 硫的有害作用。硫是钢中的有害元素,它以 $FeS-Fe$ 或 $FeS-FeO$ 的共晶体形式,呈片状或链状存在于钢的晶粒边界,降低了钢的塑性和韧性及抗腐蚀性。此外,由于硫共晶的熔点低($FeS-Fe$ 熔点为 985℃,$FeS-FeO$ 熔点为 940℃),容易形成凝固裂纹。对于高镍合金钢,硫的危害更为突出,因为镍与硫化镍会形成熔点更低的共晶 $NiS-Ni$(熔点为644℃),所以对凝固裂纹的影响更大,含硫量高时还会引起红脆。

(2) 磷的有害作用。磷主要引起脆化,严重影响金属的低温韧性,并能引起裂纹。

铁液中可以溶解较多的磷,并主要是以 Fe_2P,Fe_3P 的形式存在。由于磷与铁、镍可以形成低熔点共晶,如 Fe_3P+Fe(熔点 1 050℃)和 Ni_3P+Fe(熔点 880℃),在钢液的凝固过程中,最后以块状或条状磷化物析出于晶界处,减弱了晶粒之间的结合力。同时其本身既硬又脆,它既能增加冷脆性,又能促使形成凝固裂纹,因此必须限制钢中的磷含量。

3. 硫和磷的控制

为防止硫和磷对金属的污染,除了对加工过程中所用的材料要严格控制其硫和磷的含量外,还应采取一些冶金措施来进行脱硫和脱磷,但这些脱硫和脱磷的冶金措施在有些加工过程中(如焊接)是很难实现的,尤其是脱磷过程非常复杂。

(1)脱硫反应。

采用对硫亲和力强的元素进行脱硫是方法之一。

由生成硫化物的自由焓可知,Ce,Ca 和 Mg 等元素在高温时对硫有很大的亲和力,但由于它们同时又是很强的脱氧剂,而且对氧的亲和力比对硫的亲和力还大。因此,在有氧的条件下,它们首先被氧化,这就限制了它们在脱硫中的应用。例如,在焊接条件下就无法先加脱氧剂进行脱氧后再进行脱硫,所以在焊接过程中常用对氧亲和力不是很强的 Mn 作为脱硫剂。其反应式为

$$[FeS]+[Mn]=(MnS)+[Fe] \tag{6-98}$$

$$\lg K = \frac{8\,220}{T} - 1.86 \tag{6-99}$$

反应产物 MnS 实际上不溶于钢液中,主要进入渣中,少量以夹杂物形式存在于钢中。但由于 MnS 熔点较高(1 610℃),故其夹杂物呈点状弥散分布,危害较小。从式(6-99)中的平衡常数看,降低温度对脱硫有利。因此,焊接的高温区不利于脱硫,但低温区存在时间很短,扩散过程困难,所以焊接时该反应的脱硫作用也不很充分。

通过熔渣进行脱硫是方法之二。

这一过程的原理类似于扩散脱氧。硫以硫化铁[FeS]形态存在于钢液中,而且同时也以一定的比例存在于熔渣中:

$$\frac{\omega_{(FeS)}}{\omega_{[FeS]}} = L_{FeS} \tag{6-100}$$

但由于 L_{FeS} 值相当低(0.33 左右),仅靠这一扩散过程来显著地降低硫在钢液中的含量是不可能的,所以还需要在渣中进行脱硫。渣中的碱性氧化物 MnO,CaO,MgO 等都具有脱硫作用,如炼铁过程中,高炉渣中存在 CaO 时(用碱性渣时)则能进行下列脱硫反应:

$$(CaO) + (FeS) \longrightarrow (CaS) + (FeO) \tag{6-101}$$

当渣中的硫化铁减少后,根据分配定律,铁液中的硫化铁会自动往渣中扩散转移,即

$$[FeS] \longrightarrow (FeS) \tag{6-102}$$

通过式(6-101)和式(6-102)反应的不断进行,就能达到铁液脱硫。从热力学考虑,由于 CaO 脱硫是吸热反应,故提高温度对脱硫有利。因此,铸造时可采用预热送风的措施来提高碱性冲天炉中铁液的脱硫效果。另外,由反应式(6-101)中可以看出,提高渣的碱度、增加 CaO 含量和加强脱氧,以及降低 FeO 含量都对脱硫有利(见图 6-30～图 6-32)。

由于脱硫过程与扩散脱氧过程类似,它也是发生于金属和熔渣两相之间,根据动力学分析,整个脱硫过程的控制环节也是扩散过程,而且主要是受硫化铁在渣中的扩散过程所控制。因此,提高脱硫效率的关键在于提高硫化铁在渣中的扩散系数和增加渣与钢液的接触面积,这些都是加速脱硫过程的动力学条件。前面在分析脱硫反应(式 6-101)的热力学条件时讲过,渣的碱度越高,CaO 含量越高,则对脱硫反应越有利。

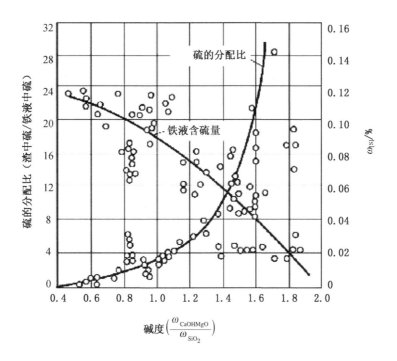

图 6 - 30　硫的分配比及铁液含硫量与炉渣碱度的关系

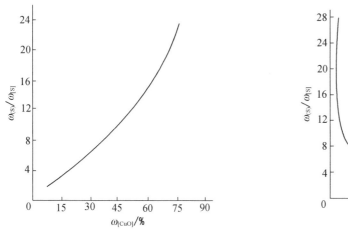

图 6 - 31　CaO 对 S 分配的影响

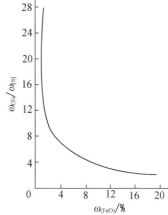

图 6 - 32　FeO 对 S 分配的影响

　　但由于在提高碱度的同时引起了渣的黏度的提高,而渣的黏度越高则硫化铁在其中的扩散系数越低,扩散速度也越低。因此,从动力学出发,显然是渣的碱度越高越不利于脱硫过程的进行,为解决这一矛盾,常在碱性渣中加入稀释剂 CaF_2 来降低其熔点和黏度,从而改善硫化铁在其中的扩散条件。同时,CaF_2 本身还有一定的脱硫作用,因此,炼钢过程中脱硫是在还原期造渣时加入石灰(CaO)和萤石(CaF_2)来完成的。

　　实际熔炼过程中,脱硫反应在炉内总是来不及充分进行的,如炼钢时,出炉前钢液的含硫量总是比平衡状态下的含量高得多。为增加渣和金属两相之间的接触面积,创造有利的动力学条件,常需采取炉外脱硫的措施,如在出钢时采取"钢渣混出"的工艺方法,可使钢液含硫量比出钢前降低30％～50％,如果要在炉内达到这样的脱硫效果,则需一个相当长的时间。另外,如在铸造中采用炉外多孔塞吹气脱硫法,将氮气通过用耐火材料制成的多孔塞吹入铁液形成旋流,同时撒入脱硫剂,用这种方法可将硫降到0.02％。但这些措施在一些特殊的加工过程中(如焊接和激光合金化)都是无法采用的,因为受这些加工方法的工艺条件所限制。如从焊接工艺性的要求出发,熔渣的碱度一般都不高(熔渣碱度$B<2$);另外,由于焊接过程非常迅速,因此脱硫过程更无法进行充分;同时,在焊接过程中又不能像一般熔炼过程那样采用附加的炉外脱硫措施,所以,焊接时脱硫反应所受的限制要比一般熔炼过程时大得多。采用普通碱性焊接材料,如碱性焊条J507(碱度为1.89)进行焊接时的脱硫效果见表6-13。在焊接一些要求含硫量很低的精炼钢材时,经常需要对工艺性能作出一定的牺牲,采用一些特殊的高碱性焊接材料,如采用工艺性能较差的强碱无氧药皮或焊剂,就可得到含硫量很低的优质焊缝金属($ws<0.006％$)。

表 6-13 用碱性焊条 J507 焊接时熔敷金属中各化学成分的质量百分数

成分	C	Mn	Si	S	P	O	N
焊芯	0.085	0.45	痕量	0.020	0.010	0.020	0.003～0.004
熔敷金属	0.065	1.04	0.56	0.011	0.021	0.030	0.011 9

(2) 脱磷反应。液态铁脱磷过程包括两部分,首先是铁液中的Fe_2P(或Fe_3P)与渣中的FeO化合生成P_2O_5,然后再与渣中的CaO结合成稳定的磷酸钙。总的脱磷反应为

$$2[Fe_2P] + 5(FeO) + 4(CaO) = ((CaO)4 \cdot P_2O_5) + 9[Fe] \qquad (6-103)$$

脱磷反应是放热反应,因此降低温度对脱磷有利。根据反应式(6-103),为了有效脱磷,不仅要求熔渣具有高碱度,而且要具有强氧化性和低的铁液温度,如图6-33、图6-34所示。其中,加强氧化性和降低温度是与前面讲过的脱硫要求相矛盾的,在炼钢时解决这一矛盾的办法是采取分阶段的措施。脱磷可在氧化期进行,然后扒出含磷高的氧化性渣,另造新渣进入还原期,此时再进行脱氧和脱硫。但在冲天炉熔铁和焊接时都不能采取分期造渣的方法。冲天炉熔炼铁时不能满足低温和强氧化性渣的要求,因此含 P 量只能在配料时进行控制。焊接时碱性渣中不允许含有较多的FeO,因为它不仅不利于脱硫,而且碱性渣中FeO的活度高,很容易向焊缝金属中过渡,使焊缝增氧,甚至引起气孔,所以焊接过程中脱磷几乎是不可能的。因此,焊接时必须对母材和焊接材料中的含 P 量进行严格控制。比较表6-12和表6-13可以看出,采用碱性焊条时向熔敷金属中渗磷的量低于酸性焊条。焊接时不论采用哪一类焊条都达不到脱磷的作用,但从控制焊缝含 P 量考虑,碱性焊条优于酸性焊条。

此外,根据动力学分析,发生于渣和钢液界面处的脱磷反应(见式6-103)在高温下很快就能达到平衡。为使反应继续进行,必须在两相间伴随有物质的迁移过程,使反应物由相应的两相内部不断向界面扩散,同时生成物不断由界面向有关相的内部扩散。由于高温下化学反应的速度往往大于扩散速度,因此脱磷反应也受扩散过程控制,而且由于渣中的扩散速度低于钢液中的扩散速度,因此物质在渣中的扩散过程是整个脱磷过程中的控制环节。脱磷速度取决于氧化钙、氧化亚铁和磷酸钙在渣中的扩散速度。因此,从热力学考虑,增加渣中的CaO含量对脱磷反应有利,但从动力学出发,CaO增加过多时,由于渣的熔点和黏度均提高,故使扩散过程变慢,反而不利于整个脱磷过程的进行。如图6-34中所示,$w(CaO)=$

80%时,炉渣的脱磷效果反而低于$w(CaO)＝60\%$和40%时的情况。虽达不到脱磷的作用,但从控制焊缝含P量考虑,碱性焊条优于酸性焊条。

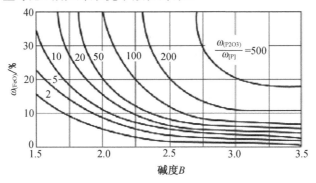

图6-33　炉渣碱度和氧化铁含量对磷在渣及钢液中分配比的影响

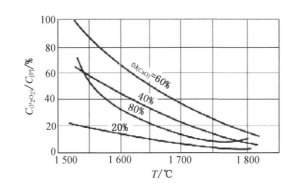

图6-34　温度对脱磷效果的影响

6.4　热加工过程中的保护措施

金属材料在热加工(如熔炼、浇铸、焊接、表面重熔、合金化、热喷涂以及热处理与锻造前的加热与保温等)过程中,为防止金属被污染,除采用熔渣保护外,还可以采用控制气氛保护和真空保护等措施。

6.4.1　控制气氛

1. 保护气体的分类及其应用

(1) 惰性气体。惰性保护气体主要是指 Ar 气,He 气。惰性气体是最理想的保护气体,它不与任何金属发生作用,能用于保护各种金属。但由于它的价格昂贵,因此一般只用于活性金属(如 AlTi,Zr 等)的加工。

(2) 活性气体。活性气体包括还原性气体(如 H_2)和氧化性气体(如 CO_2)。对于一些活性较低的金属,除采用惰性气体保护外,在一定条件下也可以采用活性气体作为保护气体。为防止金属加热时的氧化,经常采用一些还原性气体作为保护介质(如氢气保护的加热炉)。有时采取一些措施后也可以用氧化性气体作为保护气体。例如,焊接一般钢材时,常用廉价的 CO_2 气体作为保护气体。用 CO_2 作为保护气体,主要是为了防止大气中的 N_2 对钢带来有害作用。在焊接高温下,如果没有保护,则钢液会从空气中吸收大量的 N_2 和 O_2。O_2 与

N_2 不同，O_2 进入金属后可以通过脱氧处理来消除，如果脱氧充分，对金属性能不会有影响；而 N_2 进入金属后很难通过冶金办法从钢中去除，大量的氮化物残留在钢中会严重影响钢的性能。因此，隔离空气与液体金属的接触是防止氮产生有害作用的有效措施。CO_2 对钢来说虽然是活性气体，在焊接高温下它的氧化性并不亚于空气（大气中氧的分压 $p'_{O_2} = 21.3\text{kPa}$，$3\,000\text{K}$ 时 CO_2 分解出来的氧分压 $p_{O_2} = 20.3\text{kPa}$），但它可以保护金属不受 N_2 污染，而它引起的氧化完全可以通过金属中加入脱氧剂的办法来加以消除。因此，在用 CO_2 作为保护气体进行低碳钢焊接时，必须同时配合采用含 Mn 和含 Si 量高的焊丝来进行脱氧。由表 6 - 14 可以看出，CO_2 气体保护焊的保护效果是比较好的。另外，从焊缝含[H]量看，由于 CO_2 有除氢作用，如图 6 - 35 所示。因此，从除氢考虑，用 CO_2 活性气体作保护比用惰性气体作保护更为有利。所以在焊接低合金钢时，为了改善工艺性能和降低焊缝含氢量，往往不采用纯氩气保护，而是采用 $80\%\text{Ar}+20\%\text{CO}$ 的混合气体作保护。

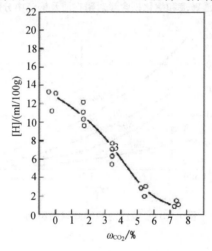

图 6 - 35　保护气体中 CO_2 含量对焊缝含氢[H]的影响

表 6 - 14　用不同方法焊接低碳钢时的保护效果

焊接方法	焊缝金属中的气体含量			备注
	$\omega_{[N]}\%$	$\omega_{[O]}\%$	$\omega_{[H]}\%$	
光焊丝手弧焊	0.08～0.228	0.15～0.3	0.000 2	
酸性焊条手弧焊	0.015	0.065	0.000 9	
碱性焊条手弧焊	0.010	0.02～0.03	0.000 5	
埋弧自动焊	0.002～0.007	0.03～0.05	0.000 54	
CO_2 保护焊	0.008～0.015	0.02～0.07	0.000 27	锈钢焊缝中的[H]
熔化极氩弧焊	0.006 8	0.001 7	0.000 45	

2. 保护气体的选择

在选择保护气体时必须根据具体的热加工条件来考虑。例如，CO_2 保护焊接钢材时，主要目的是防止氮的有害作用，但在钢的退火加热时却可用氮作为保护气体以防止氧化。因为在退火温度下，氮对钢无有害作用，而主要是钢与空气中氧的作用。此外，由于氮基本上不溶于铜,因此在钎焊铜时可以在氮气保护的炉中进行,防止氧对铜的氧化。由于氢能使铜产生"氢病",因此在钎焊普通纯铜时不能在氢炉中进行。而不锈钢和高温合金在氢气保护的炉中进行钎焊时还能利用它的还原性去除金属表面的氧化膜。因此,在加工金属过程中,合理选择保护气体时应考虑具体的加热温度,以及在该温度下气体和金属之间的相互作用情况。

6.4.2 真空

1. 真空的保护作用

真空环境中加工金属可以更好地使金属与大气隔绝,完全排除了气体对金属的有害作用。不同真空度环境中的残余气体含量见表 6-15,与表 6-16 中高纯度惰性气体中的杂质含量相比,纯氩的纯度相当于 1Pa 真空度,极纯氩相当于 1×10^{-1} Pa 真空度,1×10^{-2} Pa 的真空度比最纯惰性气体的杂质含量低得多,因此,真空的保护作用明显优于惰性气体。

表 6-15 不同压力下的气体含量

压力/Pa	含量				
	容积/%			体积分数/10^{-6}	
	总量	O_2	N_2	O_2	N_2
101 300	100	20.1	79	201×10^3	790×10^3
133	0.13	0.026 4	0.104	264	1 040
13.3	0.013	0.002 64	0.010 4	26.4	104
1.33	0.001 3	0.000 264	0.001 04	2.64	10.4
1.33×10^{-1}	0.000 13	0.000 026 4	0.000 10	0.264	1.04
1.33×10^{-2}	0.000 013	0.000 003	0.000 01	0.026 4	0.10

表 6-16 瓶装惰性气体的杂质含量

气体	杂质体积分数/10^{-6}		
	O_2	N_2	H_2O
氦	<10	约25	<10
极纯氦	≤1	≤2	2
纯氩	<5	约20	<10
极纯氩	≤1	≤1	≤2

2. 真空的除气与脱氧

真空环境中加热不仅可以避免液态金属吸收各种气体杂质,还有非常好的净化作用。主要表现如下:

(1) 根据双原子气体溶解的平方根定律,气体在液体金属中的溶解量与其分压的平方根成正比。在真空环境中各种气体的分压都近似于零,金属不仅不会吸气,而且还能使其中原有的溶解气体往外析出。因此,在冶炼中经常采用真空除气的办法来对金属进行提纯,降低其中气体杂质的含量。例如,真空感应炉炼钢时,当真空度达到 0.133Pa 时,钢液中氢的含量可降低到 1×10^{-6}(质量分数)以下。

（2）根据氧化物分解压可以说明真空环境对金属氧化物的还原作用，因为只要气氛中的氧分压 p'_{O_2} 低于金属氧化物的分解压 p_{O_2}（即 $p'_{O_2} < p_{O_2}$），氧化物就会自动分解，并使金属还原。由于氧化物的分解是吸热反应，因此氧化物的分解压随温度的升高而增加（见表6-15）。因此，在真空中加热时，随着温度的升高金属氧化物的分解压在提高。同时，随着真空度的提高气氛中的氧分压急剧下降，当氧化物的分解压高于真空中的氧分压时，氧化物就开始分解还原。这就是真空的一种提纯作用。例如，根据实际生产中的一些资料，在1 150℃加热时，FeO分解所要求的真空度为 10^{-1}Pa，而 Cr_2O_3 和 TiO_2 分解所需的真空度为 10^{-2}Pa。

（3）根据氧化物的蒸汽压，有些金属氧化物在高真空条件下加热时会引起蒸发而使金属净化。例如，在 10^{-4} Pa 的真空条件下加热时，MoO_3 在 600℃，W_2O 在 800℃，NiO 在 1 070℃，V_2O_5 和 MoO_2 在 1 000~1 200℃蒸发。

3. 真空环境加工金属的局限性

真空中加工金属是一种很理想的环境，不仅能起到很好的保护作用，而且还有很好的净化作用。但还是存在如下局限性。

（1）真空获得比较困难，且真空室大小与形状受到限制，导致加工用的设备和加工所需的费用都非常昂贵。目前主要用于一些活泼金属的加工及一些纯度要求非常高的材料的加工（如真空熔炼、真空浇铸、真空钎焊与扩散焊等），且产品的尺寸因真空室的尺寸局限性也受限制。

（2）不适合加工蒸汽压较高的金属。在真空中能发生大量蒸发的金属及其合金不适合在真空环境中进行热加工，因为真空加热将引起这类金属成分和性能的变化。一些元素在真空中发生显著蒸发的温度和真空度列于表6-17中。因此，在真空中尤其是高真空中加工的金属，必须避免含有大量高蒸汽压的元素，如 Cd，Zn，Mg，Li，Mn 等。在真空感应炉中炼钢时，Mn 由于蒸发引起的损耗是非常显著的。另外，像一些含 Zn 量高的黄铜及含 Mg 量高的铝合金都无法采用真空电子束焊接。

表6-17　一些元素在真空中发生显著蒸发的温度和真空度

元素	熔点/℃	显著蒸发的温度/℃		元素	熔点/℃	显著蒸发的温度/℃	
		真空度(13.3MPa)	真空度(1.33MPa)			真空度(13.3MPa)	真空度(1.33MPa)
Ag	961	848	767	Mo	2 622	2 090	1 923
Al	660	808	724	Ni	1 453	1 257	1 157
B	2 000	1 140	1 052	Pb	328	548	483
Cd	321	180	148	Pd	1 555	1 271	1 156
Cr	1 900	992	907	Pt	1 774	1 744	1 606
Cu	1 083	1 035	946	Si	1 410	1 116	1 024
Fe	1 535	1 135	1 094	Sn	232	922	823
Mg	651	331	287	Ti	1 965	1 249	1 134
Mn	1 244	791	717	Zn	419	248	211

6.5 加工引起的内应力

材料加工一般是在一定温度下或在一定力的作用下或在一定的环境中(如在一定气氛、真空、熔渣、铸型中)完成的,有时还要经历从液态到固态的转变,因此会出现因成分变化和状态变化而引起的冶金问题及因变形不均匀而产生的内应力问题。成分、状态的变化及应力的存在都可能使材料出现气孔、偏析、夹杂、缩孔和缩松及裂纹等缺陷,同时还会因成分和组织的变化引起材料性能的变化,如产生金属脆化等问题。本章主要介绍:①材料加工过程中内应力产生的原因、内应力的影响及防止和消除内应力的方法;②各种冶金缺陷,如气孔、偏析、夹杂、缩孔和缩松及热裂纹、冷裂纹、应力腐蚀裂纹、氢白点等产生的原因、影响因素及防止和减少的途径;③几种加工引起的金属脆化现象。

6.5.1 内应力形成的原因

材料在加工过程中可能会因为各种原因而产生各部分变形不一致的现象,但由于它是一个不可分割的整体,因此各部分不可能单独自由变形,相互制约的结果在材料内部各部分之间产生了相互平衡的应力,称为内应力。随着加工过程的进行,引起变形不均匀的条件发生变化,内应力也发生变化。加工过程中,不同时期的内应力称为瞬时内应力。加工结束后最终存在于材料内部的应力称为残余应力。引起加工过程中材料各部分变形不协调的原因是多种多样的,概括起来主要有以下几种情况。

(1) 由于不均匀加热或冷却引起的材料各部分膨胀或收缩不一致产生的热应力。最典型的例子是一个金属框架的不均匀加热,见图6-36。如果仅对金属框架中的中心杆进行加热,则中心杆受热后的膨胀受到两侧杆的限制而不能自由伸长,结果是中心杆受压、两侧杆受拉,形成了相互平衡的内应力体系(见图6-36(a))。如果中心杆的加热温度不高,形成的内应力尚低于材料的屈服极限,则框架内没有塑

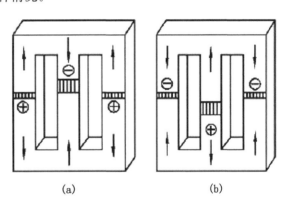

图6-36 金属框架的不均匀加热
(a) 加热时的应力状况;(b) 冷却后残余应力状况

性变形产生,此时中心杆冷却后将恢复到原来的长度,框架内的内应力完全消失,残余应力为零。如果中心杆的加热温度很高,发生了压缩塑性变形,中心杆冷却后的长度要短于它原来的长度,但由于受到两侧杆的限制,使中心杆受拉,而两侧杆受压。因此,在这种加热条件下,冷却后框架内的应力不为零,而有残余应力存在。残余应力的分布与加热过程中的应力分布不同:加热时中心杆受压、两侧杆受拉;冷却后是中心杆受拉、两侧杆受压(见图6-36(b))。这类由于不均匀加热或冷却引起的热应力在材料加工过程中普遍存在,如焊接和激光表面改性时采用集中热源的局部加热,大截面锻件在炉中加热速度过快引起的锻件内外温度的不均匀,以及铸件各部分截面不同引起的不均匀冷却等都是产生热应力的根本原因。

（2）因相变不同步而产生的组织应力（或称相变应力）。材料在固态相变时一般伴随有体积的变化，而不均匀加热或冷却可导致材料内部各部分相变不同步，因相变不同步而在材料中产生的内应力称为组织应力。例如，钢中奥氏体的比体积（$0.122\sim0.125cm^3/g$）小于铁素体的比体积（$0.127cm^3/g$）；当钢材加热过程中出现外表温度高于内部温度时，由于外表先于内部发生奥氏体转变，外表的体积收缩受到内部金属的限制，因此造成外表受拉、内部受压的内应力分布。而在冷却过程中，外表温度低于内部，外部先发生由奥氏体向铁素体的转变，铁素体的体积膨胀受到内部尚未发生奥氏体相变部位的拘束，从而外表部位受压、内部受拉。

（3）塑性加工时如果出现材料各部分的变形量不同，则也会在材料内部各部分之间造成内应力，如图 6-37 所示。将带凸肚轧辊轧制成板材时，由于中间和两边的压下量不同导致板材中部延伸量明显大于两边，但由于中部受两边的限制而不能自由伸长，这就产生了中部受压、两边受拉的内应力，加工结束后这部分内应力仍将保留在板材中成为残余应力。

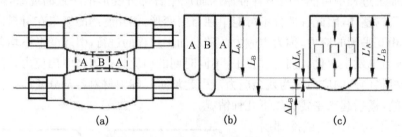

图 6-37　变形不均匀引起的内应力
(a) 带凸肚的轧辊；(b) 无拘束时的变形情况；(c) 受拘束后应力情况

（4）由机械阻碍引起的附加应力。前面 3 种情况下的内应力都是由同一物体（或构件）内一部分材料对另一部分材料的拘束作用引起的，因此都属于自拘束引起的、在物体内部相互平衡的内应力。而机械阻碍引起的附加应力是受物体（或构件）外部拘束件对它的变形的限制所引起的，是在它与拘束件之间相互平衡的一种作用力和反作用力，实际上也就是物体与拘束件之间形成的一种内应力。与通常内应力的不同之处是：一旦外部拘束去除，该附加应力也就随之消失。例如，铸造时如果铸型和型芯强度较高、退让性较差时就会使铸件的收缩受到阻碍，在铸件内产生拉应力。这种应力虽然在铸型或型芯去除后就能消除，但如果拉应力很大，则在铸型或型芯消除之前就有可能在铸件内产生裂纹。因此，这种加工过程中出现的附加应力也应受到重视。

6.5.2　内应力的影响

加工过程产生的瞬时应力和残余应力不仅影响缺陷的产生，而且可能影响构件或零件的使用性能与寿命。当加工过程中出现的瞬时内应力超过了材料的强度后，则可能在材料的受拉部分产生裂纹。如果加工过程结束后，内应力成为残余应力而一直保留在工件中，则将产生一些有害作用：①它有可能引起各种裂纹，如氢致延迟裂纹、再热裂纹（或应变时效裂纹）及应力腐蚀裂纹等的产生；②它会影响零件的使用性能，如在一些情况下（材料塑性不足、受力情况复杂、存在应力集中等）残余应力与工作应力叠加后会引起零件破坏，还会引起材料的冲击韧性和疲劳性能降低；③残余应力还会影响零件的加工精度。当零件内存在自相平衡的残余应力时,一旦平衡被破坏(如进行机械加工时去掉一部分材料),内应力将重新分布,从而使零件的外形和尺寸发生变化。

6.5.3 内应力的防止和消除

内应力的产生与材料的变形与其受到的限制有关。因此,防止内应力的根本办法就是使材料在加工过程中各部分的变形不受任何拘束。例如,设法使材料在加热和冷却过程中能够自由膨胀和收缩。当焊接金属框架中部时同时加热两侧杆,使两侧杆与中心杆同步膨胀和收缩,这样就可以避免框架内两侧和中间的内应力。但很多情况下,受到工艺本身的限制。例如,采用集中热源局部加热时(如电弧焊或激光表面改性等),热应力是不可避免的。以框架的焊接为例,焊缝横向收缩引起的框架各部分之间的内应力通过两侧的同时加热可以避免,但焊缝纵向收缩在中间杆件中引起的内应力则无法避免。所以,合理的办法是从两方面去解决:首先是从工艺上设法减小加工过程的内应力,避免加工过程中出现裂纹,然后再设法消除加工后工件中的残余应力。消除残余应力的方法主要有两类:第一类是采取热处理的方法使应力松弛,即整体或局部消除应力退火;第二类是采用机械的办法,如锤击、机械拉伸、机械振动和爆炸等。这些方法中只有整体消除应力退火最彻底,其他几种方法一般只能做到降低应力峰值(即减小残余应力)和调整残余应力分布(见图6-38)。

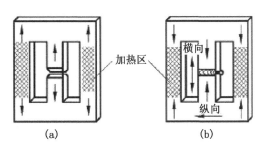

图6-38 框架断口焊接

(a)焊接时;(b)冷却时

6.6 主要冶金缺陷

6.6.1 偏析

材料中成分偏离平衡状态的现象称为偏析。根据偏析的分布特点可分为微观偏析和宏观偏析两大类。

1. 微观偏析

微观偏析属短程偏析,是指晶粒内部和晶界等微区内由于不平衡凝固造成的枝晶偏析和晶界偏析。焊缝中硫在晶界的偏析如图6-39所示。

(1)枝晶偏析。在冷却较快的条件下进行结晶时,由于原子扩散来不及进行,使一个树枝晶体(即一个晶粒)中先结晶的晶轴含有较多的高熔点组元,而后结晶的分枝(次晶轴)及枝间区域金属则含有较多的低熔点组元。这种树枝状晶体内部成分的不均匀现象称为枝晶偏析(见图6-40,6-41)。由于它处于一个晶粒(树枝晶)内部,故属于晶内偏析。

 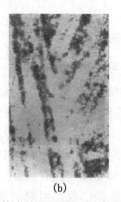

(a)	(b)

图 6 - 39 低碳钢埋弧焊焊缝的硫偏析(金相照片中硫偏析呈白色,射线照片中为黑色)
(a) 凝固组织金相照片;(b) 硫同位素射线照片

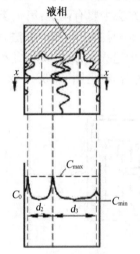

图 6 - 40 枝晶偏析示意图(d_2,d_3 为溶质偏析区间距)

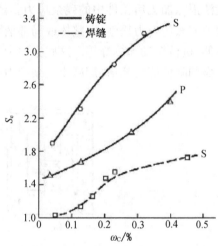

图 6 - 41 含碳量对碳钢焊缝与铸锭中硫及磷偏析的影响

  影响这种偏析的因素有:合金相图的形状、原子的扩散能力及凝固时的冷却条件。液相线与固相线之间的水平距离和垂直距离越大则偏析越严重,而且垂直距离的影响更大,因为垂直距离越大说明结晶到最后时的温度越低,此时原子的扩散能力越小,故偏析越严重。合金元素的扩散能力越小则越容易偏析,例如 P 在钢中的扩散能力比 Si 小,因此 P 更容易偏析。另外,某些元素在钢中的枝晶偏析程度还受其他元素的影响。如图 6 - 42(a)所示(图中偏析程度为 $S_R = (C_{max} - C_{min})/C_0$,$C_{max}$,$C_{min}$ 和 C_0 分别为某元素的最高浓度、最低浓度和原始平均浓度),C 对钢中 S,P 的偏析有明显的影响,明显增大了钢中 S 和 P 的偏析,这可能与 C 改变了 S 和 P 在钢中的分配系数(固相中的溶质成分与液相中的溶质成分之比)和扩散系数有关。此外,冷却速度越大,过冷越大,开始结晶的温度越低,原子的扩散能力越小,偏析就越严重。但当冷却速度大到一定程度后,枝晶偏析的程度反而有所减小,如图 6 - 42(b)所示(图中 $S_R = C_{max}/C_{min}$,表示枝晶偏析程度的偏析比)。这是由于冷却速度大到某一临界值后,扩散过程不仅在固相中难以进行,而且在液相中也受到抑制,使合金进入了所谓的"无扩散结晶"阶段,此时的结晶类似于纯金属的凝固过程。研究结果表明,一些有色金属出现"无扩散结晶"的临界冷却速度在 $0.6\sim16℃/s$ 之间,大部分在 $0.6\sim1.5℃/s$ 之间,这种冷却速度在焊接和激光表面重熔等加工过程中完全可能达到。因此,焊缝的枝晶偏析比铸件的小,如表 6-18 所示。

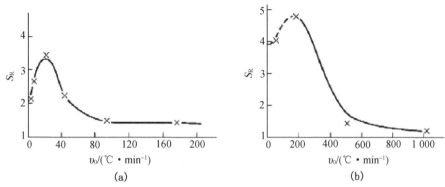

(a)　　　　　　　　　　　　　　(b)

图 6-42　冷却速度 v_0 对铸锭中 Ca 偏析的影响

(a) Mg-Ca 合金, $w_{Ca}=0.2\%$;(b)Mg-Mn-Al-Ca 合金, $w_{Ca}=0.13\%$

表 6-18　焊缝与小铸锭中枝晶偏析度的对比

材质	同位素	试样	分析部位	$S_e/\%$
工业纯铁	^{35}S	铸锭	纵截面(除去区域偏析部位)	184~192
		焊缝	横截面	未见偏析
低碳钢 0.12%C	^{35}S	铸锭	纵截面(除去区域偏析部位)	225~240
		焊缝	横截面边缘部位	165~172
			横截面中心部位	128~140
工业纯铁	^{32}P	铸锭	纵截面(除去区域偏析部位)	140~150
		焊缝	横截面	未见偏析
低碳钢 0.12%C	^{32}P	铸锭	纵截面(除去区域偏析部位)	160~170
		焊缝	横截面	未见偏析

(2) 晶界偏析。在不平衡的凝固条件下,不仅在树枝状晶体的内部,即晶粒内部有成分不均匀(枝晶偏析),而且在树枝晶体之间(晶粒与晶粒之间)最后凝固部分(即晶界区)积累了更多的低熔点组元和杂质元素,这就造成了晶界偏析。晶界偏析的程度应该比晶内偏析更为严重,有时在晶界上还会出现一些不平衡的第二相,如低熔点共晶体,这就增加了加工过程中(如铸造、焊接等)合金的热裂倾向。

晶界偏析与枝晶偏析形成的原因基本相同,都属于微观偏析。因此,它们的影响因素也基本一样。这类偏析除个别情况有益外(如,改善耐磨性),一般都有害。它们会导致金属机械性能降低,特别是塑性和冲击韧性降低,增加合金的热裂倾向,甚至使金属不易进行热加工。此外,它们还会使材料的耐腐蚀性能降低。消除这类微观偏析的较好方法是加热到固相线以下 $100\sim200℃$ 进行较长时间的扩散退火(均匀化退火)。另外,热轧或热锻也有一定的改善作用。

2. 宏观偏析

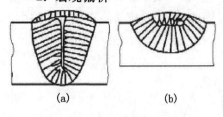

图 6 - 43　焊缝金属结晶图
(a) 深熔;(b) 浅熔

宏观偏析为长程偏析。它是发生于区域之间的成分差别,所以又称为区域偏析。液态金属沿枝晶间的流动对宏观偏析的产生有重要的影响。如焊接时熔池是在动态过程中进行结晶的,一方面由于熔池中存在着强烈的搅拌,另一方面当熔池后面进行结晶时,前方尚在熔化;熔化了的液体金属在电弧力的作用下,不断推向后方的凝固金属,使结晶前沿受到了新的液体金属的冲刷和补充。因此,焊缝金属不会像铸锭那样存在明显的区域偏析,只有在柱状晶的对生处出现一些杂质集中的偏析区(见图6-43)。从减少杂质偏析的影响出发,宽焊缝比窄焊缝有利。铸件中的宏观偏析较为严重,根据其偏析的形式,大致可分为3种基本类型:正常偏析(正偏析)、反偏析(逆偏析)和比重偏析(重力偏析)。

(1) 正常偏析。铸件的凝固总是由外层逐渐向中心推进的,在分配系数小于1(固相中的溶质成分小于液相中的溶质成分)的合金中,先凝固的外层晶体溶质元素含量较低,结晶前沿液体中的溶质元素含量较高,当冷却速度不太大时扩散过程可在液相内得到较为充分的进行,结晶前沿液体中的溶质元素不断向中心扩散(见图6-44),使铸件中心液体中溶质元素的含量不断提高。因此,铸件全部凝固后中心部位溶质元素的含量比外层高,而且各种杂质也将富集到铸件的中心。这种外层纯度高、溶质含量低,内部溶质含量高、杂质集中的区域偏析称为正常偏析。在冷却速度较快的情况下,如果出现了液相内的扩散过程不能充分进行时,则溶质元素来不及向中心扩散,而只能富集在枝晶间形成微观偏析,此时减弱了正常偏析。正常偏析严重时在铸件中心可能出现一些不平衡组织,如在有些高合金工具钢的铸锭中心可能出现不平衡莱氏体。

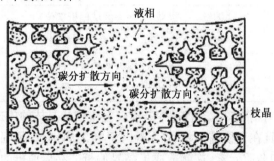

图 6 - 44　区域偏析形成过程示意图

正常偏析使铸件性能不均匀,严重时会使铸件在使用中被破坏。因此,应尽量减少这种偏析。但可利用偏析现象对金属进行提纯。这种偏析不能通过扩散退火来消除,只能采取一些适当的浇铸工艺措施来加以控制,如降低浇铸温度和加速铸件凝固等。

(2) 反偏析。反偏析与正常偏析相反,在分配系数小于1的合金铸件中,外层溶质元素含量反而高于内层的含量。这种偏析并不常见,一般容易发生于凝固温度区间宽、凝固收缩大、冷却缓慢、枝晶粗大、液体金属中含气量较高等情况下。一般认为,这是由于铸件表层枝晶间及内部的低熔点液体,在液体金属静压力和析出气体压力的作用下,通过树枝晶之间收缩产生的空隙渗出到表面,在表面形成一种含有较多低熔点组元和杂质的偏析层,如 Cu－10%Sn 合金铸件表面 Sn 含量有时可高达 20%～25%。

（3）比重偏析。比重偏析通常是一种由于固相和液相之间的比重差别较大引起的上下成分不一致现象。如在一些亚共晶或过共晶的合金中,当初生相和液相的比重相差较大,且冷却较慢时,初生相将下沉或上浮,导致比重偏析。例如,过共晶铸铁中石墨上浮及 Pb-Sb 合金中富 Sb 初生相的上浮都属于比重偏析。此外,在一些个别的合金中还会出现液相之间由于比重不同而存在液体分层的现象,如 Cu-Pb 合金中,上部含 Cu 高,下部含 Pb 高,凝固后形成比重偏析。

比重偏析影响铸件的使用和加工,严重时甚至会出现剥离现象。为防止或减轻比重偏析,可采取快速凝固和在合金中加入第 3 种能形成熔点较高、比重与液相接近的化合物相,在凝固过程中首先从液相中析出,形成树枝状骨架,阻止偏析相的沉浮。如在 Pb－17%Sn 合金中加入 1.5%Cu,可形成 CuPb 骨架,起到减轻或消除比重偏析的作用。

6.6.2　非金属夹杂物

1. 非金属夹杂物的来源和类型

非金属夹杂物(见图 6-45)是金属中常见的一种冶金缺陷,按来源不同可分为两类。一类为内生夹杂,主要来自金属熔化和凝固过程中的一些冶金反应的产物。例如,未及时排除的脱氧、脱硫产物以及凝固过程中某些溶解于液体金属中的杂质元素,如硫、氮和氧等,由于偏析造成局部浓度过饱和后以化合物或低熔点共晶体的形式析出形成夹杂;另一类夹杂为外来夹杂,例如熔炼时的一些耐火材料、铸造时的造型材料及焊接时的熔渣等偶然搅入液体金属中形成的夹杂,其特点是无一定形状,而且尺寸特别大。

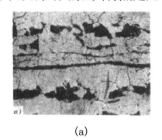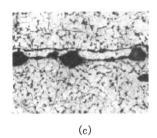

(a)　　　　　　　　　　(b)　　　　　　　　　　(c)

图 6－45　钢中夹杂物形态
(a) 硫化物;(b) 硅酸盐;(c) 铝酸盐

根据成分,钢铁中的非金属夹杂物主要可以分为三大类:①氧化物,如简单的氧化物 FeO,SiO_2,MnO 和 Al_2O_3 等,硅酸盐 $MnO \cdot SiO_2$ 和 $FeO \cdot SiO_2$ 等及一些尖晶石型的复杂氧化物 $MnO \cdot Al_2O_3$,$MnO \cdot Fe_2O_3$ 和 $FeO \cdot Al_2O_3$ 等;②硫化物,如简单的硫化物 FeS,MnS 和稀土硫化物等,以及一些复杂的硫化物 $(Mn,Fe)S$、$(Mn,Fe)S \cdot FeO$ 等;③氮化物,如 VN,NbN,TiN 和 AlN 等,极少情况下有 Fe_4N。

2. 非金属夹杂物的影响

非金属夹杂物会使金属的均匀性和连续性受到破坏,因此严重地影响材料的力学性能、致密性和耐腐蚀性等。根据统计结果,汽车零件的断裂 90% 是由非金属夹杂物诱发的疲劳裂纹引起的,而且夹杂物的尺寸越粗大、疲劳极限越低。非金属夹杂物对金属性能的影响与其成分、性能、形状、大小、数量和分布等都有关系,硬脆的夹杂物对金属的塑性和韧性影响较大;夹杂物越近似球形对金属的机械性能影响越小;夹杂物呈针状或带有尖角时能引起应力集中、促使微裂纹的产生;当夹杂物呈薄膜状包围晶粒四周时能引起金属严重脆化。当以低熔点夹杂物分布于晶粒边界时(如熔点为 940℃的三元共晶 Fe+FeS+FeO)会使金属具有红脆性,这是铸件、焊缝和锻件产生热裂的主要原因。有些塑性较好的非金属夹杂物,在铸态下呈球状,但经过轧制或锻压后改变了形状,如 MnS 或硅酸盐夹杂经轧制后成为长条状或片状。钢中常见的枣核状的夹杂物是由(Fe,Mn)S 和硅酸盐复合物轧制而成的。这些变形后的夹杂物尖端由于应力集中,在随后的加工或使用过程中容易引起开裂并发展成为裂纹,如焊接一些含有大量条状硫化物夹杂的钢板时很容易出现层状撕裂。因此,同一种夹杂物由于铸态下和塑性加工状态下的形态不同而对金属的性能产生不同的影响。

一般来说,一些高熔点的小颗粒夹杂物,分布较分散时对金属性能的影响不大。当颗粒非常细小时,对金属的组织和性能还会有好的作用。例如,一些存在于液体金属中的高熔点超显微夹杂物质点(如 Al_2O_3)在钢液凝固时还能作为非自发结晶核心细化一次组织;又如在一些含氮高强钢中,利用固态下析出弥散氮化物(如钒和铌的氮化物)的沉淀强化作用及正火对韧性的改善作用使这类钢材具有较好的综合机械性能。因此,通过控制夹杂物的数量、大小、形态和分布对消除和减轻其有害作用具有重要的意义。

3. 控制夹杂物的措施

(1) 控制原材料的纯度和加强加工过程中的保护(如要求高时应采用真空和保护气氛),尽量减少和防止金属熔化过程中杂质元素(如氮、氧和硫等)的进入。

(2) 采取冶金措施对已经进入液体金属的杂质进行清除,如对钢液进行脱氧、脱硫处理,但必须注意同时从金属中清除这些冶金反应的产物。例如,采用复合脱氧剂的效果明显优于单一脱氧剂的效果,当采用铝、硅、锰复合脱氧后,钢中夹杂物含量由采用单一脱氧剂时的 0.026 5%减到 0.007%。

(3) 从工艺和操作技术上避免熔渣和空气搅入液体金属,以及为排渣创造有利条件。

6.6.3　缩孔与缩松

1. 缩孔

当液体金属浇入铸型后,四周与型壁接触的液体金属首先凝固(见图 6-46(b))。一般金属在凝固时都要发生体积收缩。另外,在冷却过程中液体金属本身也在收缩,因此铸件在凝固过程中如果得不到液体金属的补充,则必然会出现液体金属不足(见图 6-46(c))的结果。当铸件以柱状晶方式逐层凝固时,通过液体金属的流动使收缩集中到铸件最后凝固的部位形成大的集中缩孔(见图 6-46(d))。因此,合理设置浇冒口可以将缩孔集中到浇冒口中,消除了铸件中的缩孔(见图 6-46(e))。

2. 缩松

当铸件的凝固方式由逐层凝固变为糊状凝固(体积凝固)时,在铸件的凝固过程中形成了宽的凝固区(糊状区)。该区的特点为:同时存在着已结晶的树枝状晶体和未凝固的液体,因此液体流动困难,当晶间和树枝间最后凝固时,由于得不到外部液体的补充而使铸件中出现分散的小缩孔即缩松。缩松是无法通过浇冒口的补缩来进行消除的。铸件的凝固区越宽,则树枝晶越发达,晶间和树枝间被封闭的可能性越大,产生缩松的倾向也就越大。

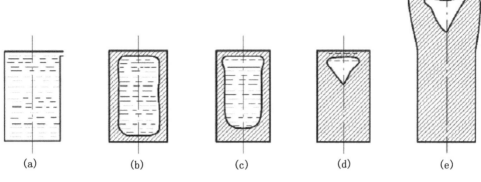

(a)　　　　(b)　　　　(c)　　　　(d)　　　　(e)

图 6 - 46　铸件中缩孔的形成过程示意图

3. 影响缩孔与缩松的因素及其控制

铸件在凝固过程中产生收缩是必然的,但产生缩孔还是缩松,根据以上分析可知,主要取决于凝固方式。影响凝固方式主要有两方面的因素:一方面是合金成分的影响(见图 6 - 47),另一方面是铸件内温度梯度的影响。当铸件为纯金属和共晶成分合金时,结晶在恒温条件下进行,铸件截面上的凝固区宽度为零,以逐层凝固的方式结晶。如果合金的结晶温度区间很小,或截面上的温度梯度很大,则铸件截面上的凝固区很窄,也属于逐层凝固方式。以上几种情况下,铸件都倾向于形成集中缩孔。如果合金的结晶温度区间较宽或铸件的温度梯度较小,则凝固区较宽,铸件将倾向于以糊状凝固的方式结晶,并引起缩松。合金的凝固温度区间越宽或铸件的温度梯度越小,则凝固区越宽,糊状凝固方式越突出,缩松越严重。

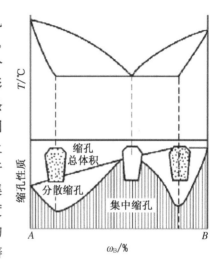

图 6 - 47　形成两相混合物的合金铸造性能与成分的关系

缩孔和缩松对铸件的力学性能、气密性能和耐腐蚀性能等都有很大的影响。钢材中残留的缩孔和缩松还能引起锻造时的裂纹。因此,缩孔和缩松是铸件中的一种重要缺陷。为防止和消除这类缺陷,除了要正确选择合金成分外,应采取相应的工艺措施。一般来说,消除铸件中的集中缩孔较为容易,只要采取适当的补缩措施就能解决。例如,设置合理的浇冒口。但要消除缩松则较为困难,一般的补缩方法都很难有效,需要采取特殊的工艺措施。例如,采用高压下的浇注和凝固可以得到无缩孔和缩松的致密铸件。此外,从控制铸件冷却过程出发,采取急冷能力强的铸型(如金属型),则可以缩小铸件中的凝固区,减小糊状凝固的倾向,使缩松得到显著减小,但缩孔容积相对有所增加。

应该指出,缩孔和缩松并非在所有与金属凝固有关的加工过程中都是一个严重的问题。例如,焊接和激光表面重熔时,由于冷却速度非常快、凝固区非常窄,因此不会出现缩松。由于焊接和激光表面重熔都是一个连续的熔化和凝固过程,凝固过程中有新熔化的液体金属不断补充,因此在焊缝中心或激光重熔区的中心都不会出现集中缩孔,只有在焊接结束时的弧坑中以及激光重熔结束时的结尾处有可能出现缩孔。

6.6.4 气孔

1. 气孔形成的过程

在液体金属中无论何种气体,在形成气孔时都包括 3 个阶段:气泡的生核、长大和上浮。如果气泡在上浮过程中受到阻碍,则将成为气孔保留在凝固后的金属中。

(1) 气泡生核的条件。根据气泡生核所需的能量,在极纯的液体金属中自发成核非常困难,但在实际加工过程中(如铸造和焊接中),在凝固着的液体金属中存在大量的现成表面(如一些高熔点的质点、熔渣和已凝固的枝晶表面等)可以作为气泡生核的衬底,如相邻枝晶间的凹陷处是最容易产生气泡的部位(见图 6-48)。

图 6-48 气孔形成过程示意图

(2) 气泡长大的条件。气泡成核后长大所需的条件为

$$p_n > p_0 \tag{6-104}$$

式中,p_n——气泡内各种气体分压的总和;

p_0——阻碍气泡长大的外界压力总和。

气泡内各种气体分压的总和为

$$p_n = p_{H_2} + p_{N_2} + p_{CO} + p_{H_2O} + \cdots \tag{6-105}$$

式中,p_{H_2},p_{N_2},p_{CO},$p_{H_2O} + \cdots$为气泡内各种气体的分压。

实际上,具体情况下一般只有一种气体起主要作用。

阻碍气泡长大的外界压力总和为

$$p_0 = p_a + p_M + p_s + p_c \tag{6-106}$$

式中,p_a,p_M,p_s,p_c 分别为大气压、金属、熔渣的静压力和气体与液体金属之间的表面张力所构成的附加压力。

一般情况下,p_M 和 p_s 的数值相对较小,可以忽略不计。故气泡长大的条件为

$$p_n > p_a + p_c \tag{6-107}$$

其中

$$p_c = 2\sigma / r$$

式中,σ——金属与气体间的表面张力;

r——气泡曲率半径。

当气泡的半径很小时,附加的压力 p_c 很大,气泡很难稳定和长大;但当气泡在现成表面上生核时,气泡为椭圆形,因此曲率半径较大,这就降低了附加压力,有利于气泡的长大。

(3) 气泡上浮的条件。当气泡长大到一定程度后,就会脱离现成表面,并开始上浮。气泡脱离现成表面的能力主要取决于液体金属、气相和现成表面之间的表面张力,即

$$\cos\theta = \frac{\sigma_{1,g} - \sigma_{1,2}}{\sigma_{2,g}} \tag{6-108}$$

式中,θ——气泡与现成表面的浸润角;

$\sigma_{1,g}$——现成表面与气泡间的表面张力;

$\sigma_{1,2}$——现成表面与液体金属间的表面张力;

$\sigma_{2,g}$——液体金属与气泡间的表面张力。

如图 6 - 49 所示,当 $\theta<90°$ 时,气泡容易脱离现成表面,有利于气泡的逸出;当 $\theta>90°$ 时,气泡要长大到形成缩颈后才能脱离现成表面。因此,凡能减小 θ 值的因素都有利于气泡脱离现成表面而上浮。但气泡能否在金属完全凝固之前浮出金属,还取决于气泡的上浮速度和液体金属的凝固速度。如果上浮速度小于凝固速度,则气泡仍将残留于金属中成为气孔。因此,产生气孔的最后条件为

$$v_e \leqslant R \tag{6-109}$$

式中,R——金属的凝固速度;

　　v——气泡的上浮速度。

$$v_e = \frac{K(\rho_L - \rho_G)gr^2}{\eta} \tag{6-110}$$

式中,K——常数;

　　ρ_L,ρ_G——分别为液体金属和气泡的密度;

　　g——重力加速度;

　　r——气泡的半径;

　　η——液体金属的黏度。

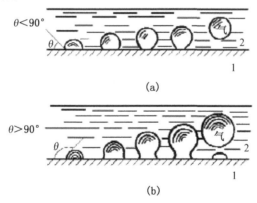

图 6 - 49　气泡脱离衬底表面示意图

1—衬底;2—液态

根据以上公式,金属凝固速度 R 越大,越容易产生气孔;液体金属的黏度 η 越大,上浮速度 v_e 越小,越容易产生气孔。液体金属的密度与气泡密度的差值中,由于气泡密度 ρ_G 远小于金属液体的密度 ρ_L,因此主要取决于液体金属密度 ρ_L。ρ_L 越小,上浮速度 v_e 越小,越容易产生气孔。因此,在一些轻金属中容易产生气孔(如铝合金焊接时容易产生气孔问题)。另外,气泡的半径越小,上浮速度也越小,越容易生成气孔。

2. 气孔形成的原因

上面介绍了气孔形成的一般过程,但气孔产生的原因与具体情况有关。根据气体的来源不同,金属中存在的气孔可归纳为析出性气孔和反应性气孔两种类型,两者形成的原因

不同。

(1) 析出性气孔。在材料加工过程的化学冶金反应中介绍过,高温下液体金属能溶解较多的气体(如氢气和氮气),一般来说,其溶解度随温度的升高而增加。在金属的冷却凝固过程中,溶解度则随着温度的下降而降低。当金属冷却到开始结晶时,溶解度将发生大幅度的突然下降,如果此时析出的气泡的上浮速度小于金属的凝固速度,则将生成气孔。因此,凝固过程中气体溶解度的陡降是引起这类气孔的根本原因,其溶解度的变化特性将是影响析出性气孔产生倾向的主要因素。例如,凝固温度时、平衡条件下,氢在铝中的溶解度由 0.69ml/100g 陡降到 0.036ml/100g,其差值约为固态时的 18 倍;而氢在铁中的溶解度由 25ml/100g 陡降到 8ml/100g,其差值仅为固态中的 2 倍,显然铝比钢更容易产生气孔。

(2) 反应性气孔。引起这类气孔的气体并非是外部溶入的气体,而是直接由液体金属中的冶金反应产生的气体。例如,CO 并不能溶于钢液中,但当钢中的氧或氧化物与碳反应后就能生成大量 CO,如

$$[C]+[O]=CO \tag{6-111}$$

$$[FeO]+[C]=CO+[Fe] \tag{6-112}$$

$$[MnO]+[C]=CO+[Mn] \tag{6-113}$$

$$[SiO_2]+2[C]=2CO+[Si] \tag{6-114}$$

如果这些反应发生在高温液态金属中,则由于 CO 气泡来得及从液体金属中析出,不容易形成气孔。但当冷却凝固过程中,在结晶前沿和枝晶间由于偏析造成氧化铁和碳浓度的局部偏高引起式(6-112)的反应时,因液体金属正处于凝固过程,故生成的 CO 气泡很难长大和浮出,往往残留在金属中生成 CO 气孔。又如,当铜在高温下溶解较多的 Cu_2O 和氢时,在冷却过程中会发生下列反应:

$$[Cu_2O]+2[H]=2[Cu]+H_2O(汽) \tag{6-115}$$

此时反应生成的水蒸气不溶于铜,在快速凝固的条件下很容易生成水蒸气的反应气孔。

3. 气孔的有害作用及防止措施

气孔是在金属凝固过程中形成的一种缺陷,如图 6-50 所示。它不仅减少了金属的有效工作面积,显著地降低金属的强度和塑性,而且还有可能造成应力集中,引起裂纹,严重地影响到动载强度和疲劳强度。此外,弥散小气孔虽然对强度影响不显著,但可引起金属组织疏松,导致塑性、气密性和耐腐蚀性能降低。

为有效地防止气孔的产生,应根据形成原因的不同而采取相应的措施。例如,氮主要来自大气,因此加强保护是防止产生氮气孔的有效措施。氧不仅来自大气,而且还来自原材料中的氧化物,因此不能仅靠加强保护来防止 CO 气孔,还必须采取相应的脱氧措施。氢主要来自吸附水、矿物和铁锈中的结晶水及有机物等,因此除了要对原材料进行烘烤外,为降低液体金属表面的氢分压,还必须采取除氢的冶金措施,将氢转变为不溶于液体金属的化合物(见图 6-50)。例如,焊接时常在熔渣中加入氟化钙(CaF2)或提高熔渣的氧化性和气氛中的 CO_2,使氢化合成不溶于金属的 HF 或 OH,如

$$CaF_2+2H=Ca+2HF \tag{6-116}$$

$$FeO+H=Fe+OH \tag{6-117}$$

$$CO_2+H=CO+OH \tag{6-118}$$

但必须注意,当用提高氧化性来降低金属中的含氢量时,会同时导致金属中的含氧量增加,因此控制不当时可能会出现 CO 气孔。表 6-19 为酸性焊条药皮氧化性对气孔形成倾向的影响,氧化性强时容易出现 CO 气孔,而脱氧充分时容易出现 H_2 气孔。此外,在铸造铝合金时可以加入氯化物 C_2Cl_6 与氢反应生成不溶于金属的 HCl 气体。除采取以上冶金措施外,从工艺上可以根据产生气孔的具体条件,采取有利于气体逸出的措施,或相反地采取能抑制气泡生核的措施。如为了防止焊铜时氢气孔的形成,可采取预热降低冷却速度、有利于气泡析出的措施。又如,铸造铝合金时,从抑制气泡生成考虑,采取提高冷却速度或提高合金凝固时的外压都能消除气孔。

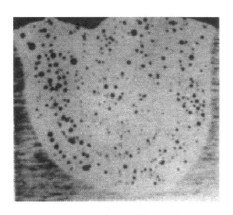

图 6-50　铝合金焊缝中的气孔

6.6.5　氢白点

1. 氢白点的形成及其影响因素

白点实际上是钢材内部的一种由氢脆引起的微裂纹。由于其纵向断口为表面光滑的圆形或椭圆形的银白色斑点(直径一般在零点几毫米到几毫米,或更大),因此称为白点(或鱼眼)。经酸腐蚀后的横截面试片上,这些白点呈发丝状裂纹,往往处于离工件表面较远的部位。图 6-51 为 40Cr 钢轴锻件纵向断口椭圆形白点。

图 6-51　40Cr 钢轴锻件纵向断口椭圆形白点

一般认为,引起白点的主要原因是由于金属中溶解有较多的氢,在冷却过程中氢的溶解度随温度的下降而降低,特别是在发生相变时,如奥氏体转变时,溶解度发生突然下降,这就导致金属中溶解氢的析出。当冷却速度较快、相变温度较低及工件截面较大时,则向金属外部析出的氢较少。因此,将有更多的氢通过晶格扩散到金属内部的一些显微缺陷内,如小气孔、小夹杂及一些位错密集的微观缺陷中;当氢原子扩散进入这些缺陷后就会结合成分子氢,形成局部高压,并使金属脆化,如果此时金属中存在着组织应力和热应力,则将促使微观缺陷开裂,形成白点。

表 6-19 酸性焊条药皮氧化性对气孔倾向性的影响

编号	赤铁矿 (Fe-Mn)	补加脱氧剂/%	$\omega_{[C]}$ /%	$\omega_{[S]}$ /%	$\omega_{[Mn]}$ /%	$\omega_{[O]}$ /%	$\omega_{[H]D}$ / (ml/100g)	$\omega_{[C]}$ $\omega_{[O]}$ /10^{-6}	1 540℃ 平衡[C] [O]/10^{-6}	气孔倾向
1	2.0	—	0.052	痕	0.18	0.1113	2.70	57.85	24.1	较少 CO 气孔
2	1.6	—	0.062	痕	0.31	0.074 3	3.47	46.07	24.1	偶有 CO 气孔
3	1.3	—	0.070	痕	0.45	0.044 8	4.53	31.36	24.1	无气孔
4	1.1	—	0.085	0.05	0.68	0.027 1	5.24	23.03	24.1	无气孔
5	1.1	石墨 3	0.110	0.19	1.08	0.005 4	6.46	5.94	24.1	偶有 H₂ 气孔
6	1.1	Fe-Si 3	0.100	0.10	0.78	0.005 8	11.75	5.80	24.1	H₂ 气孔多且密集
7	1.1	Al 粉 3	0.100	0.18	1.05	0.004 7	11.10	4.70	24.1	H₂ 气孔多且密集

影响氢白点形成的因素很多:钢材的含氢量、氢在冷却过程中的析出条件、金属内部微观缺陷的总体积量及受力状态等。凡是影响钢中氢含量的因素(如冶炼工艺)都会影响氢白点的形成。凡是不利于氢向外析出的因素(如快速冷却、大截面等)都能加大白点形成的倾向。反之,白点不会发生在工件的表面及小截面的工件内。另外,当金属内部微观缺陷足够多时,由于氢在缺陷内不足以引起很大的压力,所以形成氢白点的倾向也不大。因此,金属在铸造状态时(如铸件和焊缝)的白点倾向比塑性变形状态时(如轧制件和锻件)要低,通常在中、大截面的锻件中最容易出现白点。从力学因素考虑,金属必须处于拉应力的作用下。冷却过程中的热应力,尤其是相变时的组织应力是引起白点的主要力学因素,因此它与钢材的化学成分和组织变化有关。一般钢中 Cr,Ni,Mo 等元素会增大白点敏感性,没有相变而且塑性又较好的奥氏体钢和高铬铁素体钢都不会产生白点。所以,从组织状态考虑,白点常产生于珠光体、贝氏体及马氏体组织的钢中,特别是在 Cr-Ni,Cr-Ni-W,Cr-Ni-Mo 钢及含碳量不低于 0.4%~0.5% 的碳钢中,如表 6-20 所示。

表 6-20 钢按白点敏感性高低分组

组别	钢的类型	钢号	白点敏感性
1	碳素结构钢 低碳合金钢	15CrMo,20CrMo 20Cr,20MnMo	较低
2	中碳合金钢	40Cr,35CrMo	中等
3	中碳合金钢	40CrNi,60CrNi 5CrNiMo,5CrMnMo 34CrNiMo	较高
4	中合金钢	34CrNi3Mo,20Cr2Ni4	最高

除了由于内应力引起白点外,有时在慢速静载拉伸和弯曲试验时也可能出现白点。

2. 氢白点的危害及其控制

白点对钢材的强度影响不大，但显著地降低钢的塑性和韧性。由于它在金属中造成高度的应力集中，因此会导致零件在淬火时的开裂或在使用过程中突然断裂的严重事故。因此，在大型锻件的生产技术条件中明确规定，一旦发现白点必须报废，如汽轮机叶轮锻件用钢都是一些对白点敏感的钢材（如 34CrNi2Mo，34CrNi3Mo）。因此，若钢中的含氢量较高，锻后冷却工艺又不得当，则很容易出现白点，造成报废。

由于锻件中的白点主要是氢和组织应力共同引起的，因此凡是能减少锻件中的氢含量及降低组织应力的措施都能起到防止白点产生的作用。由于白点的形成过程与氢的扩散集聚过程密切相关，所以它不一定产生于锻件的冷却过程中，往往锻件冷却到室温后，在很长的一段时间内还在不断地产生。一般认为含氢量低于 2～3ml/100g 便不会产生白点。因此，锻造结束后采取及时的扩散除氢处理能有效地避免白点的产生。除氢处理所需时间除与工件的尺寸有关外，主要取决于与氢扩散系数有关的温度和组织状态。因此，锻件锻后的冷却条件和热处理制度对除氢起着重要的作用。根据氢的扩散系数与温度的关系（见图 6-52），锻件去氢处理应在奥氏体转变为珠光体（或贝氏体）的相应温度下进行最为有利。从减小组织应力出发，应将热处理温度选在奥氏体等温转变 C 形曲线的鼻尖处，使奥氏体在等温条件下迅速、均匀、完全地转变为单一均匀的珠光体（或贝氏体），从而达到减小组织应力的目的。由此看来，奥氏体转变最快、组织应力最小的温度范围与氢扩散最快的温度范围正好一致。对珠光体类钢来说只有一个温度范围，即 620～660℃ 的珠光体转变温度区。对马氏体类钢而言则有两个温度区：一个是珠光体转变区 580～660℃（保温 15h 奥氏体可转变 15%），另一个为贝氏体转变区 280～320℃（保温 16min 奥氏体转变达 95%）。因此，对一些白点敏感性较低的珠光体类碳钢和低合金钢锻件可以采用 620～650℃ 等温冷却的工艺（见图 6-53(a)）。对一些白点敏感性较高的小截面马氏体类合金钢锻件应采用起伏等温冷却工艺（见图 6-53(b)），先过冷到 280～320℃ 使奥氏体迅速转变为贝氏体，并扩散掉一部分氢，然后加热到 580～660℃ 保温使之在继续扩散除氢的同时减小应力。对于一些白点敏感性较高的大截面合金钢锻件，则需采用更为复杂的起伏等温退火处理（见图 6-53(c)），第一次过冷到 300℃ 使奥氏体迅速转变为贝氏体，并扩散掉表层的氢；接着进行正火使晶粒细化，同时加速氢由心部向表层扩散；第二次过冷到 280～320℃ 使奥氏体迅速转变为细小而均匀的贝氏体，同时使表层氢扩散掉；然后再加热到 580～660℃ 保温，进一步除氢和降低应力。

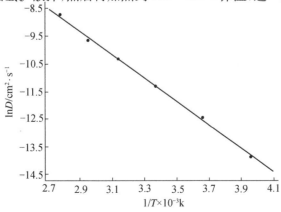

图 6-52　氢的扩散系数与温度的关系

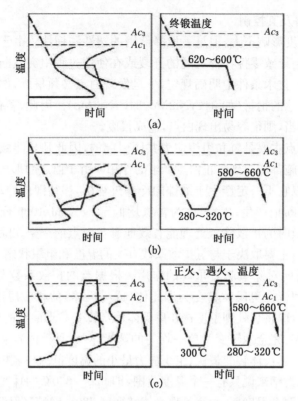

图 6‑53　防止白点热处理曲线与奥氏体等温转变曲线的关系示意图

(a) 等温冷却；(b) 起伏等温冷却；(c) 起伏等温退火

6.6.6　热裂纹

1. 热裂纹的类型

热裂纹是高温下在金属中产生的一种沿晶裂纹。其形成的根本原因是由于金属的高温脆化。一些金属在冷却过程中的塑性变化曲线存在两个低塑性区，见图 6‑54。这是一种低碳钢由 1 460℃冷却下来时的塑性变化曲线，与两个脆性温度区间相对应会出现两种类型的热裂纹。第一种裂纹产生于凝固后期的脆性温度区间Ⅰ内，称为结晶裂纹或凝固裂纹。其断口形貌不同于一般固态下的沿晶断口，由于产生裂纹时晶间尚有液膜存在，因此断口具有明显的树枝状突出的特征（见图 6‑55）。第二种裂纹产生于固态下的脆性温度区间Ⅱ内，称为失塑裂纹（见图 6‑56）。由于失塑裂纹产生时已无液膜存在，因此其断口特征为沿着平坦的界面开裂，而且在断开的界面上往往存在许多带有硫化物的孔穴。

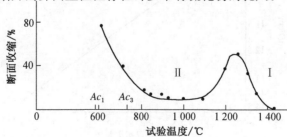

图 6‑54　低碳钢高温塑性变化曲线

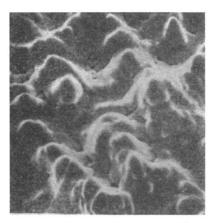

图 6‑55　焊缝凝固裂纹的断口形貌

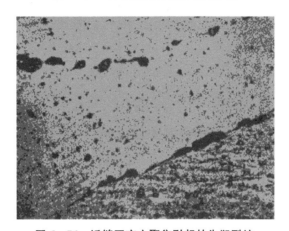

图 6‑56　近缝区空穴聚集引起的失塑裂纹

　　除了上述两种热裂纹的基本类型外,还有一些特殊情况下形成的热裂纹。一种是与液膜有关的,沿着局部熔化的晶界开裂的热裂纹,称为液化裂纹;另一种是在离结晶前沿不远的固相中,由位错运动导致的多边化引起的热裂纹,称为多边化裂纹。多边化裂纹较为罕见,往往产生于一些与杂质富集部位重叠的多边化边界,尺寸很小,主要发生于一些特殊的单相合金中,如发生在单相铬镍奥氏体钢和镍基合金中。

2. 凝固裂纹(结晶裂纹)

　　(1)凝固裂纹的形成机制。裂纹产生的基本条件是材料的拉伸变形量超过了它的塑性变形能力($\varepsilon \geqslant \delta$)。材料在凝固过程中如果得不到自由收缩,就必然会导致内部的拉伸变形。这种情况在材料加工过程中是很难避免的。因此,凝固裂纹产生的倾向性主要取决于材料本身在凝固过程中的变形能力。当有液相存在时,金属的变形能力与完全固态时不同,它取决于液相的数量、分布形态及其性质。根据金属在凝固过程中的变形特点和能力,其凝固过程大致可分为3个区(见图6‑57):Ⅰ区内,晶粒与晶粒之间有大量的液体存在,此时变形可以通过液体金属的自由流动来实现,因此不会产生裂纹。在Ⅱ区内,枝晶间的液相很少,已形成薄的液层,但仍与液相连通,有一定的变形能力,若变形速度不大及液态金属具有足够的流动性时,一般不会出现裂纹。在Ⅲ区内,枝晶已生长到相碰、并局部联生,形成封闭的液膜,此时若凝固收缩将晶间液膜拉开后,就无法弥补,从而形成裂纹。只有当金属全部凝固后($T<T_s'$),它的变形能力才能得到迅速提高。由此可见,最容易形成凝固裂纹的上限温度应该是树枝晶开始相互接触、并局部联生的温度(见图 6-57 和图 6-58 中的 T_u);下限温度则为凝固终了的实际固相线温度(图 6-57 和图 6-58 中的 T_s')。这一温度区间相当于合金状态图的"有效结晶温度区间"(图 6-58 中的 $\Delta T_e'$),并对应于金属凝固过程中塑性变化特性曲线上的"脆性温度区间"(图 6-58 中的 ΔT_B)。

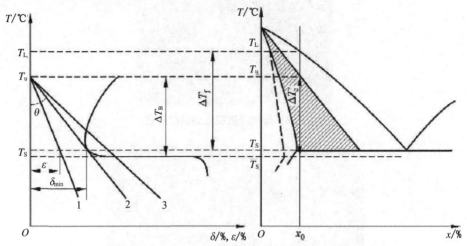

图 6-57　凝固温度区间塑性变化特点及裂纹形成条件

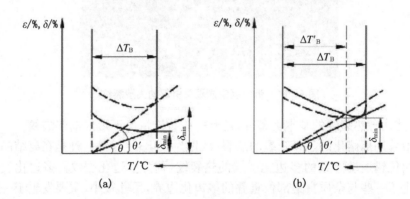

图 6-58　ΔT_B 和 δ_{min} 对凝固裂纹敏感性的影响

由图 6-58 的塑性变化特点和裂纹的形成条件可知,凝固裂纹的形成,除了与反映金属本身特性有关的脆性温度区间 ΔT_B 及其相应的塑性变形能力 δ_{min} 有关外,还取决于金属在此温度区间内随温度下降的应变增长率 $\delta_\varepsilon/\delta_T$(见图 6-58 中的直线 1,2,3)。脆性温度区间 ΔT_B 和塑性变形能力 δ_{min} 为引起凝固裂纹的冶金因素,应变增长率 $\delta_\varepsilon/\delta_T$ 为力学因素。当金属在脆性温度区间内的应变以直线 1 的斜率增长时,则其内应变量 $\varepsilon<\delta_{min}$,因此不会产生裂纹。如果按直线 2 增长,则 $\varepsilon=\delta min$,这正好是产生凝固裂纹的临界条件,此时的应变增长率称为临界应变增长率,以 CST 表示:

$$CST=\tan\theta \qquad (6-119)$$

$\tan\theta$ 与材料特性($\Delta T_B,\delta_{min}$)有关,它综合地反映了材料的凝固裂纹敏感性。例如,当 ΔT_B 一定时,δ_{min} 越小,则 $\tan\theta$ 越小,材料的凝固裂纹敏感性越大(见图 6-58(a));当 δ_{min} 一

定时，ΔT_B 越小，$\tan\theta$ 越大，材料的凝固裂纹敏感性越小（见图 6-58(b)）。因此，用 $\tan\theta$ 或 CST 来反映材料的凝固裂纹敏感性比用 ΔT_B 和 δ_{min} 更为方便，因为 ΔT_B 或 δ_{min} 都不能单独用来反映材料的裂纹敏感性。

金属加工时产生凝固裂纹的倾向，除了与材料自身的凝固裂纹敏感性有着决定性的关系外，还与它所受的拉伸应变率 $\delta_\varepsilon/\delta_T$ 或它在脆性温度区间内达到的应变量 ε 有着密切的关系。$\delta_\varepsilon/\delta_T$ 除与金属的收缩率有关外，主要取决于外界的拘束条件和已凝固金属的自拘束作用。如果材料在凝固过程中所受的拘束很小，则即使材料本身的凝固裂纹敏感性较大也不一定会产生裂纹（见图 6-57 中的直线 1）；相反，即使材料的裂纹敏感性没有变，但如果拘束较大，则有可能会产生裂纹，如图 6-57 中直线 3 的情况（$\delta_\varepsilon/\delta_T > $ CST，$\varepsilon > \delta_{min}$）。

（2）影响凝固裂纹形成的因素及其防止措施。脆性温度区间 ΔT_B、塑性变形能力 δ_{min} 及拉伸应变率 $\delta_\varepsilon/\delta_T$，这些因素对凝固裂纹的产生起着决定性的作用。因此，凡是影响到它们的因素都会影响到裂纹的形成，控制这些因素，就能防止凝固裂纹的产生。具体来讲，主要有以下 4 个方面：

第一，合金元素对凝固裂纹敏感性的影响。合金元素对凝固裂纹的影响并不是孤立的，与其所处的合金系统有关。同一元素在不同的合金系统中的作用可能完全相反。例如，Si 在 18-8 型奥氏体钢中对防止凝固裂纹有利，而在 25-20 型的高镍奥氏体钢中则为有害元素。根据状态图上合金元素对结晶温度区间的影响，可以判断其对脆性温度区间和凝固裂纹敏感性的影响。例如，由图 6-59 可以看出，随合金元素的增加，结晶温度区间及脆性温度区间（图中阴影部分）先是逐

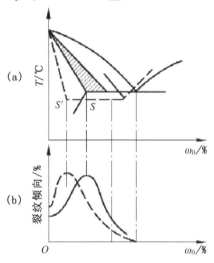

图 6-59　结晶温度区间与裂纹倾向的关系（B 为某合金元素）

渐增加，到 S 点时达到最大值，此时的凝固裂纹敏感性最大，然后随合金元素的继续增加，结晶温度区间、脆性温度区间及凝固裂纹敏感性都相应逐步减小。由于实际加工过程中，金属的凝固往往都是偏离平衡状态的。因此，应根据图 6-59 中的虚线位置来考虑。

另外，合金系统不同、合金状态图不同，合金元素对凝固裂纹敏感性的影响也会有所不同，如图 6-60 所示。但其共同规律是：凝固裂纹敏感性随结晶温度区间的扩大而增大。因此，凡能促使结晶温度区间扩大的元素都会促使凝固裂纹敏感性增大。由图 6-61 可知，C，S，P 等易偏析元素与 Fe 形成二元合金时对结晶温度区间的影响最大，所以在铸造和焊接钢铁材料时，为防止凝固裂纹的产生，必须严格控制 S，P 含量，特别是当含碳量较高时。

第二，晶间易熔物质数量及其形态对凝固裂纹敏感性的影响。晶间易熔物质是形成晶间液膜从而引起凝固裂纹的根本原因，但它的影响与其数量有关，如图 6-62 所示。图中的 C 含量反映了晶间碳化物共晶的量，当易熔物质（碳化物共晶）很少，不足以形成晶间液膜时，裂纹敏感性很小。随着晶间液相的逐渐增加，晶间塑性不断下降，裂纹敏感性不断增大，但达到一个最大值后，又逐渐减小，直到最后不出现裂纹。裂纹敏感性降低的原因主要有两个方面：一方面是结晶前沿低熔点物质的增加阻碍了树枝晶的发展与长合，改变了结晶的形态，缩小了有效结晶温度区间。另一方面是由于增加了晶间的液相，促使液相在晶粒间流动

和相互补充,因此即使局部晶间液膜瞬间被拉开,但很快就可以通过毛细作用将外界的液体渗入缝隙,起到填补和"愈合"的作用。这也就说明了为什么在共晶型合金系统中当成分接近共晶成分时也不会产生凝固裂纹。"愈合"作用是一种有效的消除凝固裂纹的方法,但要注意易熔共晶体增多后会影响其他性能(如塑性、韧性和耐腐蚀性能等)。

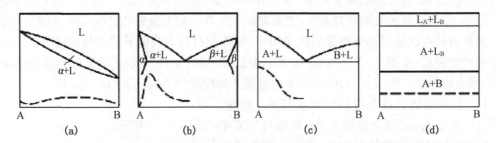

图 6-60 合金状态图与结晶裂纹倾向的关系(虚线表示结晶裂纹倾向的变化)
(a) 完全互溶;(b) 有限互溶;(c) 机械混合物;(d) 完全不固溶

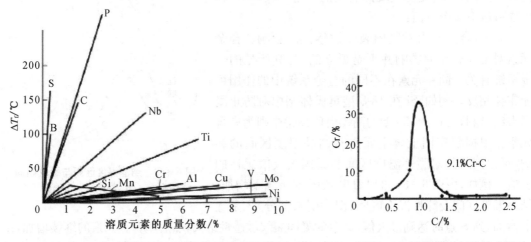

图 6-61 在 Fe-X 二元合金中溶质元素对 ΔT_f 的影响　　**图 6-62 高铬碳钢裂纹敏感性**

此外,凝固裂纹敏感性与易熔物质在晶间所处的形态也有很大的关系。以液膜形态存在时,凝固裂纹敏感性最大;而以球状存在时,裂纹敏感性较小。根据图 6-63 所示,液相 β 在固相 α 晶界处的分布特点由晶界表面张力 $\sigma_{\alpha\alpha}$ 和界面张力 $\sigma_{\alpha\beta}$ 的平衡关系所决定,即要满足:

$$\sigma_{\alpha\alpha} = 2\sigma_{\alpha\beta}\cos\frac{\theta}{2} \tag{6-120}$$

其中,θ 为界面接触角,当 $\sigma_{\alpha\alpha}/\sigma_{\alpha\beta}$ 变化时,θ 角可以从 $0°$ 变到 $180°$。当 $2\sigma_{\alpha\beta}=\sigma_{\alpha\alpha}$ 时,$\theta=0°$,此时液相 β 容易在 α 晶界的毛细间隙内延伸,形成连续液膜,导致凝固裂纹倾向增大。当 $2\sigma_{\alpha\beta}>\sigma_{\alpha\alpha}$,则 $\theta\neq0°$,液相 β 难以进入 α 晶界毛细间隙内,不易成膜,裂纹倾向较小。图 6-64 为 w_{Mn}/w_S 对钢中硫化物形态的影响。由图可见,提高钢中的含 Mn 量可以避免硫化物呈液膜状分布于晶界。因此,通过第三元素的加入来改变有害杂质的分布形态也是防止凝固裂纹的一种有效措施。

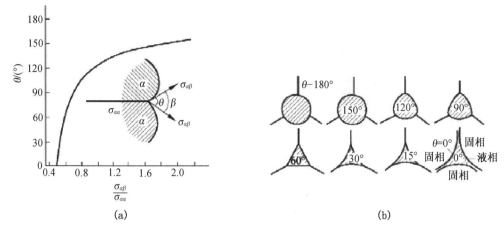

图 6‑63　第二相形状与界面接触角的关系

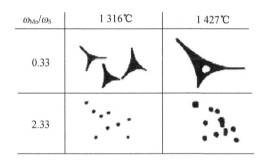

图 6‑64　$\dfrac{\omega_{\mathrm{Mn}}}{\omega_{\mathrm{S}}}$ 比值对硫化物形态的影响(低碳钢)

第三,一次结晶组织及其形态对凝固裂纹的影响。初生相的结构能影响到杂质的偏析和晶间层的性质。例如,当钢中的初生相为 δ 时就能比 γ 时溶解更多的 S 和 P(S,P 在 δ 中的最大溶解度为 0.18%S、2.8%P;而在 γ 中的最大溶解度为 0.05%S,0.25%P)。因此,初生相为 γ 体的钢材比初生相为 δ 的钢材更容易产生凝固裂纹。

此外,初生相的晶粒大小、形态和方向也都会影响凝固裂纹产生的倾向。例如,当初生相为粗大的方向性很强的柱状晶时,则会在晶界上聚集较多的低熔点杂质,并形成连续的弱面,增加了形成裂纹的倾向(见图 6‑65(a))。当对金属进行细化晶粒的变质处理后,不仅打乱了柱状晶的方向性,而且晶粒细化后增加了晶界,减少了杂质的集中程度,有效地降低了凝固裂纹的倾向。如在钢中加入 Ti 及在 Al‑4.5%Mg 合金中加入少量(0.10%~0.15%)变质剂 Zr 或 Ti+B 时可细化晶粒、降低裂纹倾向。除采用变质处理外,在铸造中也有采用超声振动和旋转磁场等细化晶粒的方法。另外,也有利用在凝固过程中同时析出第二相来减少杂质含量,细化一次组织,提高材料抗裂性能的方法。如图 6‑65(b)所示,在单相铬镍奥氏体钢的凝固过程中析出一定数量的一次铁素体(δ 相)对减少 S,P 偏析,细化一次组织,打乱奥氏体的粗大柱状晶方向都有利。因此,在铬镍奥氏体钢焊缝中含有 3%~5%δ 相时能有效地降低其凝固裂纹的倾向,防止裂纹的产生。

第四,工艺因素的影响。加工过程中的拘束条件、冷却速度和温度场的分布等都是影响材料产生凝固裂纹的因素。拘束条件直接影响凝固过程中金属所受到的拉伸应变。例如,

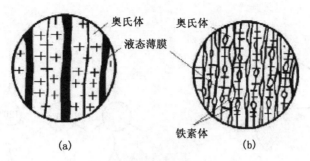

图 6 - 65　δ 相在奥氏体基体上的分布

(a) 单相奥氏体；(b) δ + γ

铸造时铸型和铸芯的退让性不好和焊接时接头的拘束度过大等都会增加金属的凝固裂纹倾向。

冷却速度会影响金属凝固过程中的枝晶偏析程度及金属的变形速度等。一般来说，冷却速度越大，枝晶偏析越严重，变形速度也越大，这些都有利于裂纹的形成。因此，焊接时通常采用的高温预热对减少这类裂纹也有一定作用。

另外，从减少应变集中和杂质集中考虑，温度场的分布应尽可能均匀。例如，当铸件的厚薄不均匀时，则各处的冷却速度不同，温度场分布极不均匀，应变和杂质都将集中到最后凝固的厚大部位，使这些部位容易出现凝固裂纹。因此，需要采取放置冷铁的办法来加快这些部位的冷却。但这种温度场的不均匀现象在一些局部加热的工艺方法中（如焊接和激光重熔）是无法避免的。

3. 液化裂纹

液化裂纹与凝固裂纹有类似之处，它们都与晶界液膜有关，但形成机制有所不同。液化裂纹的液膜并非在凝固过程中产生的，而是由于加热过程中晶界局部熔化形成的。因此，在铸件中没有这种裂纹。根据产生晶界局部熔化的原因不同，可以将其分为两种情况：一种是当晶界上存在低熔点杂质，如 FeS（熔点 1 190℃），Ni_3S_2（熔点 645℃），Fe_3P（熔点 1 160℃），Ni_3Si_2（熔点 1 150℃），且加热温度超过了它们的熔点后就有可能发生晶界熔化。如焊接时焊缝边上的过热区内就可能出现晶界局部熔化引起的液化裂纹；锻件加热时由于燃料中含 S 量过高，会使 S 渗入到热强钢或镍基合金的晶界，生成低熔点共晶 Ni_3S_2-Ni，并引起红脆以及由于加热温度过高、停留时间过长等使氧渗入晶界，并发生晶界氧化，形成氧化物易熔共晶体，造成过烧。无论是红脆或过烧都与局部晶界熔化有关。在这些情况下，锻造时都会发生晶间开裂，造成锻件表面龟裂。这类晶界液化的现象在正常的加工过程中并不常见。

另一种晶界熔化发生于集中热源快速加热（如焊接和激光重熔）时的高温热影响区内，由于第二相来不及溶入而引起的共晶反应。如图 6 - 66 所示的 X_0 合金，由于快速加热，β 相可以一直保持到高于共晶温度的 T_2，此时在 $\alpha\beta$ 相界面上发生共晶反应，引起晶界熔化。当冷却过程中收缩应力很大时就能引起这种液化裂纹的产生，如焊接高强铝合金时的热影响区液化裂纹。

液化裂纹的产生主要与合金成分的设计及其纯度有关。液化裂纹本身并不大，但能诱发其他的裂纹（如凝固裂纹和冷裂纹等）。要消除焊接热影响区中过热区的液化裂纹是很困难的，只有采用熔点低于晶间液膜的焊缝金属，才有可能渗入过热区的液化裂纹中起到"愈合"作用。对于锻件来说,为防止晶间熔化需要严格控制加热温度,如锻造 W18Cr4V 钢时,加热到 1 300℃时由于晶间共晶体熔化,钢的塑性大为下降,因此加热温度不能超过 1 220℃,锻造温度范围为 900~1 220℃。

4. 高温失塑裂纹

高温失塑裂纹产生于实际固相线温度以下的脆性温度区间内,它是由于高温晶界脆化和应变集中于晶界造成的。例如,当钢中铜、锡、砷、硫含量较多及始锻温度过高时,在锻件表面会出现一些龟裂纹。目前,对这类裂纹的认识还不够,研究较多的是一些发生于焊缝或高温热影响区中的失塑裂纹。

有关高温失塑裂纹的形成机制存在两种模型。一种是在三晶粒相交的顶点,由于应变集中引起的楔劈开裂模型(见图 6-67)。但焊接时的高温失塑裂纹并不一定在三晶粒顶点形核。另一种是高温低应力下的空穴开裂模型(见图 6-68),这种情况下,晶界上存在的杂质有利于降低空穴的表面能,促使微裂纹形成。如前面图 6-54 中,低碳钢的第二个脆性温度区(1 100~800℃)内产生的失塑裂纹就是一种空穴沿晶破坏,裂纹表面的空穴中有细小的硫化物存在。降低含硫量,提高晶界的纯净度有利于防止这类裂纹的产生。

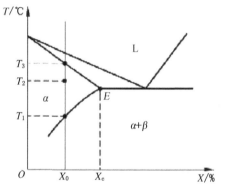
图 6-66　相界先熔现象的一种示意说明

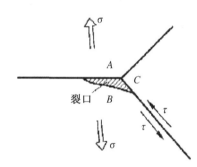
图 6-67　三晶粒顶点所形成的微裂纹示意图

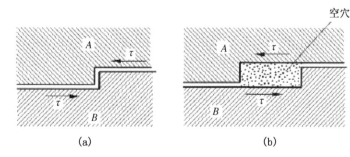

(a)　　　　　　(b)

图 6-68　沿晶界相对滑动形成空穴而生成的微裂纹示意图

6.6.7　冷裂纹

冷裂纹是指由于材料在较低温度下脆化引起的裂纹(图 6-69 所示为低合金高强钢熔合区的冷裂纹),因此其危险性更大。产生热裂纹的脆性温度区间往往高于它的工作温度范围;而冷裂纹产生的温度区间往往就是它的工作温度范围。因此,一旦裂纹产生后在工作应力的作用下,冷裂纹有可能迅速扩展,极易造成灾难性的事故。例如,有些大型压力容器在使用过程中发生爆炸,有些甚至在制造后进行水压试验时就发生了破裂。

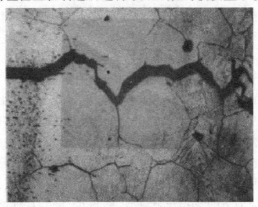

图 6 - 69　低合金高强钢熔合区冷裂纹

冷裂纹产生的温度与其引起的原因有关,即与材料的脆化温度及内应力的发展过程有关。例如,钢中凡与奥氏体(A)转变成马氏体(M)转变脆化有关的裂纹,则其产生的温度为马氏体开始转变温度 M_S 到室温;凡与 $\gamma \rightarrow \sigma$ 转变脆化有关的裂纹,则其开始产生的温度显然可以高很多。

根据形成的原因和形成过程的特点,冷裂纹可以分为两大类:一类是与氢的扩散集聚和脆化有关的氢致裂纹,由于它经常具有延迟的特征,因此又通常称为氢致延迟裂纹或延迟裂纹;另一类是与氢无关仅与材料的脆性有关的冷裂纹。

1. 氢致裂纹

(1) 氢致裂纹形成的条件及影响因素。氢致裂纹普遍存在于具有氢脆性质的材料中。氢脆是这类裂纹的基本特征,是引起这类裂纹的根本原因。前面介绍过,金属的氢脆有两类。一类是由氢化物引起的氢脆,这种氢脆引起的裂纹的形成条件比较简单,是直接由氢的扩散集聚和析出脆性的氢化物引起的,只要具有足够的氢和拉伸应力就会产生裂纹,如钛及其合金中脆性 TiH_2 的析出及拉伸内应力的存在是产生氢致裂纹的基本条件。但对于第二类氢脆的材料而言,它并不形成脆性的氢化物,因此引起裂纹的条件比较复杂,除了必要的拉伸应力外还必须具有氢及对氢脆敏感的组织(如钢中的马氏体),这就是钢中产生氢致裂纹的 3 个基本条件。

第一个条件是氢的影响。氢在氢致裂纹的形成中起着主要作用,它决定了裂纹形成过程中的延迟特点及其断口上的氢脆开裂特征。金属在高温加工过程中往往溶入了大量的氢,但室温时的平衡溶解度一般都很低(如钢中约为 0.000 5mL/100g)。因此,冷却后会有大量的氢以过饱和的形式存在于金属中(如钢的焊缝中含氢量可达 $1 \sim 102$mL/100g)。这些过饱和的原子氢在金属中是极不稳定的,即使在室温下也能在金属晶格中自由扩散,甚至可以扩散到金属表面,并逸出金属。这一部分具有活动能力的过饱和氢称为扩散氢。另有一部分过饱和氢通过扩散进入金属缺陷后成为分子氢,失去了进一步活动的能力,残留于金属中,称为残留氢。分子状态的残留氢只有加热到高温重新分解为原子氢后才能继续扩散。在金属中能引起冷裂纹的只是其中的扩散氢,而扩散氢要引起裂纹还必须具备氢的局部集聚和脆化的条件。如果氢的扩散速度很快,则能迅速到达金属表面而逸出。因此,在足够高的温度下(如100℃以上)不会形成裂纹。另外,当氢的扩散受到抑制时(如在很低的温度,—100℃),即使经历很长时间后也不会导致这种延迟开裂。因此,扩散氢在金属中的扩散行为对其脆性和延迟开裂起着决定性的作用。裂纹的产生与其产生部位的局部实际扩散氢的含量有关。

加工过程中,加热和冷却的不均匀使金属内各部分之间存在着相变不同步和内应力等,这将引起氢在金属中的扩散和偏聚。当相变不同步时会引起氢的"相变诱导扩散"。引起相变不同步的原因可以是由于冷却不均匀或材料的成分不均匀(如焊缝和其周围的母材的成分经常不同,焊缝的含碳量一般较低),在冷却快的部位或含碳量低的部位先出现奥氏体的分解转变(如 $\gamma \rightarrow \alpha$),而在冷却慢的部位或含碳量高的部位则仍保持奥氏体组织。不同组织中氢的溶解度和扩散能力都不同:在 γ 转变为 α 时,由于氢在 γ 中比在 α 中的溶解度大,这时氢将由 α 中向尚未分解的 γ 中扩散集聚;但由于氢在 γ 中的扩散系数较小,所以氢集中到这部分奥氏体中后在它发生转变之前往往来不及再由 γ 中扩散析出,于是冷却后这部分奥氏体的转变产物中将富氢。这就是"相变诱导扩散"引起局部含氢量高的原因。当金属中有内应力存在、特别是有应力集中时,则将促使扩散氢向高的拉应力区集聚,这种现象称为"应力诱导扩散"。在焊接和激光表面重熔时,由于金属局部熔化和吸氢引起的局部含氢量高于四周的基体金属,使氢由高浓度区向低浓度区扩散,这种现象称为"浓度扩散"。因此,在焊缝与基体金属交界处的热影响区中往往存在一个富氢区。

由此可见,在材料加工过程中存在着多种促使氢扩散集聚的条件。无论是什么原因引起氢在金属中的扩散集聚,只要其局部含氢量超过一定的临界值后就会发生氢脆。而引起氢脆的扩散氢临界值与其他两个因素,即组织状态和应力有着密切的关系。

第二个条件是组织的影响。钢材的组织因素也是引起氢脆和氢致裂纹的一个必要条件,如在奥氏体钢中是不会产生氢致裂纹的,而在马氏体钢中则很容易产生这类裂纹,这主要取决于钢材的组织及其塑性。硬度在一定程度上能反映钢材在不同组织状态下的塑性。因此,在一定的成分范围内,钢材的氢脆敏感性随硬度的提高而增大。图6-70反映了钢材的组织和硬度(HV)对氢脆敏感性的影响。图中的 I_S 为氢脆敏感指数,且有

$$I_S = \frac{\sigma_b - \sigma_{1c}}{\sigma_b} \times 100\% \tag{6-121}$$

式中,σ_b——强度极限值(未渗氢);

σ_{1c}——下临界应力(渗氢后)。

硬度(HV)对氢脆敏感性指数的影响可以表达为

$$I_S = 8 \lg HV - 130 \tag{6-122}$$

由图6-70可以看出,高碳马氏体的硬度最高,对氢最敏感。因此,在评定一种钢材的氢脆敏感性及其氢致开裂倾向时,可以简便地通过硬度来进行间接的衡量。例如,为防止焊接时出现冷裂纹,对钢材热影响区的硬度提出了一个最高允许值(如对一般的低碳、低合金钢要求最大硬度值要 $\leqslant HV350$)。另外,由于钢材的硬度主要取决于它的化学成分,尤其是其中碳的影响最大。因此,可以通过碳当量来反映材料的淬硬倾向及其氢脆倾向和氢致裂纹敏感性。图6-71为碳当量与临界含氢量之间的关系示意。下面是碳当量表达式:

$$CE = \omega_C + \frac{1}{6}\omega_{Mn} + \frac{1}{15}\omega_{Cu} + \frac{1}{15}\omega_{Ni} + \frac{1}{5}\omega_{Cr} + \frac{1}{5}\omega_{Mo} + \frac{1}{5}\omega_V$$

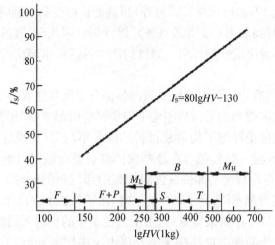

图 6 - 70　钢的组织及硬度对氢脆敏感指数的影响
F-铁素体；P-珠光体；S-索氏体；T-托氏体；M_L-低碳马氏体；M_H-高碳马氏体

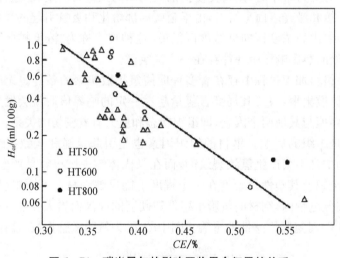

图 6 - 71　碳当量与热影响区临界含氢量的关系

　　影响钢材氢致开裂的组织因素中，除了与钢材基体的淬硬情况有关外，还与一些析出相和非金属夹杂物等有关。当析出相以弥散的粒子分布于钢材的基体中时，能起吸氢的吸附阱的作用，有利于增加残余氢的含量，减少扩散氢含量，从而降低氢脆敏感性。但是，如果第二相析出于奥氏体晶界或马氏体、贝氏体板条界时，则不仅对这些部位有脆化作用，而且还由于促使氢在这些部位集聚，将引起沿奥氏体晶界或板条界的氢脆开裂。因此，凡能促使回火脆性的晶界析出（如杂质 P）都会加剧钢材的氢脆倾向。

　　非金属夹杂物对钢材氢脆的影响与其尺寸、形状、数量和分布状态有关。如钢中存在条状的、细长的或纺锤状的 MnS 夹杂时，这些夹杂物不仅与基体之间的结合强度低，而且其尖端又是高应力区，因此，氢很容易向这些部位扩散集聚。当氢达到临界浓度后将导致氢脆和开裂，特别是当这些夹杂物的分布垂直于受力方向时，影响更为严重。因此，减少硫化物的数量，并控制其形态与分布都对降低材料的氢脆有利。但 S 的含量也不是越低越好，近来发现一些超低 S 钢的冷裂倾向反而有增加趋势的现象。当存在细小、球形的 CaS·MnS 复合硫化物或稀土硫化物时,因为增加了氢陷阱而使氢脆倾向降低。

第三个条件是力的影响。图 6-72 是高强钢渗氢缺口试样恒载拉伸时的断裂特征示意图。从中可以看出,当应力高于某一上临界值 σ_{uc} 时,断裂即时发生、无延迟现象,但此时的强度低于无氢时的缺口拉伸强度 σ_n。当应力在 σ_{uc} 和 σ_{lc} 之间时,断裂具有延迟特征,而且拉应力越小,启裂所需的临界氢浓度越高,延迟时间(即潜伏时间)越长。当应力低到接近下临界应力 σ_{lc} 时,启裂所需的氢浓度较高,因此氢扩散、集聚所需的时间也相应延长,甚至可能长达几十小时才能发生氢致断裂。当应力小于 σ_{lc} 时不会发生断裂,即在这种条件下不产生氢致延迟裂纹。因此,σ_{lc} 可以用来衡量一定含氢量时材料的氢致断裂敏感性。

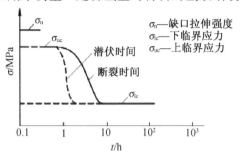

图 6-72　渗氢高强钢的断裂特征示意

综上,氢、组织和应力对氢致裂纹的影响是非常复杂的,相互之间有着密切的关系。含氢量越高、组织氢脆敏感性越大、应力越大,则产生氢致裂纹的倾向越大。当材料的氢脆倾向很大时,有可能在加工结束、冷却到室温的过程中就已开裂。因此,氢致裂纹也不一定都具有明显的延迟特点。

(2)氢致裂纹的形成机制。氢脆及其引起的开裂问题在材料科学中是一个重要的理论问题,存在着多种学说,如最早提出的空穴氢压脆化学说及后来的一些与氢和位错交互作用有关的学说。延迟裂纹的形成机制可以通过氢的应力诱导扩散理论得到较为圆满的解释。如图 6-73 所示,由微观缺陷构成的缺口作为裂纹的尖端,形成应力集中的三向应力区,于是在应力的诱导下氢向该区扩散富集,并促使位错移动或增殖,此时缺口尖端微区塑性应变量随氢量的增加而增大,当氢量达到临界浓度时发生局部开裂,导致裂纹向前扩展,并在裂纹尖端形成新的三向应力区(如图 6-73 中的 A'),促使氢向新的三向应力区内扩散聚集,此时裂纹暂停向前扩展,只有当裂纹尖端的局部氢浓度重新达到临界值时,裂纹才能进一步向前扩展。所以,氢致裂纹的扩展是一个断续的过程,其中裂纹停顿的阶段正是氢扩散聚集并达到临界浓度所需要的时间。因此,这种裂纹除带有明显的氢脆特征外,还具有延迟特征。在快速加载条件下由于位错运动很快,在氢的扩散尚未达到富集时,裂纹已迅速扩展,因此这种情况下就看不到明显的氢脆特征,此时的断口形貌为韧窝断口。这正好解释了为什么这种氢脆(即第二类氢脆)只有在加载很慢时或低于屈服应力的恒载时才能出现,此时的断口形貌为氢脆准解理断口或沿晶断口(见图 6-74)。氢脆准解理与一般的解理不同,它不是沿{100}面,而是沿{110}或{112}面。沿晶断口主要发生于高强钢的氢脆断口中,由于此时晶内产生了高强度的孪晶马氏体,使应变集中于晶界,或者由于晶界有杂质(如 P)偏析使晶界脆化。因此,氢致延迟裂纹的断口存在两种典型的形貌,即穿晶的氢脆准解理断口和沿晶断口,有时也可能是两种同时存在的混合断口。

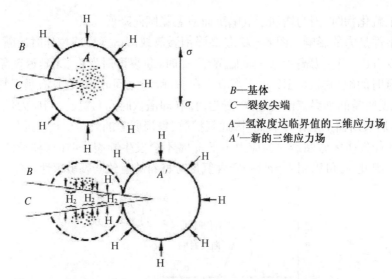

B—基体
C—裂纹尖端
A—氢浓度达临界值的三维应力场
A'—新的三维应力场

图 6-73　氢致裂纹的发展过程原理图

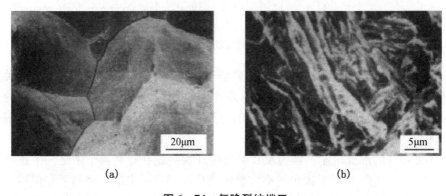

(a)　　　　　　　　　　(b)

图 6-74　氢脆裂纹端口
(a) 沿晶断口特征；(b) 氢致准解理断口特征

（3）氢致裂纹的预防措施。为了降低金属中扩散氢的含量，应该控制原材料或辅助材料中的含氢量，如焊接时用低氢或超低氢焊条；采用低氢的加工工艺，如在控制气氛或真空环境中进行熔炼和焊接；焊接时采用预热方法降低冷却速度，使氢有条件逸出并能改善组织；当材料的氢脆敏感性很高时，应在加工过程中或在加工后及时进行除氢热处理，处理温度和时间对含氢量的影响如图 6-75 所示。

为了改善组织，选材时应尽量降低钢的含碳量或碳当量；加工一些淬硬倾向大的钢材时（如焊接时），为降低奥氏体分解时的冷却速度（延长 800～500℃ 之间的冷却时间，即 $t=8/5$ 或减慢马氏体转变时的冷却速度都可以采取预热或缓冷的办法。另外，也可以与除氢处理结合进行改善组织的热处理。

为了降低内应力，设计和加工过程中应尽量降低零部件或结构的拘束度；加工过程中的加热和冷却应尽量均匀，以避免产生过大的内应力和组织应力；当加工过程中内应力不可避免时，应在加工后及时进行消除应力的退火处理，这种处理也能同时起到除氢和改善组织的作用。

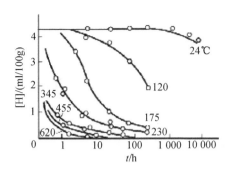

图 6-75　脱氢处理温度与时间的影响

2. 淬火裂纹

淬火裂纹与淬硬倾向有关,它产生于淬硬倾向大的、含碳量较高的碳钢和合金钢中,与氢致裂纹的不同之处是:淬火裂纹与氢无关。例如,真空电子束焊接大厚度中、高碳钢时,容易产生淬火裂纹。

淬火裂纹的产生原因是硬脆的片状孪晶马氏体高速生长时相互撞击或与晶界撞击时引起的微裂纹,以及在淬火应力或加工过程中引起的其他内应力的作用下扩展成的宏观裂纹。这类裂纹具有明显的沿原奥氏体晶界脆性断裂的特征,断口呈典型的冰糖状形貌(见图 6-76)。这种断裂特征的形成,除了与晶内淬硬非常严重而使应变集中于晶界处有关外,还与晶界偏析导致的晶界脆化有关。根据断口表面的俄歇电子能谱仪分析结果,发现它与回火脆性类似。当晶界上存在 C 和 P 等元素的偏析时就能引起晶界脆化,加大钢材的淬火开裂倾向。因此,严格控制含 P 量或加入能与 P 结合的微量稀土元素铈均可以降低淬火裂纹的倾向。另外,从孪晶马氏体的晶内强化出发,淬火裂纹都产生于最大硬度值大于 HV600 的钢材中,如含碳量大于 0.4% 的中碳钢,在 $800 \sim 500 ℃$ 的范围内当冷却时间 $t < 3.5 \mathrm{s}$ 时就会产生淬火裂纹。因此,淬硬倾向越大的钢材,淬火裂纹的倾向也越大。例如,在锻造一些空冷自淬火钢(如高速钢 W18Cr4V,W9Cr4V,马氏体不锈钢 4Cr13,9Cr18 和高合金工具钢 3Cr2W8,Cr12 等)时,空冷就能生成马氏体和产生较大的组织应力,很容易形成冷裂纹。因此,锻后必须采取缓冷的措施,最好锻后及时进行退火、消除内应力。另外,在模锻时要防止冷却模具的介质喷到锻件上引起开裂。在焊接时为改善组织和缓解内应力,应采用预热和缓冷的措施,而且预热温度应随着淬硬倾向的增加而提高。

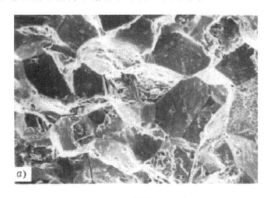

图 6-76　冰糖状沿晶断口

此外,由于孪晶马氏体对氢脆非常敏感,因此如在加工过程中同时有氢污染时,则淬火裂纹可能与氢致裂纹同时存在,并对氢致裂纹起诱发作用。

3. 其他冷裂纹

这类裂纹与氢脆和孪晶马氏体组织都无关,是由于其他的一些脆化因素引起的冷裂纹。根据脆化原因大致可以分为 3 种类型:

(1) 脆性的磷化物、硫化物和氧化物夹杂在高应力(内应力和外部拘束力)的作用下引起的裂纹。如在铸铁和铸钢件中 S,P 含量高时都能形成脆性化合物,促使冷裂纹的产生,其中 P 的作用更为严重。另外,在一些复杂的大型铸件中,当脱氧不足时,晶界上聚集有大量氧化物夹杂时也容易产生冷裂纹。

(2) 碳化物引起的脆化与冷裂。如焊接铸铁时,只要出现了白口组织冷裂纹就很难避免。又如奥氏体高锰钢在铸造和焊接时,当含碳量偏高或冷却速度太慢而在奥氏体晶界上析出脆性的网状碳化物后,就很容易产生冷裂纹。在用堆焊或激光表面合金化制造一些含有大量碳化物的耐磨层时,一般耐磨性越高的材料冷裂倾向越大。

(3) 由硬脆的金属间化合物引起的冷裂纹。如有些铬镍奥氏体不锈钢在 900~700℃ 缓慢冷却时,会出现脆性的 σ 相,加工过程中如不注意也会引起冷裂纹。因此,锻造这类钢材时终锻温度一般都取 900℃;在对这类钢材进行多层焊时,如果在 σ 相产生的温度区间停留时间较长,也会引起脆化和裂纹。

6.6.8 应力腐蚀裂纹

应力腐蚀裂纹(SCC)是材料在特定环境下承受拉应力时产生的一种延迟破坏现象。这是一种非常危险的裂纹,它的成长速度为 0.03~4mm/h,与全面的均匀腐蚀相比快 2~1 000 倍之多。日本曾发生过高强钢制造的液化丙烷气球罐在使用 1 周后就由于硫化氢应力腐蚀裂纹引起的泄漏事故。

1. 应力腐蚀裂纹形成的条件及其影响因素

应力腐蚀裂纹的产生是材质、应力和腐蚀环境三者共同作用的结果,并不是所有的材料在任何腐蚀介质中和任何应力条件下都能产生应力腐蚀裂纹的。材料和介质之间的匹配是能否产生应力腐蚀裂纹的决定性因素。表 6-21 列出了一些常用材料及其相应的应力腐蚀环境。一般而言,纯金属中很少发现应力腐蚀裂纹,但只要金属中含有微量元素,在特定的腐蚀介质中就能产生应力腐蚀裂纹。从腐蚀性来看,引起应力腐蚀的介质一般都是一些较弱的介质,在没有拉应力的条件下,它只能引起极为轻微的一般性腐蚀。因此,拉应力也是引起应力腐蚀裂纹的一个必要条件,而且拉应力还必须超过某一临界值(即门槛应力)σ_{th} 后才能引起应力腐蚀裂纹。σ_{th} 的大小与腐蚀介质和金属材料的特性有关,如在 42% $MgCl_2$ 的水溶液中,奥氏体不锈钢的 $\sigma_{th} \approx \sigma_s$,而在高温高压水中 $\sigma_{th} < \sigma_s$。对于高强钢而言,它的屈服应力越高,则 σ_{th} 越低,应力腐蚀开裂的敏感性越大。根据工程上对应力腐蚀开裂事故的统计,引起应力腐蚀裂纹的应力主要是加工时(如焊接、冷作变形以及锻造等)造成的残余应力,而不是外加的工作应力。因此,加工成的零件或结构在无载荷存放的过程中也会引起应力腐蚀开裂,这是一个非常严重的问题。

表 6-21　常用材料及其相应的应力腐蚀环境

材料	腐蚀介质
低碳钢	NaOH 水溶液(沸腾),硝酸盐水溶液,海水等
低合金钢	NaOH＋NaSiO₃ 水溶液(沸腾),HNO₃ 水溶液(沸腾),H₂S 水溶液,H₂SO₄－HNO₃ 水溶液,HCN 水溶液,NH₄Cl 水溶液,海洋气氛,海水,液氨等
奥氏体不锈钢	氯化物水溶液,海洋气氛,海水,H₂SO₄＋氯化物水溶液,H₂S 水溶液,水蒸气,NaOH 水溶液(高温),H₂SO₄＋CuSO₄ 水溶液,Na₂CO₃＋0.1%NaCl 高温水,NaCl＋H₂O₂ 水溶液等
沉淀硬化不锈钢	海洋气氛,H₂S 水溶液等
黄铜	NH₃,NH₃＋CO₂,水蒸气等
铝合金	氯化物,海洋气氛,NaCl＋H₂O₂ 水溶液等
镁合金	海洋气氛,工业大气等
钛合金	HNO₃,HF 等
镍合金	HF,氟硅酸,NaOH 等

2. 应力腐蚀裂纹的形成机制

从电化学的腐蚀过程出发,根据开裂的机制不同,可以将应力腐蚀裂纹分为两大类:

(1) 应力阳极溶解开裂(APC)。这是一种在应力的作用下,由阳极上的金属以正离子形式不断向腐蚀介质中溶解形成的应力腐蚀裂纹(见图 6-77(a))。其发生于阳极的反应为

$$M \longrightarrow M^+ + e \tag{6-123}$$

这时产生的电子 e 在金属内部直接从阳极流到阴极后被腐蚀介质中的一些吸收电子的物质所吸收,去除了阴极极化现象后,促使电子由阳极流向阴极,有利于腐蚀过程的进行。在大多数情况下,阴极附近的 H^+ 可以起到这一作用,在阴极上发生下列反应:

$$H^+ + e \longrightarrow H \uparrow \tag{6-124}$$

这种腐蚀机制称为氢去极化腐蚀或析氢腐蚀。当溶液中存在 O_2 时,可以产生下列吸收电子的反应:

$$O_2 + 2H_2O + e \longrightarrow 4OH^- \tag{6-125}$$

这种腐蚀过程称为氧去极化腐蚀或吸氧腐蚀。

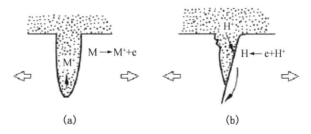

图 6-77　应力腐蚀裂纹的两种基本形式

(a) APC 型;(b) HEC 型

(2) 阴极氢脆开裂(HEC)。这是发生于阴极的一种氢脆开裂过程。当阴极上进行式(6-124)的反应时,形成的氢原子在应力的作用下能被阴极所吸收,并促使阴极氢脆和开裂(见图 6-77(b)),故称为应力阴极氢脆开裂。

一般情况下,高强钢容易产生 HEC 型的应力腐蚀裂纹,强度低的材料多为 APC 型的应力腐蚀裂纹(见表 6-22),但很多情况下两者同时存在。而通常说的应力腐蚀裂纹是指APC 型的应力腐蚀裂纹。

表 6-22 材料的强度与应力腐蚀裂纹(SCC)类型举例

强度级别 σ_s/MPa	材料举例	腐蚀环境	裂纹类型
高强度材料 (σ_s >882)	马氏体时效钢 150kg 级钢 130kg 级钢	雨水 海水	HEC 型为主 (氢脆裂纹)
中强度材料 (882≥ σ_s ≥392)	100kg 级钢 80kg 级钢 60kg 级钢	酸洗液 H_2S 水 液氨	
低强度材料 (σ_s <392)	低碳钢 不锈钢	盐的高温水溶液	APC 型为主 (应力腐蚀裂纹)
	铜合金	氨水	

应力腐蚀裂纹的形成过程可以分为裂纹孕育期和扩展期两个阶段。孕育期的长短取决于金属性质、腐蚀环境特性以及应力条件(大小、集中程度),短的只有几分钟,长的可达几年到几十年。孕育期内主要是在表面形成一些稳定的腐蚀裂纹源,这些裂纹源易产生于应力集中部位(如加工中形成的冶金缺陷以及晶间腐蚀和小孔腐蚀处)。当拉应力足够大时,表面保护膜发生破裂,破裂后裸露于腐蚀介质中的金属发生阳极溶解,并同时又形成新的钝化膜,但在应力作用下钝化膜再次破裂,金属再次暴露和溶解,如此反复进行,腐蚀裂纹在应力和介质的共同作用下不断地向纵深发展,并产生分支,呈枯干树枝状或根须状(见图 6-78),这与材质、环境和应力等条件有关。在应力腐蚀过程中腐蚀裂纹能否稳定发展,钝化速度起着重要的作用。若钝化速度很快,则裂纹不能稳定发展,甚至停止;若钝化速度很慢,则横向腐蚀得不到抑制,并将成为点蚀坑。图 6-79 所示为滑移台阶超过钝化膜厚度引起的钝化膜破坏以及金属的溶解腐蚀过程。

图 6-78 金属内部的 SCC 裂纹

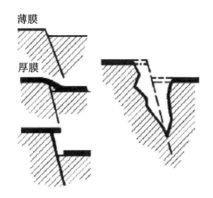

图 6 - 79　滑移引起"滑移阶梯"的溶解

应力腐蚀裂纹的断口有沿晶和穿晶两种形式(见图 6 - 80 和图 6 - 81),也可能两种形式同时存在,这主要与材质、介质有关。断口上一般都有黑色或灰色的腐蚀产物。

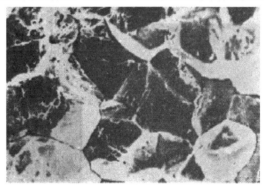

图 6 - 80　应力腐蚀裂纹沿晶断口形貌

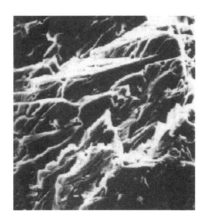

图 6 - 81　应力腐蚀裂纹穿晶断口形貌

3. 防止应力腐蚀裂纹的措施

(1)正确选用材料。在设计时,应根据介质条件正确选用材料。例如,对含硫化氢的介质而言,钢的强度级别越高越容易产生应力腐蚀裂纹。孪晶马氏体组织对应力腐蚀最敏感,粒状珠光体具有最好的耐应力腐蚀能力,因此同一种钢材在不同的组织状态下对应力腐蚀的敏感性也不同。应力腐蚀裂纹是高强钢焊接接头中的一个重要问题。为反映材料的应力腐蚀倾向,常采用硬度作为指标。例如,当液化石油气(LPG)中的 H_2S 浓度小于 0.005% 时,最高硬度应限制在 $HV300$ 以下。

(2) 控制腐蚀介质。这也是很重要的措施,如根据日本焊接协会对 HT50～HT80 高强钢焊接接头所做的试验结果来看,将水中 H_2S 浓度控制在 0.01% 以下时不产生应力腐蚀裂纹。此外,还可以在腐蚀介质中添加缓蚀剂来降低或消除应力腐蚀,如加入氧化性缓蚀剂(如铬酸盐)可以防止溶液中 Cl^-,O_2 的应力腐蚀作用。

(3) 避免应力集中。从结构设计和制造工艺出发,应避免产生应力集中,并且使与介质接触的部位具有最小的残余应力,最有效的措施是进行消除应力退火,如为使调质低合金钢焊接的容器能在常温常压的硫化氢饱和水溶液(H_2S 浓度为 0.3%)中不产生应力腐蚀,美国腐蚀技术协会(NACE)建议在不低于 $621℃$ 下进行消除应力退火,而且建议最高硬度 $HRC\leqslant22$,屈服应力$\leqslant618MPa$。

第 7 章　外场作用下的液相成型

7.1　外场凝固概论

凝固包含 3 个基本过程,即热量、质量和动量的传输。通过调节和控制凝固过程中的传热、传质和动量传输的方式和速度,从而实现对材料凝固组织、成分分布和性能的控制[1]。

外加物理场(简称外场)处理技术是指在金属凝固前或凝固过程中对金属熔体施加物理场,利用金属和物理场的相互作用,改善其凝固组织[2]。

外场对金属凝固过程作用的研究始于 20 世纪初,但是对高密度电流、超强磁场和超声波大功率的要求制约了该技术的应用。进入 21 世纪后,物理、材料和电子等领域科学技术的飞速发展使大功率电流、磁场和超声等物理手段的产生成为可能。外场作用下的液相成型是当前材料加工领域的研究热点。

本节主要从电场、磁场和超声波处理三个方面介绍外场对金属凝固过程和凝固组织的影响,并对其主要机制进行了探讨。

7.1.1　电场对金属凝固的作用

通常施加的电场主要有两类:一类是连续电场,包括直流电场和交流电场,利用这种电场可以在金属熔体中产生连续不断的电流;另一类是脉冲电场,利用这种电场使金属在瞬间产生的高电流密度下发生凝固。图 7 - 1 所示为金属熔体通电的两种方式。

1. 电场对金属凝固组织的影响

凝固过程中施加电场作用的研究在国外始于 20 世纪
60 年代。W. G Pfann 等[3]首先研究了电场作用下的传输
行为,建立了电迁移理论,结果发现在浓度梯度、焦耳热和
洛伦兹力的共同作用下产生的电迁移导致了溶质有效分

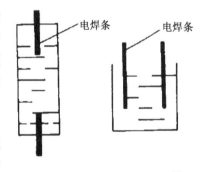

图 7 - 1　金属熔体两种通电方式[2]

配系数 k 的变化。John D. Verhoeven[4]通过实验证实了 Pfann 等的观点,并提出电场作用下液体金属内部会发生明显的混合现象。Crossley 等[5]发现电流可使 Al—Si 合金凝固组织粗化,认为是电场所产生的过多焦耳热效应造成的结果。凝固过程中引入电流来改变组织的新工艺最早由 Asoka K. Misra 提出,他研究了直流电流对 Pb—Sn—Zn 合金凝固组织的影响,发现凝固组织不仅得到细化,而且变得更均匀。

(1)非脉冲电场的作用。20 世纪 60 年代,Asai 等[6]发现 Sn—Sb 合金在高密度直流电场的作用下凝固组织得到细化。80 年代中期,Misra[7]发现在低熔点 Pb—Sb—Sn 合金的凝固过程中对其施加直流电流或交流电流都会使合金的第二相更细小,并使其在基体中的分布更加均匀,如图 7 - 2 所示[8]。90 年代初,徐雁允等[9]研究了直流电场对 Al—Cu 合金共

晶片层间距的影响,结果表明电场使片层间距减小。Ahmed 等[10]研究了直流电场作用下的 Ni 基高温合金定向凝固过程和行为,发现凝固组织中 γ′ 相呈细小的球状颗粒,在 γ 相基体上均匀地弥散分布,凝固组织被显著地细化。另外,电场降低了高温合金中的孔隙率。顾根大[11]研究了电流作用下 Al—Cu 和 Al—Si 两种共晶合金的单向凝固行为,发现电流使 Al—Cu 共晶合金生长界面易于呈胞状生长,使胞状共晶团的数量增加,尺寸变细。电流强烈改变了 Al—Si 共晶生长形态,使之以亚共晶方式生长,共晶硅片间距明显减小。李辉等[12]研究了电流处理对 Al—Si 亚共晶合金组织和性能的影响,发现直流电场使亚共晶 Al—Si 合金过冷度加大,初生 α(Al)由树枝状变成颗粒状,并且力学性能大幅提高。

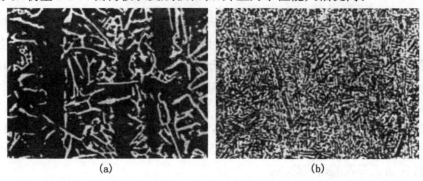

(a)   (b)

图 7 - 2　直流电场对 Pb—Sb—Sn 合金凝固组织的影响[8]

(a) 无外加电场;(b) 电流密度为 50mA/cm²

(2) 脉冲电场的作用。20 世纪 90 年代初,Nakada 等[13]提出了一种新的凝固方法:金属熔体在脉冲电场中凝固。通过对脉冲电场作用下 Sb—Sn 合金凝固过程的研究发现,脉冲电场可使宏观组织从富 Sn 的树枝状粗大晶粒变成由富 Sn 的球状颗粒组成的细小晶粒,且可使显微组织中的先共晶相也从枝晶状变成颗粒状。李建明等[14]对 Pb—60%Sn 合金的研究表明:大电容、低电压电路所产生的脉冲电流可使初生相球化、共晶团沿电极方向伸长;而小电容、高电压电路所产生的脉冲电流可减小共晶体的片间距,并使得共晶体的层片均沿电极方向生长。王建中等[15]用脉冲分别对 Al—5.0%Cu 合金进行电脉冲处理,结果铸锭的凝固结构得到了改善,柱状晶区缩小,等轴晶区扩大,晶粒得到很大程度的细化。

2. 电流对金属凝固组织作用的机理

根据对电磁学和金属凝固理论的现有认识,人们推测电场作用于凝固系统会产生一系列效应:电传输效应、焦耳热效应、Peltier 效应、起伏效应和收缩效应等[16,17]。

(1) 电传输效应是液体金属中各种离子在电场作用下发生定向迁移的现象。这种电传输的方向取决于电场的极性。因此,电传输效应只能在直流电场中表现出来。在交流电场作用下,电传输速度为零,无法表现出来。电传输效应可使金属凝固时界面有效分配系数发生变化。但是仅靠电传输效应却无法解释交流电场作用下界面有效分配系数也有明显变化的现象。

(2) 电流通过导体时,设电流密度为 i,导体的电导率为 γ,则电流通过导体时,产生的焦尔热 Q_J 为

$$Q_J = i^2/\gamma \tag{7-1}$$

对于凝固体系来说,焦尔热相当于内热源,它将使凝固系统整体冷速降低,过冷度减小。

对固液共存的状态而言,由于液体金属的电导率比同材质固体金属的小数倍[18],所以固相是电流优先选择的通道,因而固相内产生的热效应大于相邻的液相,这样可降低界面处的温度梯度,甚至导致固相重熔,所以电场作用下的凝固过程趋于同时凝固、均匀长大,最终的结晶组织比较均匀。

（3）电导率不同的两种材料接触时,接触面的接触电位差产生了附加的热量[19],这一效应称为Peltier效应,相应的热量称为Peltier热,用 Q_P 表示,其大小与通过界面的电流密度 i 成正比,其比例系数称为Peltier系数。

$$Q_P = P_{SL} \cdot i \tag{7-2}$$

由于固液两相的电导率存在明显的差异,所以电场作用下在固/液界面上产生的Peltier热使界面上的凸出部分熔化,从而使界面趋于光滑圆整。所以,电场作用促进球形或准球形晶粒的形成,抑制树枝晶生长。

（4）电场作用于熔点附近的凝固系统时,金属液中近程有序原子团的结构、尺寸和数量都会随着电场强度、方向而变化,加剧了结构起伏、能量起伏及温度起伏,这种现象称为起伏效应。所以电场能促进均质形核和细化晶粒。

（5）当有快速变化的强脉冲电流通过金属熔体时,将在熔体内产生快速变化的强脉冲磁场。强脉冲电流和强脉冲磁场之间的相互作用会在金属熔体内产生很强的收缩力,使熔体反复地被压缩,并使熔体在垂直于电流方向作往复运动。这种运动除了碎断树枝晶外,同时还使熔体迅速失去过热、提高形核率,所以脉冲电流越强,细化效果越显著[20]。

7.1.2　磁场对金属凝固过程的作用

与电流作用相比,磁场对合金熔体的作用具有一个明显的优点,即磁场作用的非接触性。传统的材料电磁加工技术主要是依靠低磁感应强度（小于1T）的磁场作用。图7-3所示是对金属熔体施加磁场的示意图[2]。

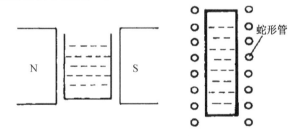

图7-3　磁场对金属熔体作用方式

1. 磁场对合金凝固组织的影响

按照通入的励磁电流不同,电磁场可分为直流磁场和交流磁场以及脉冲磁场。早在20世纪60年代,W. C. Johnson[21]等发现在金属凝固过程中施加一个交变磁场可以细化等轴晶粒,同时还可以减小柱状晶的相对体积。

Uhlmann等[22]研究了直流磁场对铝铜合金凝固组织的影响,发现在直流磁场作用下,合金的凝固组织由无磁场的等轴晶变为完全的柱状晶,认为其原因是直流磁场作用下熔体中的对流被抑制,从而减少了枝晶臂的熔化和晶核被卷入液体中的机会,从而减少了凝固过程中等轴晶的生长数量。Kishida等[23]研究了直流磁场对铅锡合金的凝固组织的影响,发现随着磁场强度的增大,柱状晶组织增加,同时等轴晶粗化。

20 世纪 60 年代初，Langenberg 等报道了交流磁场可明显细化钢锭的凝固晶粒。Bassyouni[24]发现只有当磁感应强度为 0.027～0.033T 时，交变磁场才能够明显细化铝合金组织。

訾炳涛[25]研究了用强脉冲磁场改善金属凝固组织的技术。结果表明，脉冲磁场能将铝合金的凝固组织从粗大的树枝晶细化为等轴晶，而且磁场越强，细化效果越显著。班春燕等[26]的研究结果表明，脉冲磁场能有效改善 LY12 试样中合金元素的宏观偏析，在脉冲磁场作用下，Cu 元素的最大偏析率很小，比无磁场作用的试样减小了一个数量级，基本消除了负偏析现象，同时大大改善了 Mg 元素的偏析。

2. 磁场对合金凝固组织的作用机制

磁场对液态金属的作用主要有：抑制液体流动、搅拌和电磁悬浮等[27]。

匀强静磁场对凝固体系的作用主要靠磁场力。磁场力有可能导致铁磁质颗粒的偏聚，液体金属自然对流的削弱等。在交变磁场作用下，凝固系统内将产生一个感应电流，磁场与感应电流之间发生电磁作用，产生电磁力，其方向是沿径向将金属压向或拉离轴心，从而使凝固体系产生了规则的波动。这种波动对凝固过程的影响与通常的强化对流产生的影响没有实质区别。因此，交变磁场具有细化晶粒的作用。从磁场带来的波动效应看，磁感应强度越大，电磁压力越大，因而波动越激烈，晶粒细化效果越显著。但是在磁感应强度增加的同时，感应电流也成比例地增加，这相应地会在凝固体系内增大热效应，从而使过冷度减小，进而使形核率下降，所以磁感应强度过大时，会引起晶粒粗化。脉冲磁场使熔体内产生脉冲涡流。涡流和磁场之间相互作用产生洛仑兹力和磁压强。它们是剧烈变化的，且其强度远大于金属熔体的动力压强，这就使金属熔体产生强烈振动。这种振动一方面增加了熔体凝固中的过冷度，提高了形核率；另一方面在熔体内造成了强迫对流，使凝固过程中树枝晶或难以长大，或被折断、击碎，而这些破碎的枝晶颗粒游离于结晶前沿的液体中又会成为新的生长核心，所以脉冲磁感应强度越大，细化效果越显著[2]。

7.1.3 超声波对金属凝固的作用

在金属凝固过程中引入超声振动，凝固组织从粗大的柱状晶变为均匀细的等轴晶，金属的宏观和微观偏析得到改善。图 7-4 所示为金属熔体中超声波的两种导入方式[2]。

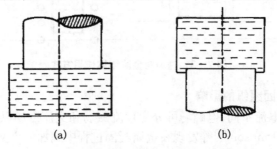

(a)　　　　　　　　　　(b)

图 7-4　金属熔体中超声波的两种导入方式

(a) 从顶部导入；(b) 从底部导入

1. 超声波对金属凝固组织的影响

Abramov[28]用超声波处理碳钢细化了晶粒，超声波振动使铸态下的 U8(0.8％C) 和 U10(1.0 ％C) 钢的晶粒尺寸从 200μm 减小到 25～50μm；使铸态亚共析碳钢强度提高

20％～30％,塑性提高30％～40％。在ShKh15(1％C,1.5％Cr)钢连铸时进行超声波处理可大大减小轴向疏松和缩小铸坯柱状晶区,扩大其等轴晶区,使晶粒及碳化物尺寸变小。Irsid[29]将超声波振动施加于连续铸造过程中,发现能明显改善润滑状态,一是钢和型壁表面的摩擦明显减小,二是使铸件表面质量得到显著改善,出型容易。另外,这种方法能使铸件晶粒细化,而且减轻了Al—Cu合金连续铸造铸件的表面偏析。李英龙等[30]研究了Al—Si共晶和过共晶(20％Si)合金在熔体直至合金凝固全过程和共晶转变前进行超声处理对铸态组织和性能的影响。研究表明:适宜的超声参数对初晶Si和共晶Si组织具有双重细化作用,使Si破碎成颗粒状,合金的强度和塑性明显提高。赵忠兴等[31,32]采用20kHz、0.25kW和20kHz,1kW的超声波发生器处理Al—Si—Cu—Mg合金、ZL102、HT100和ZCuPb30合金,经超声波处理的合金试样均为等轴晶组织,且明显细化均匀,合金的宏观及微观偏析均得到改善。

2. 超声波对金属凝固组织的作用机制

国外众多学者对超声细化的机制进行了探讨,提出了空化理论、破碎理论、生核理论和过冷理论等[33,34]。

超声波在液体中传导时,将会产生周期性的应力和声压变化,在声波的波面处形成很强的压强梯度,产生局部的高温高压效应,这种效应导致瞬间的正压、负压变化,致使结晶过程中固/液界面正在形核、长大的晶胚脱落下来,漂移到熔体的各个部位,从而改变了固/液界面的结晶方式。液体中产生的空化和搅动作用使合金液整体的温度和化学成分均匀化,细化了合金显微组织,减轻了合金的宏观偏析倾向,提高了铸态组织均匀性[2]。

7.1.4 复合场对金属凝固的作用

将几种磁场或电场结合起来形成复合场,如直流磁场与直流电场的复合、直流磁场与交流电场的复合、稳恒磁场与交流磁场的复合、稳恒磁场和交流电流的复合等。Vives[35,36]研究了直流磁场和交流电场共同作用下所产生的电磁振动流动对亚共晶铝合金凝固过程的影响,发现该流动促进了凝固组织由柱状晶向颗粒状晶的转化,得到了具有流变凝固特征的组织。Radjai等[37,38]为了研究电磁振动对合金凝固组织的影响机制,分别对电磁场作用下的过共晶和亚共晶Al—Si合金的凝固过程作了研究,第一次明确验证了气穴现象,并验证和说明了气穴现象是晶粒细化的主要因素。

7.2 电磁加工技术

凝固过程控制的基本途径主要有:控制冷却速度、孕育和变质处理、利用搅拌和振动以强化熔体对流、通过各种外加物理场控制熔体的凝固而得到预定的组织。综合利用电磁场的多种功能对金属的凝固过程进行控制有着明显的优越性,并将磁体动力学与材料加工技术结合起来,形成了电磁加工这一极具发展前途的新技术。电磁加工技术已经受到越来越多的重视,并已在实际生产中得到了广泛应用,取得了显著的效果[20]。

7.2.1 材料电磁工艺

材料电磁工艺(electromagnetic processing of materials)是指将电场或磁场引入到材料的制备或加工过程中,从而实现对材料制备或加工过程和产品质量的控制及材料组织和性能的改善。

  S. Asai 绘制的材料电磁工艺树状图，显示了材料电磁工艺的主要分支，如图 7 - 5 所示[1]。

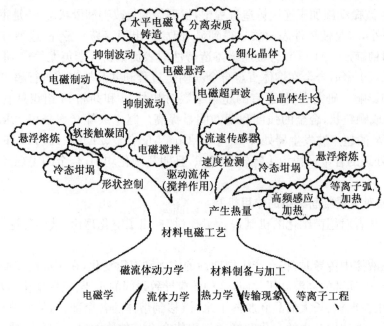

图 7 - 5 材料电磁工艺树状图[1]

  材料电磁工艺的理论基础主要包括电磁学、流体力学、热力学和相变理论。电磁场不仅对材料产生电磁力，而且在材料内部生成焦耳热；同时还会影响热量、质量和动量的传输过程。材料电磁工艺中电磁场对材料的作用主要包括产生电磁力、产生热量及对相变和传输过程的特殊作用（如电迁移等）。表 7 - 1 列出了材料电磁工艺中的常见技术[1]。

表 7 - 1 常见的材料电磁工艺

基本原理	对材料的作用	工艺
产生电磁力	形状控制	软接触凝固、悬浮熔炼、冷态坩埚等
	驱动流体	电磁搅拌、电磁离心铸造
	抑制对流	电磁制动、抑制波动
	悬浮	水平电磁铸造、夹杂物的分离
	振荡	电磁振荡凝固
	雾化	电磁雾化
产生焦耳热	加热	冷态坩埚、悬浮熔炼、感应加热、等离子体加热等
楞次定律	速度检测	速度传感器
改变相变与质量传输过程的自由能	改变组织和扩散速度	脉冲电场凝固、电场退火、磁场淬火等

7.2.2 金属电磁凝固技术

  金属在外加电磁场作用下凝固时，外加电磁场对液态金属和凝固过程产生影响，根据金属凝固的具体条件不同,电磁场对金属材料的作用也有区别,大体分以下几种。

1. 电场凝固

对液态金属施加单一的电场,使金属在电场中冷却凝固,可以得到有别于常规凝固条件下的组织。所施加的电场可以是直流电场、交流电场或脉冲电场。研究表明,在金属凝固过程中施加常规的直流或交流电场有助于改善凝固组织,减少宏观凝固缺陷。

Vashchenko 等[39]对铸件施加一直流电场,电极之一置于铸模上,另一电极与铸件相接,在铸件凝固时有电流通过,利用这种办法得到的凝固组织与常规组织有很大不同。他们利用很低的电流密度($4\sim5mA/cm^2$)对铸铁($3.1\%\sim3.4\%$C, $1.9\%\sim2.8\%$Si)的凝固组织产生了下列影响:①细化了石墨片,并使其形态发生改变;②铁素体含量减少而珠光体数量增加;③减少了非金属夹杂物的数量。凝固组织的变化是因为电流增加了碳原子的迁移性,导致凝固的形核率提高、过冷度增加而引起的。

2. 电磁成形

电磁成形技术是利用电磁力实现液态金属的约束成形,在无成形模具的条件下完成金属的熔炼与成形,故称为电磁铸造(electromagnetic casting)或电磁模(electromagnetic mold)等。图 7-6 为铝锭电磁铸造示意图[40]。

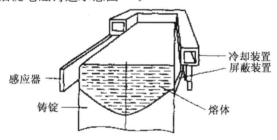

图 7-6 铝锭电磁铸造示意图[40]

感应器中通入交变电流后,在熔体内会感生涡流,在较高的频率(约 10^3Hz)下,感应电流主要集中在液态金属的表层部分,其方向在每一瞬间都与感应器中的电流方向相反。因此,这个感应电流与外加磁场交互作用,在液态金属的侧表面内产生一个指向液态金属内部的电磁压力。通过控制液态金属表层部分的磁场强度可以控制电磁压力的大小,使电磁压力、液态金属静压力、表面张力达到动态平衡,这样才可以使液态金属能够达到合适的形状及保持较好的稳定性。同时,可以实现金属与模壁之间的"软接触",显著提高铸件表面质量。感应器在液态金属表面产生电磁压力的同时,在金属液表面和内部都产生电磁搅拌力,金属液内部的电磁搅拌力将引起金属液的流动,改善铸件内部的组织形态。

3. 电磁搅拌

电磁搅拌器可以分为两类:线性搅拌器和旋转搅拌器。后者又包括两种:一种是在感应线圈内通交变电流产生交变磁场的传统方法;另一种是旋转永磁体法。该方法采用由高性能永磁材料组成的感应器,可以在内部产生很高的磁场强度,通过改变永磁体排列方式,可以使金属液内部产生明显的三维流动,搅拌效果很好。图 7-7 为线性和旋转电磁搅拌系统示意图,通过正确的设计可以获得一个或两个液态环流。

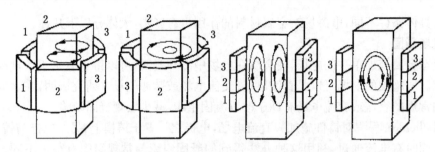

图 7-7　金属铸造过程中使用的直线型和旋转型的电磁搅拌系统[40]

电磁搅拌产生的金属液流动使树枝晶前端发生折断或产生熔蚀作用，造成大量枝晶碎片作为晶核。同时，剧烈的流动可大大加速液心的传热而使过热度迅速消失，两相区扩大；流动还可以加速传质过程，使凝固界面前沿扩散边界层减薄而浓度梯度增大，两相区成分过冷增加。规则和非规则共晶组织在电磁搅拌作用下遵循着不同的变化规律，在 Fe-C 及 A1-Si 等共晶中还引起宏观成分偏析。电磁搅拌是扩大铸坯等轴晶带的有效措施，对铸坯表层质量、中心缩孔疏松以及铸坯中心的偏析都有良好的改善作用。

4. 电磁振荡

电磁振荡凝固技术，其基本原理如图 7-8 所示。金属熔体内通入具有一定频率的交变电流，与外加的直流磁场产生交互作用，在熔体中产生交变的电磁力，其频率与电流频率是一致的，这个交变电磁力也使得金属熔体发生振荡。图 7-9 为电磁感应振荡凝固原理的示意图。该装置主要由两组电磁感应器组成，通过合理设计两组电磁感应器，使其中的一组感应器由通过的直流电产生一个恒稳磁场 **B**；另外一组感应区通过交流电产生交变磁场 b，两组感应器产生的磁场方向都与轴线平行，而且这个交变磁场可以在熔体中产生感生电流。恒稳磁场与交变感生电流的交互作用也可以在熔体中产生振荡。由于集肤效应的存在，依靠这种办法产生的电磁振荡主要产生于金属熔体的表面透入区域，然后传播至熔体内部。

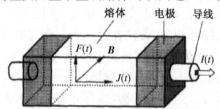

图 7-8　电磁振荡凝固示意图[35]

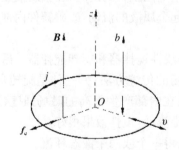

图 7-9　电磁感应振荡凝固原理示意图[36]

电磁振荡凝固具有以下特点[41]：

一是设备简单，操作方便，可实施性强；

二是振荡设备不与熔体接触，无污染；

三是振荡强度在整个熔体范围内是均匀分布的，因而易于获得均匀一致的凝固组织。

合金熔体在剧烈电磁振荡过程中，会产生空化效应。通常认为，电磁振荡对凝固组织的影响就起因于这种空化效应。所谓空化效应是指在剧烈运动的半固态流合金熔体中存在某些局部的低压微区，合金液中溶解的气体可能在此低压微区聚集形成气泡。当这些气泡运动到高压区时将会破裂而形成微观射流，在局部微区产生很高的瞬时压力，对合金熔体的熔点和形核条件产生影响。图 7 - 10 反映了空穴的形成和破裂的过程，图中的 1、2、3、4 表示过程中的顺序。

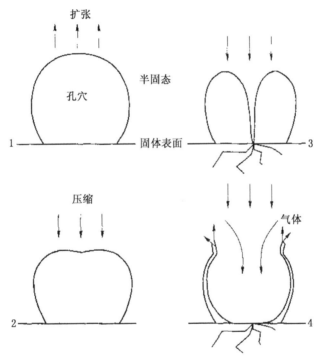

图 7 - 10　孔穴形成与爆裂示意图[38,42]

空化效应主要取决于两个因素，即振荡强度和预先存在于液体中的气泡。空化效应对金属凝固形核过程的影响主要表现在 3 个方面：①对金属熔体产生了强烈的搅拌作用，形成大量新的晶核分布在整个熔体内，这就会促进在整个熔体体积内的均匀生长，而且振荡的作用还具有同素流相似的作用，使得更细小的晶体颗粒更为分散，从而细化了晶体组织；②由于空化效应造成的压力变化改变了形核的平衡温度，这将直接影响到临界晶核尺寸和形核率；③气泡在长大过程中往往伴随着气化过程，这会降低气泡表面的温度，从而诱发形核。

图 7 - 11 为 Al-4%Cu 合金在常规凝固和电磁振荡凝固条件下获得的宏观组织形貌。对比发现，电磁振荡条件下获得的凝固组织在整个截面上都比较均匀，这是由于当合金处于半固态时电磁力引起的熔体往复运动在整个体积内都较为均匀。

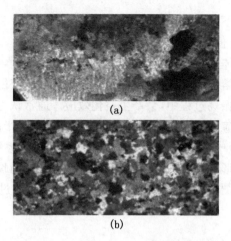

(a)

(b)

图 7 - 11 Al-4%Cu 合金的宏观凝固组织

(a) 常规凝固；(b) 电磁振荡凝固

5. 电磁离心

电磁离心铸造将离心铸造和电磁搅拌结合起来，利用金属熔体随模具的转动与外加直流磁场的交互作用而产生电磁力。在电磁力的作用下，金属熔体产生与转动方向相反的相对运动，从而产生了电磁搅拌，其原理如图 7 - 12 所示。由于在电磁离心凝固过程中，金属熔体不仅受到电磁力的作用，还承受很强的离心力的作用。同时，由于结晶前沿存在较强的液相流动，柱状晶发生迎流倾斜生长，进而被折断，为等轴晶的形成提供了形核条件，从而促进了柱状晶向等轴晶的转化。电磁离心铸造既保留了普通离心铸造组织致密、疏松和气孔少等优点，又充分利用了电磁搅拌作用，克服了离心铸造的缺点，使第二相分布均匀，成分偏析得到控制[21,43]。

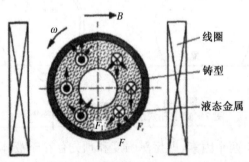

图 7 - 12 电磁离心铸造原理示意图

图 7 - 13 为 Al-Cu 共晶合金在离心转速为 1 200r/min 以及不同磁场强度下空冷凝固后，等轴晶区内层的显微组织。其中，图 7 - 13(a)为无电磁搅拌时凝固的柱状晶组织，共晶组织主要呈现规则的层片形貌。图 7 - 13(b)对应于 $B=0.10T$ 时的凝固组织，共晶组织粗化，棒状共晶开始形成，并还可以观察到粗化的先共晶相晶粒；在该条件下的凝固宏观组织中，等轴晶粒也是比较粗大的。图 7 - 13(c)显示了磁通密度为 0.17T 时的凝固组织，从中可见更多的棒状共晶及块状的先共晶组织，而层片状共晶已基本消除，而且棒状共晶的相间距也进一步增大。当外加磁场强度提高到 0.23T 时，典型的共晶形貌已不复存在，如图 7 - 13(d)所

示。共晶两相均以块状形式生长，形成离异共晶。先共晶相和离异共晶的形成反映了随着磁场增强或熔体流动加剧，共晶生长的共协性降低。

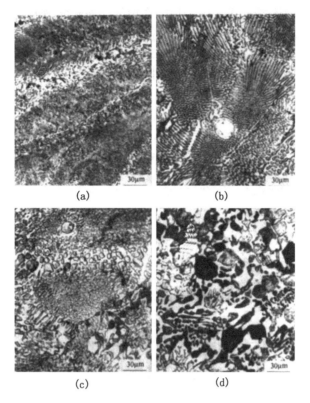

(a)　　　　(b)

(c)　　　　(d)

图 7 - 13　磁场强度对电磁离心凝固 Al—Cu 共晶合金内层组织的影响[44]

(n=1 200r/min,空冷)(a) $\boldsymbol{B}$=0T;(b) $\boldsymbol{B}$=0.10T;(c) $\boldsymbol{B}$=0.17T;(d) $\boldsymbol{B}$=0.23T

图 7 - 14 为 Al-Cu 亚共晶合金离心凝固组织。内层等轴晶区为初晶 α-Al 和共晶组织，其先共晶组织为花瓣状，如图 7 - 14(a)所示。内层合金在电磁搅拌（$\boldsymbol{B}$=0.17T）条件下，先共晶组织在形貌上从原来的花瓣状的枝晶组织转变为球状的非枝晶组织，而且尺寸减小。其次，电磁搅拌下凝固组织中共晶组织（黑色）数量增多，如图 7 - 14(b)所示。

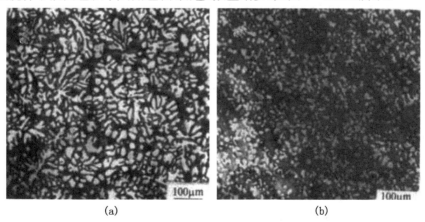

(a)　　　　　　　　　　(b)

图 7 - 14　Al-Cu 亚共晶合金电磁离心凝固组织[45]

(a) 亚共晶层(无磁场);(b) 亚共晶层($\boldsymbol{B}$=0.17T)

电磁离心铸造在用于制备梯度功能复合材料时,利用外加磁场可以控制熔体的流动,从而改变增强体的分布状态,实现对增强体分布梯度的控制。当金属基体与非导体的增强体(如 SiC)复合时,金属熔体承受电磁力的作用,而增强材料除受到离心力的作用外并未受到电磁力的直接作用,因此熔体的流动对增强材料的分布起到关键作用。

图 7-15 为以 Al-16.7%Cu 合金为基体,SiC 颗粒为增强材料,利用电磁离心凝固工艺制备的复合材料横截面形貌。对于常规离心凝固(无电磁搅拌)的复合材料来说,其横截面上主要分成 3 个区域:在邻近样品外表面处是一个无颗粒区,然后是一个颗粒富集区。而在铸件内表面附近又形成一个无颗粒区。在这种条件下凝固的样品中,颗粒分布具有较大的梯度。当采用外加磁场进行电磁搅拌时,颗粒富集程度有所减弱,而且随着外加磁场的磁通密度的提高,颗粒分布也趋于均匀。当外加磁场提高至 0.15T 时,SiC 颗粒在整个厚度上几乎近于均匀分布。

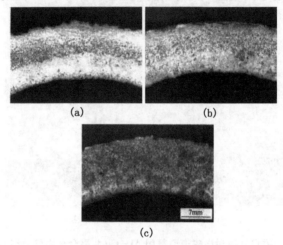

图 7-15　电磁离心凝固 Al—Cu 合金基/SiC 颗粒复合材料中 SiC 颗粒的分布[46]
(a) $B=0$T;(b) $B=0.10$T;(c) $B=0.15$T

6. 电磁制动

直流磁场与运动流体之间的交互作用具有"电磁制动(electromagnetic braking)"的功能,当流体在直流磁场中运动时,将在内部产生感生电流,从而产生与流动方向相反的 Lorentz 力抑制其运动,消除紊流和流动的不稳定性。电磁制动技术首先被用于连铸机结晶器内金属熔体注流的流速控制,用来改善铸坯质量。由于射流作用,金属液在出口处出现复杂的流动状态,如果在流股冲出中途施加稳恒磁场,则此处会在金属液中感应出电流,对流动产生一个与流动方向相反的制动力,强制改变出口处金属的流动状态,从而减少液流对凝固坯壳的冲刷,并加强向上的流动,活跃渣—金属液界面,减少铸坯宏观缺陷和成分偏析,并有利于延长铸模的使用寿命。

直流磁场的另一个主要应用是晶体生长过程。晶体生长需要稳定的传热、传质环境,熔体中的对流对热量、质量传输过程的干扰会极大地影响生长晶体的质量。利用外加直流磁场可以有效地抑制熔体对流,防止产生生长缺陷。磁场强度和方向对晶体生长过程中热量、质量和动量的传输过程影响很大。

带状偏析是由于凝固界面推移时引起紊流作用而形成的,施加一个与晶体生长方向相垂直的直流磁场可以抑制这种对流及相伴生的温度起伏[47]。当引入与重力平行的直流磁场后,金属在液相中传热速率降低,液相向固相的转变推迟;凝固过程中,固—液界面的推移速率增加,界面变得较倾斜,在一定过热度下,磁场下凝固组织倾向于形成柱状晶,并且柱状晶宽度增加,如图 7-16;如果过热度足够低,则无论有无外加磁场,均形成等轴晶粒组织,但是在磁场中凝固的组织比较粗大[48]。

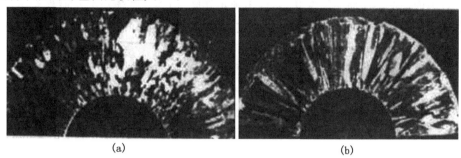

(a)   (b)

图 7-16 1050 铝合金凝固的宏观组织

(a)自然对流条件;(b)外加恒稳磁场凝固组织

7. 电磁悬浮

利用电场、磁场的悬浮凝固技术主要有两类:一类是静电悬浮,即利用静电场对充电样品产生库仑力而使之产生悬浮;另一类是利用电磁场对导电材料的悬浮作用力来实现材料的浮区熔炼、悬浮凝固和去除杂质等功能。

电磁悬浮技术主要应用在浮区熔炼过程和实现微重力下的凝固中。在浮区熔炼过程中,电磁感应器产生的电磁场在材料内部产生涡流,加热熔化形成浮区,同时在浮区产生电磁力抵抗重力,使熔体悬浮;电磁悬浮所采用的交变磁场频率一般较高(约 10^6 Hz),电磁力还引起熔体在自由表面处循环流动。

电磁悬浮凝固技术中还可以采用交流磁场使熔滴在完全悬浮状态下发生凝固。电磁悬浮技术有两方面的应用:一是在地面实验室利用电磁力的作用克服重力将金属样品悬浮起来,从而实现微重力环境;二是在空间实验室内实现样品的定位。电磁悬浮凝固技术是获得无容器凝固(containerless solidification)的一条重要途径,并可用来实现金属在较大过冷度下的凝固[49,50]。表 7.2 给出了几种金属在电磁悬浮条件下所获得的最大过冷度。

表 7-2 电磁悬浮凝固条件下的最大过冷度[51]

金属	熔点 T_m/K	最大过冷度 ΔT_{max}/K	$\Delta T_{max}/T_m$
Fe	1 809	324	0.18
		420	0.23
		538	0.30
Ni	1 726	341	0.198
		452	0.262
		480	0.276
Co	1 768	350	0.198
Cu	1 358	266	0.196

8. 电磁雾化

在细小喷嘴射出的液态金属和喷嘴对面安装的电极间施加电压,在与喷嘴—电极间的电流方向成正交的方向上施加直流磁场,在通电的同时,喷嘴—电极间的液态金属内就会产生体积力,因而使液态金属飞散雾化,然后电流被切断,但在后续流出的金属作用下,又重新通电,并再次使金属飞散雾化。这样可使该过程反复进行下去,利用这种方法可以很好地控制金属的粒度及其分布。另外,伴随着磁束方向的变更,可以较容易地使金属的飞散方向发生变化,这样就可以克服在利用气体和液体使金属细化的方法中,由于流体冲击产生的偶发因素而使金属粒度不一及分布不均的缺陷。

总而言之,材料电磁工艺是一个新兴的材料制备和加工技术,随着时代的发展,其应用领域也越来越广泛。同时,也会有越来越多的新工艺新方法出现,为材料制备与加工技术的进步开拓一个更加广阔的领域。

7.3　微重力下的凝固

在微重力条件下凝固与在重力条件下凝固完全不同,如无容器条件下的形核以及由温度梯度(或密度梯度)引起的对流等,使得不同成分的液体能够长时间共存,因此可以减少沿凝固方向的成分偏析,还可以利用微重力条件制备难混熔偏晶合金。

7.3.1　微重力对材料加工的影响[52]

在重力场下,尽管对凝固过程已进行了仔细的试验研究,但对其影响因素还未完全弄清楚,特别是在有对流的情况下,由于过程的复杂性,计算至今尚不能给出精确解。重力已成为人们了解材料的形成、结构和性质的主要障碍。因此,必须进行失重下的对比实验,这样就可消除自然对流,其结果就变成了纯扩散型的、可控的相变过程。由此,就可利用数学工具求得精确解。

表 7 - 3　液态金属凝固时与重力有关的和与重力无关的传输过程

	传输过程	影响因素
与重力有关的传输	浮力与沉降	$\Delta \rho$
	自然对流	$\rho(T)$, $\rho(C)$
与重力无关的传输	凝固对流	ΔV 液,固
	界面张力梯度引起的液体流动	ΔT , $\sigma(C)$
	扩散	∇C , ∇T

在失重条件下可能的凝固试验是:与重力有关的和与重力无关的传输过程,由此可在失重的条件下,研究它对凝固过程的作用。表 7 - 3 示出了液体金属凝固时与重力有关的传输过程和与重力无关的传输过程对比。由表得知,利用失重条件可以仔细研究液流与凝固形态的交替作用。显然,这不仅具有重大的工程价值,也将具有深远的理论价值。

在微重力(太空失重)下液体金属具有以下特点:

一是液体金属中因重力引起的对流几乎消失;

二是液态金属中由于不同物质密度差引起的下沉、上浮及分层偏析现象几乎消失;

三是液体表面张力和润湿作用变得突出；

四是可在高真空条件下凝固，在距地球表面 500km 的太空轨道飞行器上，真空度可达到 1 333.22×10^{-8}Pa，在如此高的真空下，可排除金属材料中的气体，制取高纯度材料；

五是可在液态急冷条件下凝固，在轨道飞行器的向阳一面有很高的温度，而在其背阴面却有极低的温度(−200℃)，由此可实现液态金属的快速凝固；

六是在地球上，熔化活性金属和高熔点金属时，坩埚材料和周围的空气一直是很难解决的问题。在微重力场中，熔体能够被浮起，不需要使用坩埚，就不用担心坩埚材料问题，也不必担心杂质由坩埚混入。

7.3.2　微重力下的传质与传热

由牛顿万有引力定律得知，两个物体之间的作用力 F_{12} 与两物体的质量 m_1 和 m_2 成正比，而与两个物体间的距离 r_{12} 的平方成反比，即

$$F_{12} = K \frac{m_1 m_2}{r_{12}^2} \tag{7-3}$$

式中，K 为万有引力常数。由此，地球表面的重力加速度 g_0 可表示为

$$g_0 = K \frac{M_e}{R_e^2} \tag{7-4}$$

式中，M_e 为地球质量(5.97×10^{24}kg)，R_e 为地球半径(6 355km)。

同样，地球以外的重力加速度 g 可表示为

$$g = K \frac{M_e}{R^2} \tag{7-5}$$

式中，R 为地球外某物距地心的距离。将式(7-4)与式(7-5)对比，则得出：

$$\frac{g}{g_0} = \left(\frac{R_e}{R}\right)^2 \tag{7-6}$$

由于 g_0，R_e 均为定值，所以 g 与 R^2 成反比关系。

通常，人造地球卫星的近地点为几百公里，远地点有的可达数十万公里。例如，"探险者"1 号卫星的近地点为 360km；远地点为 2 531km，但有的"探险者"卫星远地点却高达 30 000km。因此，在人造地球卫星(宇宙飞船)上，重力加速度变得十分小，此时，在液态合金中，不同组元间的重度差别，以及相同组元间由于浓度和温度梯度造成的重度差别均变得极其微小，从而使自然对流以及物质的沉浮和分层偏析现象几乎消失。

1870 年，Marangoni 建立了表面运动和表面张力梯度之间的关系。在实验的基础上，他总结出表面张力梯度是由于表面层中溶质的浓度梯度所造成的。另外，由于表面张力与温度有关，即 $\sigma = \sigma(T)$，故表面张力梯度也与温度梯度有关。在上述两种情况下是否出现对流，则要由 Marangoni 数来确定。表面张力随浓度变化 $\left(\frac{\partial \sigma}{\partial C}\right)$ 所引起的对流，可用下述公式来表达 Marangoni 数，即

$$M_C = \frac{\partial \sigma}{\partial C} \frac{\Delta CL}{\rho \nu D} \tag{7-7}$$

式中，ΔC——浓度差；

L——某点至液体表面的距离(该点的浓度 C 具有 ΔC 的浓度变化)；

ρ——密度；

ν——运动黏度系数；

D——扩散系数。

温度梯度引起对流时，Marangoni 数 M_T 可用下述公式表达：

$$M_T = \frac{\partial \sigma}{\partial T} \frac{\Delta T L}{\rho \nu \alpha} \tag{7-8}$$

式中，α 为导热系数。

当 Marangoni 数超过某一临界值时，即 $M > M_{Cr}$（M_{Cr} 在 10^{-2} 至 10^{-4} 之间）时，就要发生对流。在表面层，对流会导致液体全部产生运动。

在由从液相进行晶体长大的体系中，是否出现 Marangoni 对流及其对溶质分布的影响及是否能得到健全的晶体结构，这对于空间材料的研制具有特别重要的意义。

由于液体的悬浮及液体表面容器的分离，可以在失重条件下形成液体的自由表面。实验表明，在失重状态下熔体只沿某些"凸起部"与容器相接触，在这些突起部之间熔体表面是随意的，因此在此处可看到有 Marangoni 对流出现。

由重力（引起浮力）造成的自然对流和由表面张力梯度造成的 Marangoni 对流之间的关系，可由 Rayleigh 数和 Marangoni 数的比值来表达。

Rayleigh 数（Ra）等于 Grashof 数（Gr）和 Prandtl 数（Pr）两者的乘积，即

$$Ra = Gr \cdot Pr$$

$$\text{Grashof 数} \quad Gr = g \Delta \rho L^3 / \rho \nu^2$$

其中，g 为重力加速度，$\Delta \rho$ 为密度差，L 为液体容器的长度，它表示水静力学浮力与运动黏度系数 ν 的平方值之比，即

$$\text{Prandtl 数} \quad Pr_{(T)} = \frac{\nu}{\alpha}$$

上式表示运动黏度系数 ν 与导热系数 α 之比，此时，对流是由于温度梯度造成的。Prandtl 数也可写成 $Pr_{(D)} = \frac{\nu}{D}$，它表示运动度系数 ν 与扩散系数 D 之比值。此时，对流是由浓度梯度造成的。

由于各种材质的 Prandtl 数不同（熔融金属和氧化物的数值高；半导体的数值低），可把材料进行分类。由于在液体中不同点位置的浓度有差别，而导致密度有差别，这种差别可以 $\Delta \rho$ 表示：

$$\Delta \rho = \frac{\partial \rho}{\partial C} \cdot \Delta C = \rho \beta_D \Delta C \tag{7-9}$$

式中，$\beta_D = \frac{1}{\rho} \frac{\partial \rho}{\partial C}$，Grashof 数则以下式表达：

$$Gr_{(C)} = g \beta_D \Delta C L^3 / \nu^2 \tag{7-10}$$

如果液体中的不同位置由于温度差而导致密度有差别，则 $\Delta \rho$ 以下式表达：

$$\Delta \rho = \frac{\partial \rho}{\partial T} \cdot \Delta T = \rho \beta_T \Delta T \tag{7-11}$$

式中，$\beta_T = \frac{1}{\rho} \frac{\partial \rho}{\partial T}$，由此 Grashof 数等于：

$$Gr_{(T)} = g \beta_T \Delta T L^3 / \nu^2 \tag{7-12}$$

对于 Rayleigh 数来说，当对流是由温度梯度引起时，则由下式表达：

$$Ra_{(T)} = Gr_{(T)} \cdot Pr_{(T)} = \frac{g\beta_T \Delta T L^3}{\nu\alpha} \tag{7-13}$$

当对流是由浓度梯度引起时,Rayleigh 数则由下式表达:

$$Ra_{(C)} = Gr_{(C)} \cdot Pr_{(C)} = \frac{g\beta_D \Delta T L^3}{\nu D} \tag{7-14}$$

对于热对流而言,Rayleigh 数与 Marangoni 数之比为

$$\frac{Ra_{(T)}}{M_{(T)}} = \frac{g\rho L^2}{\sigma} \cdot \frac{\beta_T}{\beta_{T\sigma}} = Bo\frac{\beta_T}{\beta_{T\sigma}} \tag{7-15}$$

对于因浓度梯度引起的对流来说,Rayleigh 数与 Marangoni 数之比为

$$\frac{Ra_{(C)}}{M_{(C)}} = \frac{g\rho L^2}{\sigma} \cdot \frac{\beta_C}{\beta_{C\sigma}} = Bo\frac{\beta_C}{\beta_{C\sigma}} \tag{7-16}$$

在上述关系中,Bond 数 $B_o = \frac{g\rho L^2}{\sigma}$ 表示重力对表面张力之比。

Ra 对 M 之比值越大,则自然对流(相对于 Marangoni 对流来说)的作用就越大;反之,Ra 对 M 之比值越小,则自然对流的作用就越小,而 Marangoni 对流的作用就越大。

对失重条件下材料加工所进行的大量理论研究表明,由于表面张力梯度(也就是由于 Marangoni 对流)引起的流动,会影响材料的组织结构。例如,采用一维近似对有 Marangoni 对流情况下的结晶过程进行了分析,为此,确定了稳定态的最大流速及结晶前沿的边界层厚度。对于锗的计算表明,由于 Marangoni 对流的作用,与只有热传导作用相比,热流加大了 2.5 倍。因此,显著地影响了结晶前沿的实际生长速度。

7.3.3　微重力下的材料加工

1. 非晶、微晶材料加工

在空间微重力条件下,可实现无容器的悬浮熔炼,消除坩埚壁对液态金属的污染,避免非均质形核,实现深过冷,获得非晶、微晶材料。

2. 金属基复合材料

在太空失重条件下,可使金属基体和加入的金属氧化物颗粒或短纤维混合均匀,如用 TiC 与镍合金,其硬度可比地面制作的高 2 倍,强度由 1.3GPa 提高到 4GPa。

3. 偏晶合金材料

Pb－Al 合金在液态 658℃ 以上时形成两个相,这是由于密度相差太大所致。但是,在微重力条件下,则得到混合均匀的组织。美国宇航局(NASA)已在微重力条件下制出 Pb－Al 合金,用于发动机防震轴承。

4. 多孔泡沫材料

在空间微重力条件下,在液态金属中引入气体或发泡物质,在凝固过程中不易上浮,从而使之均匀分布在凝固后的金属中。例如,在地面上向铝合金液体中通入 $0.3\sim0.5$Pa 压力的氢气,快速凝固,然后在太空失重的条件下重熔并缓慢冷却,结果在铝合金中形成均匀的气泡,密度只有原来铝合金的 1/3。

5. 磁性材料

通过空间悬浮熔炼和定向凝固,由于纯净度提高,使材料的磁性得到明显改善。例如,在空间实验室制作的铋－锰铋共晶磁性合金,其固有的矫顽力接近其理论值的 97%。

6. 新型金属成型工艺

利用液态金属在微重力下的特殊性质,可开发新型金属成型工艺,制作出新型制品。

(1) 扩展铸造工艺。将液态金属送至特制的铸型表面,通过液体的润湿使其扩展到铸型的表面和弯曲处,待冷却后,可在第一层金属表面涂挂第二层金属,由此可制作不同材料、任意形状、任意层次、多层结构的精密复合材料铸件,这种铸件具有耐磨、耐蚀等优异的力学性能和物理化学性能。

(2) 皮壳铸造工艺。在精密铸件的表面涂以 $10\sim100\mu m$ 的壳层,然后在微重力条件下重熔和凝固,以改善材料的组织结构和力学性能,这种工艺特别适用于涡轮叶片。

(3) 空间拉拔成型工艺。在地面上生产金属丝、金属箔和金属板材,通常需要采用轧制和拉拔工艺;在微重力条件下利用液体金属表面张力和内聚力的特殊性质,可把液体金属直接拉制成细金属丝或薄带而不会中断。这些制品的组织均匀,厚度和直径尺寸也很均匀,在功能元件方面有广泛的用途。

(4) 空间钎焊工艺。在空间进行的焊接试验表明,空间钎焊工艺远优于地面钎焊工艺,它具有异乎寻常的间隙充填能力,这与微重力条件下润湿和毛细管现象的加剧有密切关系。